Stefan Hesse

Praxiswissen Handhabungstechnik in 36 Lektionen

Praxiswissen Handhabungstechnik in 36 Lektionen

Dr.-Ing. habil. Stefan Hesse

Mit 160 Bildern und 93 Literaturstellen

expert verlag

Die Deutsche Bibliothek – CIP-Einheitsaufnahme

Hesse, Stefan :
Praxiswissen Handhabungstechnik : in 36 Lektionen ; mit 93 Literaturstellen / Stefan Hesse. – Renningen-Malmsheim : expert-Verl., 1996
(experTraining)
ISBN 3-8169-1340-7

ISBN 3-8169-1340-7

Bei der Erstellung des Buches wurde mit großer Sorgfalt vorgegangen; trotzdem können Fehler nicht vollständig ausgeschlossen werden. Verlag und Autoren können für fehlerhafte Angaben und deren Folgen weder eine juristische Verantwortung noch irgendeine Haftung übernehmen.
Für Verbesserungsvorschläge und Hinweise auf Fehler sind Verlag und Autoren dankbar.

Vorwort

Handhabungstechnik? Ja bitte! Immerhin ist die Branche Handhabungstechnik–Montage–Industrieroboter unverändert im Aufwind. Und das seit Jahren. Der Begriff des Handhabens ist von der menschlichen Hand abgeleitet, die uns immer wieder durch ihre enorme Vielseitigkeit fasziniert. Das gilt nicht nur für Illusionisten sowie sonstige Zauberkünstler, die einhändig mehrere Bälle oder Karten manipulieren, sondern auch für industrielle Handgriffe. Das System Auge-Hand ist auch ein leistungsfähiges Vorbild für die Technik der Zukunft.

Im Zwang der Kostengesetze und zur Steigerung der Produktion sind heute Mechanismen gefragt, die das Manipulieren von Gegenständen und Werkzeugen automatisch ausführen und die Hand ersetzen. Darum geht es in diesem Buch. Es ist weder Lehrbuch noch umfassendes Kompendium, sondern eine Sammlung von Texten rund um's Handhaben. Es ist eine Einführung, die die recht verschiedenen Facetten einer faszinierenden Technik zeigen will.

Bedarf an Handhabungstechnik besteht wohl in allen Industriezweigen, wenngleich als Schwerpunkt die Maschinenbeschickung und die automatische Montage zu nennen sind. Es kommen aber immer wieder neue Anwendungen hinzu, wie z.B. in der Kommissionierung, beim Verpacken, bei der Herstellung von Klebeverbindungen und beim Führen von Werkzeugen.

Beim Durcharbeiten der Lektionen ist günstig, wenn man auch Prospektmaterial hinzuzieht und sich mit den Testfragen auseinandersetzt. Der Leser soll einen Eindruck gewinnen, was technisch machbar ist und worauf man besonders bei der Auswahl von Handhabungseinrichtungen achten soll. Wissen um's Handhaben ist auch eine Investition in die Zukunft.

Plauen — Stefan Hesse

Inhaltsverzeichnis

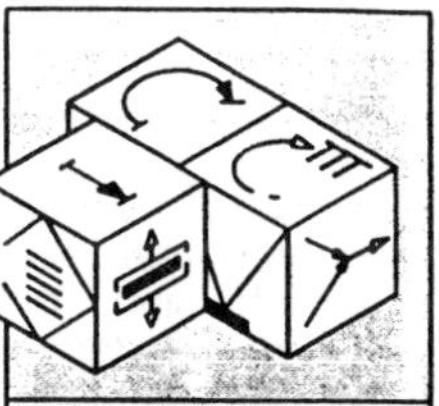

1

Handhabung ja - aber wie?

Nichts auf der Welt ist so
mächtig wie eine Idee,
deren Zeit gekommen ist.
Victor Hugo

Wer die Geschichte der Handhabungstechnik schreibt, der müßte bei den ersten industriell genutzten Zuführeinrichtungen anfangen, wie sie vom berühmten Androidenbauer und Uhrmacher P. Jaquet-Droz (1721-1790) für das Handling von Ronden an Münzprägepressen (1786) oder von Chr. M. Spencer (1839-1922) für den Materialfluß am ersten nockengesteuerten Drehautomaten (1873) erdacht wurden.

In Deutschland ist es Prof. C.M. Dolezalek zu danken, daß in den 50er Jahren das Handhaben als wichtiger Bestandteil fertigungstechnischer Automatisierung in unser Bewußtsein gerückt wurde. In den USA schreibt 1951 der junge J. Diebold über die Handhabung, ohne den Roboter oder fahrerlose Transportsysteme direkt zu erwähnen:

" *Zusätzlich zur Entwicklung flexibler, vollautomatischer Fertigungsmaschinen und von automatischen Materialzuführungsgeräten ist es notwendig, einen Weg zu finden, wie das Produkt automatisch von Maschine zu Maschine gebracht werden kann. Dies ist offensichtlich, daß für vollautomatische Fabriken irgendein Typ von beweglichen und universell einsetzbaren Einrichtungen für die Materialhandhabung notwendig ist.* "

In dieser Zeit war flexible automatische Werkstückhandhabung aus technischen Gründen kaum möglich. Das erreichte man erst mit freiprogrammierbaren Handhabungseinrichtungen, den Industrierobotern.

So wie es gutes und böses Colesterin gibt, hat auch das Handhaben

Handhabungseinrichtungen				
zum Speichern	zum Mengen-verändern	zum Bewegen	zum Halten	zum Prüfen

Rinne mit Zuteiler		Dreheinheit	Greifer mit Gewichtssensor	
Flachpalette	Industrieroboter mit Greifer			Meßgerät
Magazin	Zuteiler	Einleger mit Anwesenheitskontrolle		
Bunker-Ordnungseinrichtung			Spanner	Sensor

Bild 1.1: Gliederung von Handhabungseinrichtungen mit einigen Beispielen

zwei Gesichter. Teilehandhabung ist ein Verlustgeschäft, weil ein Produkt durch häufiges Handhaben nicht wertvoller wird. Bei der Fügeteil- und Werkzeughandhabung ist das anders, weil hier Facharbeit nachge-

Der Automobilbau als Entwicklungshelfer

ahmt wird. Als erster Grundsatz muß also gelten, Teilehandhabung möglichst einzusparen.

Was wegfallen kann muß nicht automatisiert werden.

Dieser Weg ist natürlich nur begrenzt gangbar. Unsere Fertigung ist noch weit von den phantastischen Vorstellungen eines Stanislaw Lem entfernt, der nicht ausschließt, daß sich eines Tages ein elektronisches System aus einem "Informationskeim" entwickeln könnte, wie der Embryo aus dem Ei [1]. Vorläufig braucht ein industriell gefertigtes Teil im Durchschnitt noch zehn verschiedene, hintereinandergeschaltete Operationen, ehe es fertig ist.

Zu anderen Möglichkeiten führte die freiprogrammierbare Bewegungsmaschine - der Industrieroboter. Die ersten entstanden bereits in den 50er Jahren. Ohne das große Interesse der Automobilindustrie wäre es schwer gewesen, sie zu verkaufen. Auch der Mikroprozessor hatte den Sponsor Militär nötig. Optimistische Hochrechnungen sagen für das Jahr 2000 einen weltweiten Roboterbestand von 10 Millionen voraus, wobei der Industrieroboter als Davon-Position gesehen wird, da man den grossen Zuwachs in außerindustriellen Branchen sieht, wie z.B. im Bauwesen, in Landwirtschaft, Bergbau und Dienstleistungssektor.

Was gehört dazu?

Unter Handhabungstechnik verstehen wir alle Mittel, Verfahren und Methoden, die tauglich sind, ein Handhabungsobjekt im unmittelbaren Bereich eines Arbeitsplatzes maschinell zu manipulieren. Dazu könnte man zählen:

- Nichtprogrammierbare Handhabungseinrichtungen (spezielle, universelle, Balancer, Manipulatoren),
- programmierbare Handhabungseinrichtungen (Einleger, Lader, Industrieroboter u.a.),
- Greifertechnik (Greiftheorie, -strategie, Bauarten, Wechselsysteme, Greifersensorik),
- Schwingfördertechnik (Schwingtische, -rinnen, Vibrationswendelbunker),
- Fernhandhabetechnik (Teleoperatoren, Master-Slave-Manipulatoren).

Der vielbesprochene "eiserne Kollege" ist also nur ein Teil der Handhabungstechnik. Das wird oft vergessen, wenn fallender oder steigender Absatz in der Roboterbranche euphorisch gefeiert oder depressiv kommentiert und verallgemeinert wird. Es ist übrigens gleichgültig, welche Bezeichnung eine Handhabungseinrichtung erhält und wie sie im Detail aussieht. Entscheidend ist, daß damit manuelles Handhaben auf die Maschine verlagert wird, mit welchen technischen Mitteln auch immer.

Werkstückhandhabung unterscheidet sich vom innerbetrieblichen Fördern oder Transportieren. Die auch als Zubringeeinrichtungen bezeichnete Technik bewirkt den Materialfluß innerhalb einer Produktionsanlage. Man könnte das als Stofffluß 4. Stufe bezeichnen. Die Stufe 1 beinhaltet den außerbetrieblichen Materialfluß, die Stufe 2 den Stofffluß zwischen Betriebsbereichen. Unter der 3. Stufe versteht man die Verkettung einzelner Produktionseinrichtungen. Allerdings ist eine Unterscheidung oft schwierig, da ein und dasselbe Gerät je nach Einsatz sowohl Fördermittel als auch Zubringeeinrichtung sein kann. Das gilt vor allem für Weitergabeeinrichtungen.

Handhabung als Funktion

Handhaben ist eine Teilfunktion des Materialflusses, soweit es sich um Werkstücke handelt. Werden Werkzeuge geführt, was in der Robotertechnik vorkommt, dann sind es natürlich Arbeitsvorgänge. Mit "Handhaben" bezeichnet man allgemein das Herbeiführen, vorgegebene Verändern oder das zeitweilige Erhalten einer räumlichen Anordnung eines

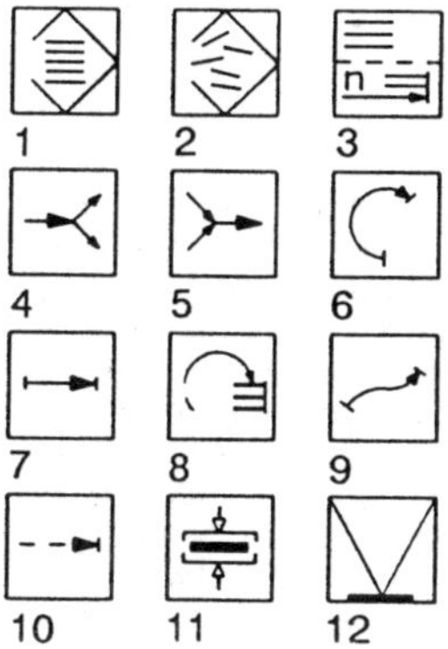

Bild 1.2: Handhabungssymbole (eine Auswahl)
1 geordnetes Speichern (magaziniert), 2 ungeordnetes Speichern (gebunkert), 3 Zuteilen, 4 Verzweigen, 5 Zusammenführen, 6 Drehen, 7 Verschieben, 8 Ordnen, 9 Weitergeben, 10 Positionieren, 11 Spannen, 12 Prüfen

geometrisch bestimmten Körpers in einem Bezugskoordinatensystem. Zur Präzisierung sind meistens noch Randbedingungen vorzugeben, wie zum Beispiel Anzahl von Objekten, Zeitvorgaben und Bewegungsparameter. Werden Werkzeuge gehandhabt, dann gehört der Ablauf zum wertschaffenden Hauptprozeß. Beschicken und Zuführen kann dagegen als Hilfsprozeß betrachtet werden.

Handhabungstechnik ist natürlich nicht auf den Maschinenbau beschränkt. In allen Industriezweigen setzen sich Handhabungsmaschinen der verschiedensten Art durch. Zu den Bereichen zählen Elektrotechnik/Elektronik ebenso wie zum Beispiel die Lebensmittelindustrie und die Glas-/Keramikbranche. Kurz zusammengefaßt besteht die Aufgabe, Handhabeobjekte

- in der richtigen Anzahl oder Menge,
- in einer definierten Position und Orientierung sowie
- zum richtigen Zeitpunkt an die Fertigungsstellen zu bringen [2].

Die Funktionsträger

Handhabungseinrichtungen lassen sich nach verschiedenen Gesichtspunkten gliedern. So werden nach ihrer globalen Aufgabe Begriffe verwendet wie Zubringer, Verkettungseinrichtung oder Zuführeinheit. Nach der VDI-Richtlinie 2860 [3] ist eine Gliederung nach der Hauptfunktion sinnvoll. Wie Bild 1.1 zeigt, erfüllen viele Einrichtungen mehrere Funktionen. Welche Vorgänge sind es nun, mit denen man sich auseinandersetzen soll?

Es war ein Fortschritt, als man Ende der fünfziger Jahre erstmals die beim Handhaben vorkommenden typischen Funktionen untersuchte und dafür auch Sinnbilder entwickelte. Handhabungsabläufe sind so transparenter geworden und rückten deutlicher in die Alltagsarbeit der Fertigungsingenieure. Mit den Sinnbildern kann man auf abstrakter Ebene in der Planungsphase Handhabungsabläufe auch grafisch darstellen. Die wichtigsten Funktionen sind nach [3] in Bild 1.2 aufgeführt.

Eine Darstellung in Funktionen gibt jedoch noch keine Auskunft über einzusetzende Einrichtungen. Funktionen sind zunächst geräteneutral. Umgekehrt läßt sich dagegen für ein Handhabungsgerät der Funktionsinhalt exakt angeben. Das wird in Bild 1.3 am Beispiel eines Rücklaufspeichers gezeigt. Er wird innerhalb einer Fertigungslinie nur aktiv, wenn an einer Maschine davor oder danach eine Störung auftritt. Dann nimmt er zeitweise überschüssige Werkstücke auf oder gibt fehlende ab. Es ist ein Störungsspeicher.

Soll nun ein Funktionsplan aufgestellt werden, man könnte das auch als "Handhabungstechnologie" bezeichnen, muß natürlich zuerst die Fertigungsaufgabe mit allen Randbedingungen präzise bekannt sein [4].

Wenn möglich, sollte man die automatisch geforderte Tätigkeit einmal selbst von Hand ausführen, besonders beim Montieren. "Knackpunkte", die Probleme bereiten könnten, werden so schneller erkannt. Als Beispiel für eine Handhabungstechnologie ist in Bild 1.4 das Fügen von Kappen mit Flaschen dargestellt. Während die Kunststoffflaschen von einer vorgeschalteten Maschine geordnet übernommen werden, liegen die Kappen als Haufwerk vor. Der Bunker wird von Zeit zu Zeit manuell aufgefüllt.

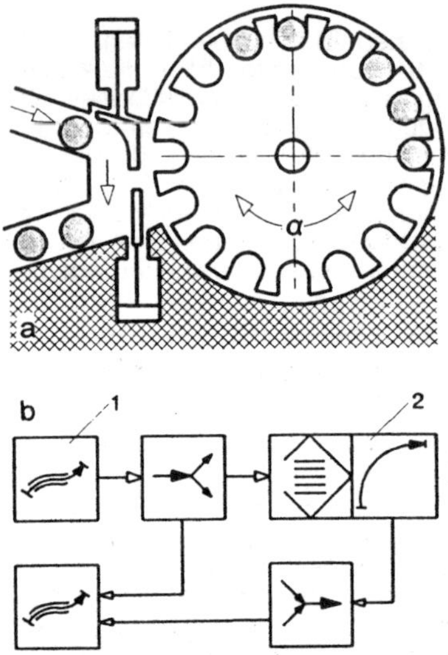

Bild 1.3: Rücklaufspeicher
a) Aufbau des Speichers, b) Funktionsinhalt, 1 Führen, 2 Schwenken

Bei der Kappenzuführung wird deren Orientierung nochmals geprüft. Auch das fertige Produkt wird kontrolliert, zum Beispiel durch Wiegen. Ausschuß wird jeweils ausgegliedert und ungeordnet gesammelt. Ohne Verbindungspfeil aneinandergereihte Symbole zeigen an, daß die Funktionen gleichzeitig vor sich gehen. So können Bunker/Ordnen/Magazinieren in einem Vibrationswendelförderer in unmittelbarer Folge ablaufen [5].

Funktionspläne geben Auskunft über den Umfang an Handhabungsfunktionen, der für eine spezifische Aufgabenstellung notwendig ist. Der grafische Gesamtüberblick erleichtert das Auffinden von Vereinfachungen und Zusammenfassen von Funktionsfolgen.

Wichtige Aspekte, die ein Handhabungsprojekt in wesentlichen Merkmalen prägen

Dazu kann in erster Näherung folgendes gezählt werden:

- Stückzahl je Zeiteinheit und Produktionslaufzeit
- Werkstücksorten, -familien und Produktvarianten
- Losgröße und Transportlose für Zulieferteile
- Werkstückeignung für automatisches Handhaben, insbesondere Gleit-, Roll-, Hänge- und Stapelfähigkeit, Formstabilität und Empfindlichkeit
- Bereitstellzustand von Teilen, charakterisiert durch Orientierungs- und Positionierungsgrad, Ablagemuster, Sauberkeit und Reinheit
- kennzeichnende Handhabungsfunktionen, wie Speichern, Ordnen, Zuteilen, Weitergeben, Ein- und Ausgeben, Drehen, Wenden, Schwenken, Prüfen und Sortieren
- Wege und Winkel, um Positionen anzufahren
- Genauigkeitsanforderungen, insbesondere Positionierfehler und sensorische Erfordernisse
- Greifbedingungen, vor allem Griffstellen am Objekt, Flächenpressung und Flexibilitätswünsche
- bevorzugte Energieart
- Steuersignalein- und -ausgänge
- Werkstückparameter, wie Masse, Größe, Werkstoff, Hauptform, Nebenformelemente, Abmessungstoleranzen
- logistische Bedingungen; Dazu zählen Werkstückträger, Paletten, die Bereitstellzeiten und -zyklen (zyklisch, azyklisch) und die Einbindung in übergeordnete Transportsysteme.
- Raumverhältnisse, mit den Auswirkungen auf die Gerätetechnik, z.B. Stand-by Roboter, maschinenintegrierte Handhabungseinrichtung, Verkettungseinrichtung, Restriktionen im Platzangebot
- Zugänglichkeit, charakterisiert durch Handhabungskanal, Schnittstellen für Anbauten und spätere Er-

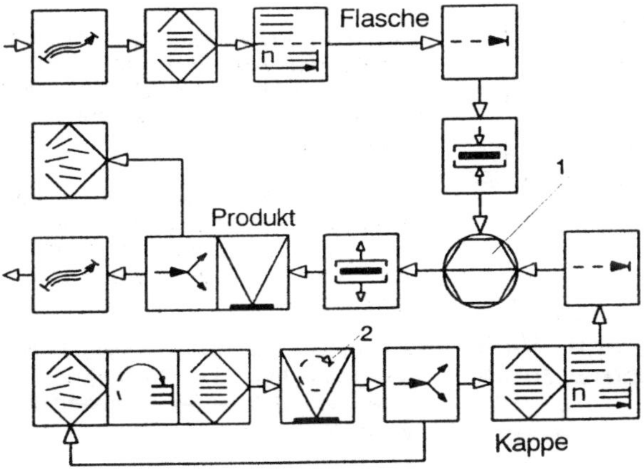

Bild 1.4: Handhabungstechnologie für eine Kappenaufsetz-und Füllmaschine
1 Fügestation (Füllen), 2 Prüfen der Kappenorientierung nach dem Ordnen

weiterungen, Umrüstbedingungen

■ Fertigungsorganisation sowie betriebliche, produkt- und prozeßbezogene Besonderheiten.

"It is more important, to do the right things, then to do only the things right."

Ein englisches Sprichwort

Worauf achten, wenn Werkstücke automatisch zuzuführen sind?

1 Können Bearbeitungsspuren (Anspritznasen, Abstechbutzen, Gratkanten, unexakte Biegewinkel) hinderlich sein?

2 Ist die äußere Form absolut konstant oder kann es Teile mit Formfehlern (eingebeulte Ränder, Verzug bei Kunststoffteilen, Durchhang) geben?

3 Ist Sortenreinheit gewährleistet, oder können Falschteile, Materialanschnitte, Reststücke u.ä. beigemengt sein?

4 Sind die Oberflächenverhältnisse konstant, oder sind Veränderungen zu verkraften (Einfallstellen bei Kunststoffteilen, rauhe Flecken, Späne, Staub, Feuchtefilm, Ölrückstände)?

5 Neigen die Werkstücke zur Veränderung von Eigenschaften, wie z.B. elektrostatische Aufladung, Ausbildung klebriger Oberflächen und Magnetisierung?

6 Ist mit werkstoffbedingten Veränderungen (abstehende Fasern und Splitter bei Holzteilen, Abbröckelgefahr bei Backwaren und Keramik u.ä.) zu rechnen?

7 Können unvorhersehbare Merkmale auftreten, wie z.B. Hautbildung an Formtrennstellen bei Gummi- und Keramikteilen oder Gratkanten an Metallgußstücken?

8 Sind die Maßtoleranzen im Vergleich zur Werkstückgröße "normal", oder gibt es Nachholbedarf bezüglich präziser Zulieferer-Festlegungen?

9 Nehmen die Teile stabile Lagen ein (Standsicherheit, Gleiten) oder ist eher ein indifferentes Lageverhalten typisch?

10 Handelt es sich um Wirrteile oder andere schwierige Teile, die Vorversuche ratsam erscheinen lassen?

Roboter im Vormarsch

Industrieroboter sind zu Automatisierungskomponenten gereift, die eine flexible, d.h. freiprogrammierbare Bewegungsbahn eines Aktors (Greifer, Prüfmittel, Werkzeug) zulassen. Damit sind sie neben typischen Massenanwendungen, wie z.B. im Karosserie-Rohbau der Automobilbranche, auch für die Fertigung in kleineren Serien gut geeignet. Für die unterschiedlichen Verwendungen hat man inzwischen die jeweils günstigen kinematischen Varianten gefunden. Die Flexibilität eines Roboterarbeitsplatzes wird aber nicht allein durch den Roboter bestimmt. Da spielen Subsysteme wie Greifer, Werkstückbereitstellung und überhaupt alles was zur Peripherie zählt, eine wichtige Rolle. So zeigt sich aus Kostengründen ein Trend, statt mechanisch komplexer Universalsysteme eher einfachere, modular gestaltete Handhabungseinrichtungen aus dem Baukasten zu bevorzugen.
Typische Auslegungskriterien für Roboter sind:

- Arbeitsraum (Form und Größe),
- Tragkraft (Nutzlast),
- Geschwindigkeit,
- Genauigkeit.

Zur Erweiterung der Anwendungsfelder sind auch die Kosten ein entscheidender Faktor.

Der Hauptteil der heute kommerziell erhältlichen Roboter gehört zu einer der folgenden Grundkonfigurationen:

- Polarkoordinaten (Roboter mit Kugelkoordinaten),
- Zylinderkoordinatensystem (2 Linear-, 1 Drehachse),
- Kartesische Koordinaten (3 senkrecht aufeinanderstehende Linearachsen),
- Konfiguration mit Gelenkarm (Gelenkkoordinaten vertikal oder horizontal).

Außerdem gibt es noch Roboter mit einer Kombination von Gelenk- und kartesischen Koordinaten.

Die Aufgaben, für die Roboteranwendungen denkbar sind, werden immer komplizierter, sie erfordern speziellere Werkzeuge und Greifer sowie paßfähige Peripherielösungen. Mit den Fortschritten in der Sensortechnik werden Anwendungen aktuell, die bisher wegen fehlender Sinne beim Roboter zu den Akten gelegt werden mußten. Die Robotertechnik durchläuft gegenwärtig einen Reifeprozeß evolutionärer Art und trägt damit auch zu neuen Konzepten moderner Fertigungsanlagen bei.

Ausblick

Diskussionen um das Verhältnis zwischen Robotertechnik und Automatisierung gehen meist von der unbestreitbaren Tatsache aus, daß der Roboter bisher überwiegend in Automatisierungslücken eingeordnet wurde und dort anstelle des Menschen wirkt. Zumindest in den positiv realisierten Einsatzfällen, so meinen die Kritiker, seien nun keine Anreize mehr vorhanden, neue Fertigungsmittel zu entwickeln, die den "Notbehelf" Industrieroboter wieder entbehrlich machen und die die ihm zugedachten Funktionen selbst erfüllen. Andere meinen, der Roboter werde sich mit künstlicher Intelligenz vollsaugen und zur First-Class-Handhabemaschine aufsteigen.

Für wenig wahrscheinlich gilt beim gegenwärtigen Stand der Technik, daß der Roboter bald wieder verschwindet oder sich zum Superroboter entwickelt. Für die erste Aussage spricht, daß wir auch in Zukunft noch Material flexibel handhaben müssen. Für einen teuren Intelligenzriesen aber ist der Markt noch nicht gefunden. Ganz sicher werden künftige Einrichtungen in irgendeiner Form nur noch als roboterhaft zu bezeichnen sein, d.h. Automatisierung und Robotertechnik werden immer enger zusammenwachsen und sich in manchen Fällen zu einer Disziplin vereinigen, die einen Roboter im Verbund mit anderen Einrichtungen nutzen [6]. Diese Entwicklung resultiert ganz einfach aus dem Wirken betrieblicher Kostengesetze.

In Abwandlung eines Leitwortes aus einem alten amerikanischen Buch über "Operations Research" könnte man zumindest für die Handhabetechnik-Fans formulieren:

"Kein Krieg, kein Streik, keine Depression können ein eingeführtes Unternehmen und seine Rentabilität so vollständig zerstören, wie neue und bessere Handhabetechnik in den Händen eines klugen und weitsichtigen Konkurrenten."

Testfragen

1 Wodurch unterscheiden sich Zubringeeinrichtungen vom innerbetrieblichen Fördern bzw. vom Transportieren?

2 Welche Werkstückeigenschaften können automatisches Handhaben empfindlich stören?

3 Was stellen Sie sich unter dem Begriff "Handhabungstechnologie" vor?

4 Wo haben sich historisch Handhabungseinrichtungen zuerst durchgesetzt?

5 Erstellen Sie einen Funktionsplan für eine Schraubenzuführung. Die Schrauben stellt ein Vibrationswendelbunker bereit. Könnte man Handhabungsfunktionen einsparen?

6 Wo sehen Sie Vorteile, wenn statt eines Kompaktroboters eine aus dem Baukasten zusammengesetzte, ebenfalls freiprogrammierbare Handhabungseinrichtung gewählt wurde?

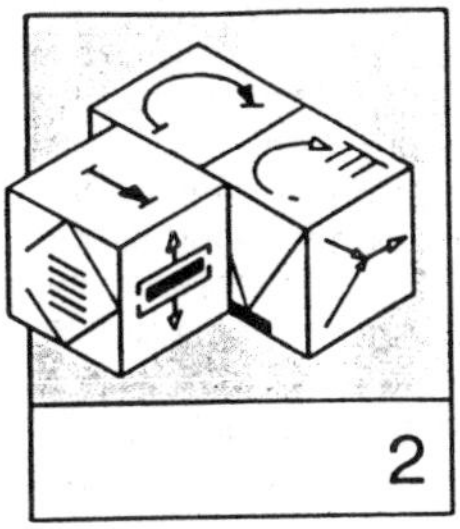

Stufen der Automation: Zwischen Ruhe und Bewegung

Ich liebe die Arbeit; sie fasziniert mich.
Ich kann stundenlang dasitzen und ihr zusehen.
Ich habe sie so gern um mich herum; der Gedanke,
sie loszuwerden, bricht mir fast das Herz.
Jerome K. Jerome

Ruhe und Bewegung sind nicht nur Begriffe mit denen sich die Philosophen des alten Orients und ihre Nachfolger beschäftigt haben, sondern beide Zustände sind auch für die Fertigungstechnik und das darin eingeschlossene Handhaben typisch. Es gibt Handhabungsvorgänge, die Werkstücke in einen Ruhezustand versetzen, wie das Magazinieren, und solche, deren Aufgabe darin besteht, das Gegenteil zu bewirken, wie das Weitergeben. Ja es gibt sogar Handhabungsvorgänge, die nur funktionieren, wenn beides im fortwährenden Wechsel auftritt, wie das Ordnen. Ruhe und Bewegung sind die einfachste Formel, auf die auch der Fabrikbetrieb gebracht werden kann [7, 8].

Bearbeiten in der Bewegung

Mit der Massenfertigung technischer Gebilde entstand die Idee, den Prozeß fließend zu gestalten. Bezeichnet als "laufendes Band" oder Fließfertigung (ein Prinzip der Fertigungsorganisation) ist dieser Gedanke inzwischen vielfältig in die Geschichte eingegangen. Taktautomaten gewährleisten zwar den "Fluß" durch eine Maschinenstraße, doch die Arbeitsoperationen werden aus technischen Gründen trotzdem im Moment der Ruhe des Werkstücks ausgeführt.

Das "echte" Bearbeiten in der Bewegung realisieren dagegen die Rotorautomaten [9]. Das sind Maschinen, bei denen relativ einfache Werkstücke durch mechanisch verkoppelte Arbeits- und Transportrotoren oder Kettenläufe ständig in Bewegung sind. Während eines Umlaufs des Arbeitsrotors wird im allgemeinen nur ein einziger Arbeitsgang ausgeführt (Bild 2.1). Als Bearbeitung kommen Drehen, Tiefziehen, Montieren, Pressen von Tabletten, Lochen, Füllen u.a. in Frage. Die Stückleistungen sind sehr groß, die technische Auslegung ist produktgebunden und läßt kaum Veränderungen zu.

Als neue Konzepte tauchen nun Lösungen auf, die z.B. als "fliegende Säge" bekannt wurden. Ein Sägeaggregat bewegt sich hierbei zeitweise synchron und parallel zu einem sich vorschiebenden Materialstrang und führt dabei das Querabschneiden aus. Lösungen dieser Art sind regelungstechnisch anspruchsvoll und erfordern schnelle Steuerungen in der Art eines Master-Slave-Systems. Das Material bewegt sich kontinuierlich mit Mastergeschwindigkeit, und geschwindigkeitsproportional dazu verfährt die Trenneinheit mit Slavegeschwindigkeit (tracking velocity). Dieses Prinzip wird nun auch in der Montage aktuell. Es macht allerdings die Handhabung technisch schwierig.

Montieren wie im Fluge

Das Rotorprinzip wird bei ausgesprochenen Massenerzeugnissen wie Ventile, Rollenketten, Schmiernippel u.a. angewendet. Einige Probleme bereitet die Werkstückhandhabung, weil die im Zustand der Ruhe befindlichen magazinierten Teile schlagartig auf die volle Umfangsgeschwindigkeit des Zuführrotors gebracht werden müssen. Auch die Übergabe von Rotor zu Rotor ist nicht einfach, weil zur Übergabe nur in einem winzigen Moment die theoretisch exakte Position vorliegt. Spiele, Teilungsfehler und Schwingungen wirken zusätzlich erschwerend. Deshalb gilt [10]:

- Möglichst rotierende Zuteiler verwenden, die nicht stoßartig, sondern kontinuierlich vereinzeln, so daß sich die Werkstücke im Eingabemoment bereits mit einer bestimmten Geschwindigkeit bewegen (Bild 2.2a und 2.2b). Dazu zählen auch Zuteiler mit rotierenden Schneckenpaaren oder Drehzuteiler in der Art eines archimedischen Kurvenkörpers. Zuführ- und Rotordrehrichtung müssen natürlich gleichsinnig sein.
- Werkstückaufnahmen sind gefedert auszuführen, damit keine Überlastungen durch Teilungsfehler und Spiele an den Arbeitsorganen auftreten können. Nach der Übergabeprozedur federn die Greiferbacken wieder auf Positionsmitte zurück (Bild 2.2c).
- Wenn möglich, soll die Bahn des übergebenden mit der Bahn des übernehmenden Greifers kurzzeitig in Übereinstimmung gebracht werden, z.B. durch Überlagerung einer Dreh- mit einer kurvenerzeugten Schubbewegung. Auch Kettenläufe sind geeignet, weil sie sich der Wölbung der Rotoren anschmiegen können.

Beim automatischen Montieren in der Bewegung wird das Bauelement aus dem Zustand der Ruhe (Magazin) von der Handhabungseinrichtung aufgenommen und dann mit dem sich kontinuierlich vorbeibewegenden Basisteil verbunden. Die

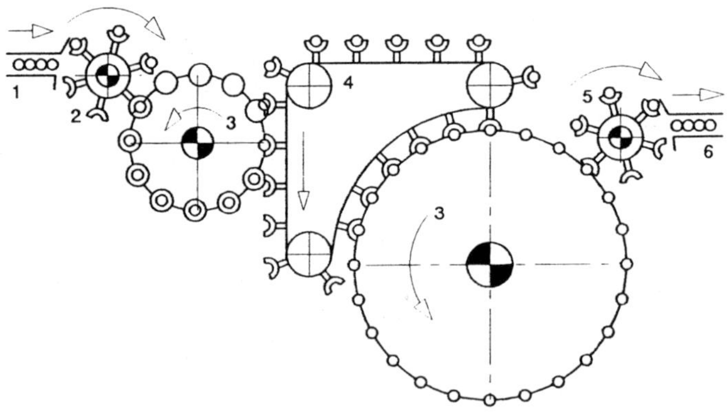

Bild 2.1: Prinzip einer kontinuierlich produzierenden Maschine (Draufsicht); 1 Werkstückzuführung, 2 Übergaberotor, 3 Arbeitsrotor, 4 Verkettungseinrichtung, 5 Ausgaberotor, 6 Abführrinne

Nachfahrgeschwindigkeit muß im Moment des Fügens mit der des Basisteils genau übereinstimmen, ebenso die Positionen an der Fügestelle. Nach dem Fügen im Verlauf einer solchen Synchronfahrphase kehrt die Handhabungseinrichtung zum Magazin zurück, stoppt die Bewegung und nimmt ein neues Bauelement auf. Man spricht auch vom Prinzip der verteilten Achsen, wenn sich Fügewerkzeug und Basisteil während der Montage bewegen. Es sind folgende Anforderungen zu erfüllen:

- Erfassung der Istpositionen des sich bewegenden Werkstückträgers oder Basisteils mit einer Toleranz von höchstens 0,05 mm.
- Hochdynamische Antriebe für die Handhabeachsen, um auf einer möglichst kurzen Strecke den Synchronlauf im Genauigkeitsbereich ≤0,2 mm zu erreichen.
- Schnelle Recheneinheiten, um die Steuerungen zeitgerecht mit aktuellen Daten versorgen zu können.
- Handhabungseinrichtungen in der Grundstruktur SSS (S Schubachse), weil sie für das Synchronfahren besser geeignet sind. Bei DSS- oder DDD-Struktur (D Drehachse) ist der sogenannte Nachführrahmen zu beachten, d.h. der Bereich in dem sich die Greiferhand während des Synchronfahrens abwinkeln läßt.

Trotz guter Funktionsfähigkeit wird aber bei dieser Lösung noch keine Harmonie der Bewegungen erreicht. Bewegen wird einmal je Zyklus durch den Zustand der Ruhe (der Handhabungseinrichtung) unterbrochen. Ruhe ist stets in eine konkrete Bewegungsfolge eingebunden.

Der nächste Schritt könnte nun darin bestehen, die Fähigkeit zur "Bewegungshandlung" auch für die Aufnahme eines Bauelements einzusetzen, wie es im Bild 2.3 zu sehen ist. Auf einer Gegenspur werden hier die vereinzelten Elemente bereitgestellt, z.B. mit Hilfe einer Schwingrinne. Damit ergibt sich für Greifen und Montieren eine geschlossene Bewegung, die nicht mehr durch Haltepunkte unterbrochen wird.

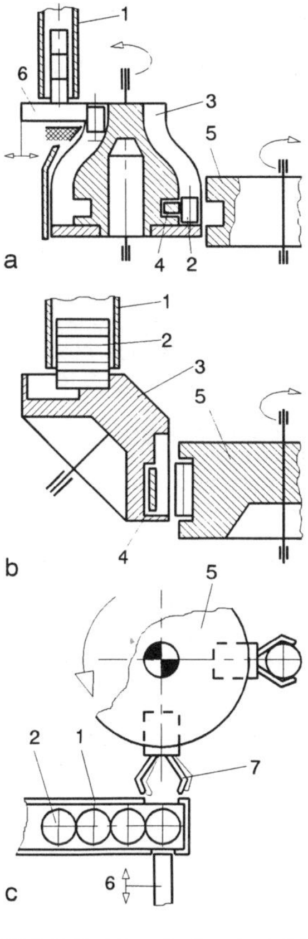

Bild 2.2: Handhabeeinrichtungen an Rotormaschinen
a) Eingaberotor, b) Schrägzuteiler, c) Stößeleingeber
1 Magazin, 2 Werkstück, 3 Rotor, 4 Eingeber, 5 Arbeitsrotor, 6 Einstoßer, 7 Greiferbacken

Schließlich kann man sich auch Montagearme vorstellen, die in dieser Weise arbeiten, wobei vielleicht die Bewegungen außerdem so abgestimmt sind, daß die Geschwindigkeiten der Basisteile und die des Armes gleichzeitig beeinflußt werden. Beide steuern dann auf die Montageposition zu. Damit könnte die maximal erforderliche Bewegungsleistung des einzelnen Handlungspartners gesenkt werden, weil sie auf beide verteilt werden kann.

Eine Trendaussage

Vor einiger Zeit wurde durch Erhebungen in verschiedenen Ländern festgestellt, daß der Produktionsaufwand im allgemeinen Maschinenbau, aber auch in der Elektrogerätebranche auf die Formel zu bringen ist:

- ein Drittel Bearbeitung
- ein Drittel Montage und
- ein Drittel Handhabung, Fördern und Lagern.

Bei weiterer Automatisierung wird es zu stärkeren Verflechtungen dieser Bereiche kommen. Damit steht auch die Handhabungstechnik vor neuen Aufgaben. Bearbeiten, Handhaben und Montieren in der Bewegung werden mit dabei sein. Dieser Entwicklung geht natürlich auch eine Veränderung der Organisationsstrukturen einher.

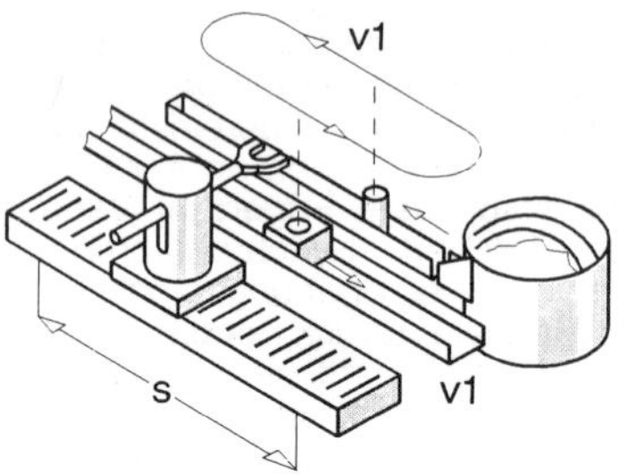

Bild 2.3: Prinzipdarstellung einer Montageeinrichtung, bei der das Fügen während der Bewegung abläuft
s Verfahrweg, v Geschwindigkeit

Testfragen

1 Welche technisch bedingte Situation macht die Werkstückhandhabung an Rotormaschinen schwierig?

2 Wie lassen sich Positionierfehler bei der Übergabe von Werkstücken an Rotor- bzw. Durchlaufmaschinen ausgleichen?

3 Welche Aspekte wirken sich besonders auf eine Entscheidung zur Automatisierung des Werkstückflusses aus?

4 Welche Bedingungen müssen erfüllt sein, wenn man in der Bewegung montieren will?

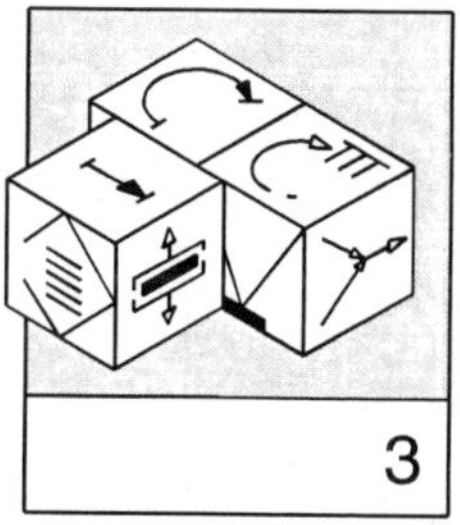

Handhabegerecht gestalten

Die Notwendigkeit schafft die Form.
Wassily Kandinsky

Zu den "1000 Gerechtheiten", die ein "wohlerzogener" Ingenieur bei der Gestaltung von Produkten einhalten soll, gehört seit einiger Zeit auch das handhabungsgerechte Gestalten, und es ist mehr als nur eine Floskel. Je größer der wirtschaftliche Druck, desto mehr wird automatisiert. Das legt die Meßlatte höher, nach der Produkte auf ihre Automatisierungsfreundlichkeit geprüft werden. Konnte sich einst der Werker die Finger an einer unzugänglichen Fügestelle verrenken, so mutet man das heute dem Roboter keineswegs zu. Er soll es besser haben. Dafür muß er allerdings mehr leisten.

Bei der Handmontage wurde vorausgesetzt, daß zwei auf einfache Weise zu koordinierende Hände mit großem Freiheitsgrad und eine komplexe Sensorik vorhanden sind. Außerdem ist ein Vorrat an persönlichen Erfahrungen gespeichert, der bei Montageschwierigkeiten angezapft werden kann und "Ersatzprogramme" aktiviert. Es ist unumgänglich, zwischen dem klassischen konstruktiven Entwicklungsprozeß und der handhabungsgerechten Gestaltung zu unterscheiden [5]. Es geht natürlich auch um Kosten und Qualität. Jeder eingesparte Fügeablauf, so die Anwendung eines Materialgelenks (Filmscharnier), erübrigt auch Fügestationen und spart Kontrollvorgänge ein. Das kommt auch der Zuverlässigkeit zugute.

Wann ist ein Werkstück handhabungsgerecht?

"Ich bin doch kein Mensch!" entrüstete sich der Roboter, als man ihm noch ein zweites Werkstück in die Hand drücken wollte. Ist es jedoch greifgerecht ausgeführt, wird auch das keine Probleme machen. Im allgemeinen gestaltet der Konstrukteur technische Gebilde so, daß sie sich mit seinen Erfahrungen und Fertigkeiten bezüglich Fertigen, Montieren, Justieren, Prüfen und nun auch

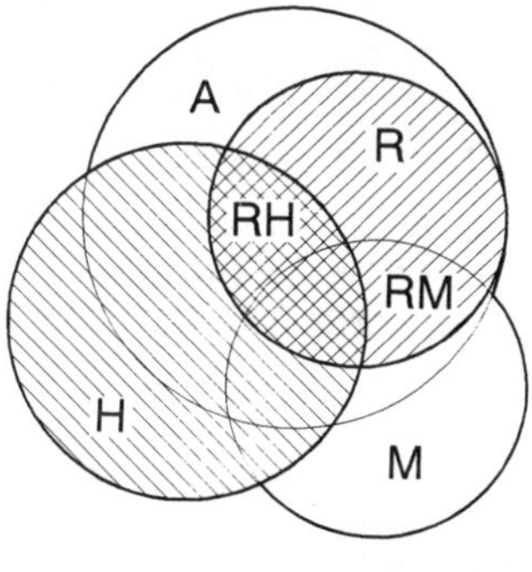

Bild 3.1: Mengendarstellung zur automatisierungsgerechten Gestaltung A Automatisierungsgerechtheit, H Handhabungsgerechtheit, M Montagegerechtheit und R robotergerechte Konstruktion

Handhaben im Einklang befinden. Maschinelles Handhaben verlangt neue artwichtige Eigenschaften, über die ein Handhabeobjekt verfügen soll - es muß automatisierungsgerecht sein. Was man dazu zählen kann, ist in der Mengendarstellung in Bild 3.1 angedeutet.

Die Eignung eines Objekts für das Handhaben kann verbal, aber auch als Zahl ausgedrückt werden, und zwar mit folgender Beziehung:

$$H = \Sigma\, a_i/b_i \qquad i = 1,2 \ldots n$$

Es bedeuten:

H Handhabbarkeit

a_i Wert des Kriteriums i

b_i maximal wählbarer Wert für das Kriterium i

n Zahl gewählter Kriterien zur Bewertung.

Eine Wertangabe hat den Vorteil der besseren Einschätzbarkeit, ob konstruktive Veränderungen eine Verbesserung der Handhabbarkeit erbracht haben. Verbale Bewertungen erlauben nur grobe Vergleiche. Die Kriterien sind je nach Handhabungsaufgabe festzulegen, wie z.B. Gleitfähigkeit, Hängefähigkeit, parallele Greifflächen, Verhakungsstellen, und mit Punkten zu bewerten.

Wie erreicht man handhabungsgerechte Werkstücke?

Man wird sich nicht abrackern, einem Werkstück das Geradeausrollen beizubringen, wenn diese Eigenschaft überhaupt nicht gebraucht wird. Es muß also zuerst bekannt sein, wie die automatisierte Beschickung oder die Montage erfolgen, ehe man zur Produktgestaltung schreitet. Diese Forderung ist aber kaum erfüllbar, es ist nämlich das Henne-oder-Ei-Pro-

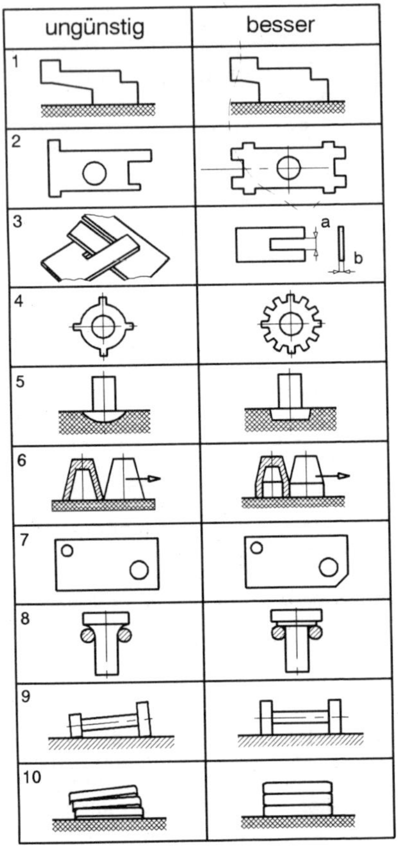

Bild 3.2: Einige Beispiele für handhabungsgerechte Werkstückgestaltung
1 standfestes und stapelbares Teil, 2 Einschränkung der Anzahl möglicher Orientierungen, 3 Verhakungsstellen öffnen (a > b), 4 Rollfähigkeit verbessern, 5 Auflageflächen ausbilden, 6 Stoßkanten in der Form anpassen, 7 Ordnungsmerkmale vorsehen, 8 Gleitflächen exakt ausbilden, 9 geradliniges Rollen sichern, 10 Gratkanten vermeiden

blem. Bei Beschickungsvorgängen ist das meist einfacher klärbar als bei komplexen Montagen, für die außerdem Montagegerechtheit absolutes Erfordernis ist. Das Bild 3.2 enthält einige Beispiele zur handhabungsgerechten Ausbildung von Werkstükken.

Wie kann diese Aufgabe gelöst werden? Das sind die möglichen Wege:

1 Der Produktkonstrukteur verfügt über so viel fertigungstechnische Erfahrung, daß er den späteren Prozeß vorausdenken kann. Auf diese Zukunftsvision stimmt er das Produkt ab.

2 Die Produkte sind bereits laufenden Erzeugnissen sehr ähnlich, so daß mit produktspezifischen Checklisten bei der Teilegestaltung und beim Produktkonzept gearbeitet werden kann. In computerisierter Fassung dürfen wir auch an wissensbasierte Systeme denken, die im Dialog Ratschläge ausgeben.

3 Es wird eine weitgehend flexible Produktionsanlage errichtet, die alle Gestaltvarianten von Handhabungsobjekten ohne Umrüsten verkraftet. Neue Produkte müssen dem einmal geschaffenen Hardwarestandard angepaßt werden.

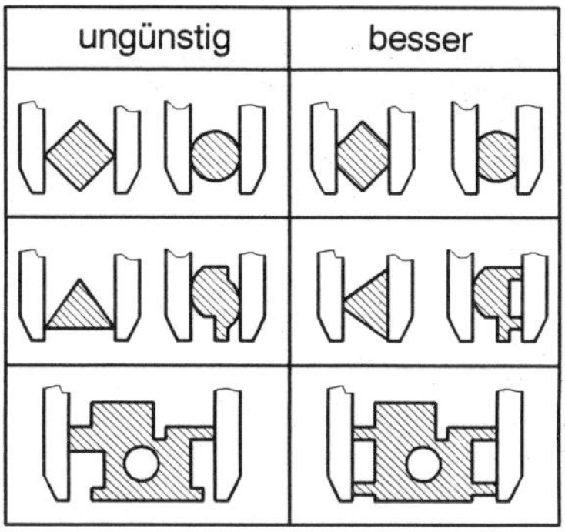

Bild 3.3: Einige Prinzipbeispiele für greifgerechte Werkstückgestaltung

4 Prozeß und Produkt werden durch eine interdisziplinär zusammengesetzte Arbeitsgruppe in fachlicher und zeitlicher Koordination zeitgleich sowie gemeinsam entwickelt. Man spricht auch vom Simultaneous Engineering. Für die Handhabeprobleme sind Mitarbeiter der Betriebsmittelkonstruktion und des Systemherstellers mit dabei.

5 Produkt und Produktionsanlage werden zeitgleich am Bildschirm simuliert. Die Aufeinanderabstimmung der Handhabungstechnologie mit dem Handhabungsobjekt erfolgt in mehreren iterativen Schritten.

Fast allen Wegen liegt der Systemgedanke zugrunde, der es in irgendeiner Weise mit sich bringt, daß sich die Fachleute mit angrenzenden Fachgebieten beschäftigen müssen. Produkt, Werkstück, Prozeß, Handhabungs- und Fördertechnik verschmelzen und müssen in ein durchgängiges Konzept integriert werden. Die Wege 1 und 4 scheinen gegenwärtig gut nutzbar sein [11, 12].

10 wichtige Forderungen

1 Konzipiere Teile mit einer stabilen Lage (Position, Orientierung) für das Weitergeben (Rollen, Gleiten), insbesondere bei freier Eigenbewegung.

2 Gewährleiste Stapelungs- und Musterungsfähigkeit. Ein Werkstück ist musterungsfähig, wenn es sich zu möglichst einfachen flächendeckenden Mustern anordnen läßt.

3 Strebe problemloses Verhalten der Teile im Verband an, d.h. Schiebemöglichkeit mehrerer Teile in Linienordnung oder exaktes Anlegen an Kanten beim Positionieren.

4 Verhindere die Ausbildung von "Werkstückknäueln". Das sind Gebilde, die sich durch Ineinanderschrauben und -hängen von mehreren Teilen (Wirrteile) ergeben.

5 Sichere die Greifbarkeit und Bewegbarkeit. Das erfordert eine Mindeststeife, günstige Griffstellen (Bild 3.3) und ebene Oberflächen. Ein Matjeshering erfüllt diese Bedingung z.B. nicht, und es sind nicht allein die planparallelen Freiflächen, die ihm fehlen.

6 Verwende solche Formelemente, die die Zahl unterschiedlicher Orientierungen, die ein Teil einnehmen kann, einschränken, z.B. durch möglichst viele Symmetrieebenen.

7 Schaffe spezielle Merkmale, die das Erkennen beim automatischen Ordnen erleichtern, z.B. ist ein außermittiger Masseschwerpunkt oft für das Selbstorientieren in freier Bewegung günstig.

8 Lege unvermeidliche Markierungen wie Spannmarken oder Anspritzstellen bei Kunststoffteilen in solche Zonen, die offenbar für wichtige Handhabungsfunktionen ohne Bedeutung sind.

9 Gewährleiste eine Mindestsauberkeit der Oberflächen bezüglich anhaftender oder abbröckelnder Partikel (Abriebfestigkeit). Dies wird immer stärker zu einer allgemeinen Forderung in der Fertigungstechnik.

10 Verhindere die Ausbildung eigener Kraftfelder, wie z.B. elektrostatische Aufladung bei Reibung an Kunststoffteilen, insbesondere bei leichten Werkstücken.

Testfragen

1 Was versteht man unter greifgerechter Werkstückgestaltung?

2 Werkstücke sollen symmetrisch oder deutlich asymmetrisch gestaltet werden. Warum eigentlich?

3 Was sind Wirrteile (Heuteile)? Kann man sie automatisch handhaben?

4 Was kann man tun, wenn sich Werkstücke beim Zuführen elektrostatisch aufladen?

5 Warum soll man Produkt und Prozeß möglichst interdisziplinär und parallel entwickeln?

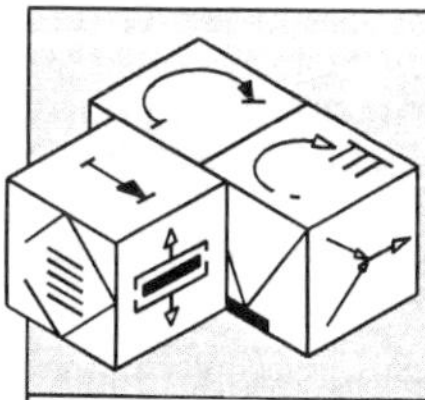

4

Manuell geführte Handhabungstechnik

Den Schemel soll nicht verschmähen,
wer aufs Pferd will.
Johann Geiler von Kayserberg

Müheloses Manipulieren von Lasten hat zu allen Zeiten den Menschen herausgefordert, sich neue Lastheber auszudenken. Der englische Philosoph und Hochschullehrer Roger Bacon (1214-1294) hatte da wohl die richtige Vorahnung: "Es wird auch eine Maschine von kleinem Umfang zum Heben und Herablassen von fast unbegrenzten Gewichtsmassen hergestellt werden - eine außerordentlich nützliche Maschine." Dazu kann man heute auch den Balancer zählen, der sich inzwischen in der Fertigungstechnik einen festen Platz erobert hat. Auch manuell geführte, nicht vorprogrammierbare Handhabungseinrichtungen sind Bestandteil des technischen Fortschritts.

Viele Namen - viele Varianten

Balancer sind Manipulatoren mit direkter Handsteuerung durch einen Bediener. So vielfältig wie ihre Anwendung, sind auch die Bezeichnungen: Lastheber, Lastarmmanipulatoren, Ausgleichheber, Hebehilfen usw. Direkte Handsteuerung bedeutet, daß der Bediener in der Nähe der Last einen Steuergriff erfaßt und bei nur sehr geringer Kraftaufwendung damit die Last im Raum manipuliert. Läßt er die Einrichtung los, verharrt sofort alles in Ruhe. Geräte mit indirekter Steuerung bezeichnet man als Industriemanipulatoren. Ein Beispiel ist der ANDROMAT, eine Maschine, mit der man z.B. glühende Teile beim Freiformschmieden handhaben kann. Indirekte Steuerung bedeutet hier, daß der Operateur auf der Maschine sitzt und den weit ausladenden Gelenkarm mit einem speziellen Mehrrichtungsschalter nach Sicht vom Platz aus steuert [13, 14].

Balancer gleichen die anhängende Last in der Z-Achse automatisch aus, so daß beim Heben keine Arbeit gegen die Schwerkraft geleistet werden muß. Manchmal wird auch das Bewegen in der x-y-Ebene durch Servoantriebe feinfühlig unterstützt. Es genügt eine Kraft von 2 bis 5% der zu bewegenden Gesamtlast, um diese manuell zu verschieben. In Bild 4.1 werden einige typische Bauformen dargestellt. Es gibt aber auch noch andere Ausführungen. Ein interessanter Klein-Balancer (5 bis 100 kg) wird in Bild 4.2 vorgestellt. Das sonst übliche sperrige Führungsgetriebe wurde hier durch flexible Hubbänder ersetzt. Dadurch entsteht ein recht massearmer Mechanismus, der aus dynamischen Gründen zeitliche Vorteile beim Manipulieren bringt. Die anhängende Last wird vollautomatisch tariert, ein Vorteil bei ständig wechselnden Gewichtskräften. Ähnlich günstig verhalten sich auch Balancer, deren Z-Achse als Drahtseil oder als Faltenschlauch gestaltet ist. Letzterer zieht sich beim Anlegen von Vakuum zusammen und hebt dabei die Last. Inzwischen gibt es auch vollpneumatische Balancer für den Einsatz in explosionsgefährdeten Räumen. Sowohl Hubantrieb und Greifer als auch Steuerung arbeiten rein pneumatisch. Als Einsatzgebiete kommen z.B. Farbenlager, pharmazeutische Betriebsstätten und Fertigungsanlagen mit explosiven Stäuben in Frage.

Balancer - ein Notbehelf?

Es ist kein Geheimnis, daß es immer wieder Arbeitsplätze geben wird, an denen vorprogrammierte Handhabungstechnik nicht wirtschaftlich einsetzbar ist. Die allzugut bekannten Gründe sind vor allem:

■ Relativ wenige Handhabungen je Zeiteinheit, dafür aber oft Handhabungsmassen von vielen hundert Kilogramm und
■ schwierig zu programmierende Umgebungsbedingungen, z.B. in Lagerbereichen, oder überhaupt nicht vorprogrammierbare Aktionen bei Einzelfertigung.

Der Balancer kann diese Lücke ausfüllen und ist vollwertige Technik. Lediglich der Automatisierungsgrad ist der Handhabeaufgabe angepaßt.

Balancer zeichnen sich durch folgende Eigenschaften aus:

■ Aufnahme großer außermittiger Lastmomente,
■ hohe Tragkräfte, bei manuell einstellbarem oder automatischem Lastausgleich,
■ massearme Konstruktion,
■ wenig Bedienelemente und Bedienung in günstiger Körperhaltung,
■ großer Arbeitsbereich und
■ hoher Sicherheitsstandard.

So muß verlangt werden, daß z.B. Saugergreifer zusätzlich gegen Vakuumausfall gesichert sind, weil der Mensch sich in unmittelbarer Nähe des Greifers aufhält. Das bedeutet Projektierung eines Zweikreis-Vakuumsystems oder eines Vakuumspeichers.

Da Balancer natürlich auch ein wesentlicher Beitrag zur Vermeidung von Rückenleiden durch zu schwe-

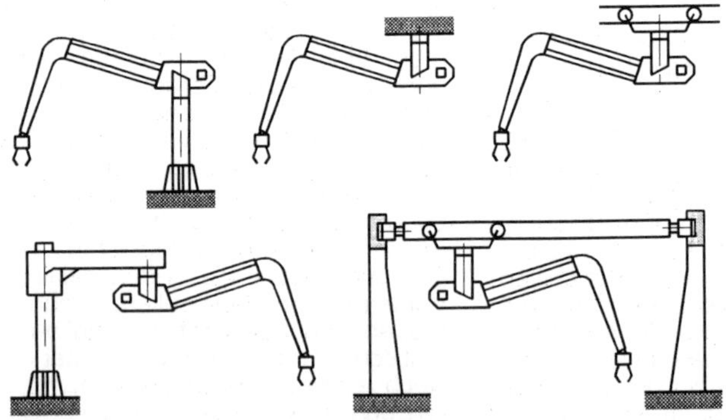

Bild 4.1: Einige Bauformen: Ständerbalancer, Deckenbalancer mit und ohne Portalachse, Ständerbalancer mit zusätzlichem Kragarm, Balancer am Flächenportal

res manuelles Heben in schlechter Körperhaltung sind, könnte man sich noch viel mehr Produktionsmaschinen vorstellen, die schon von Haus aus mit Balancern ausgestattet sind. Das Bild 4.3 zeigt ein Beispiel. Balancer können auch an Transportfahrzeugen angebracht werden.

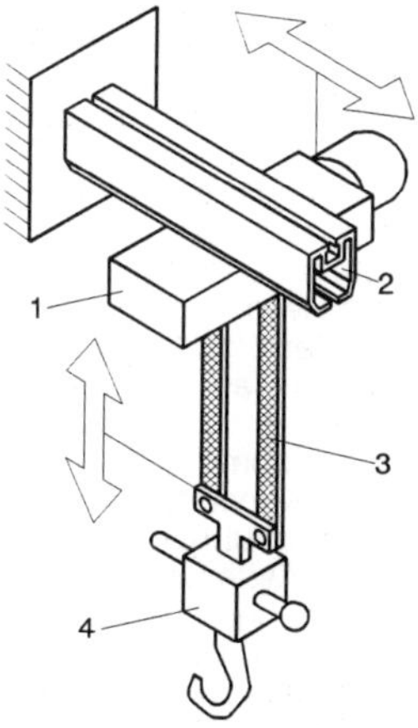

Bild 4.2: Kleinbalancer mit Hubbändern (Schmidt Handling)
1 Antrieb für Gewichtskraftausgleich, 2 Profillaufschiene, 3 Kunststoffband, 4 Lastaufnahmemittel mit Handgriff

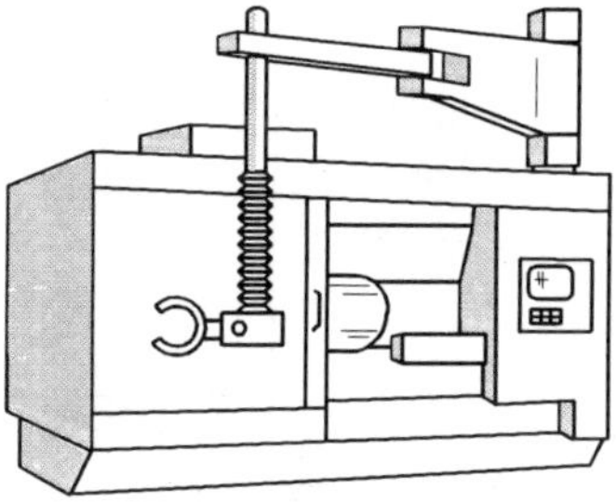

Bild 4.3: Werkzeugmaschine mit integriertem Balancer

Gummimuskeln

Seit einiger Zeit wird versucht, gesteuerte Handhabungsbewegungen durch pneumatische Muskeln, auch als Myone bezeichnet, zu realisieren. Das sind z.B. nylonverstärkte Elastomer-Schlauchstücke mit entsprechenden Anschlußflanschen. In Bild 4.4 wird ein Beispiel für die paarweise, antagonistische Anordnung nach dem Vorbild der Muskelgruppen im menschlichen Körper gezeigt. Es geht auch noch anders, z.B. mit Mehrkammerschläuchen. Die Kontraktionen werden aber immer über den Druck gesteuert. Die Bewegungen sind von relativ geringer Präzision, aber geschmeidig und der menschlichen Handbewegung recht ähnlich. Die Idee ist allerdings nicht neu. McKibben hat bereits in den 50er Jahren in den USA einen pneumatischen Vielsegmentmuskel entwickelt.

Das Interesse für solche Antriebe resultiert nicht unwesentlich aus dem einfachen Aufbau, was niedrige Kosten impliziert.

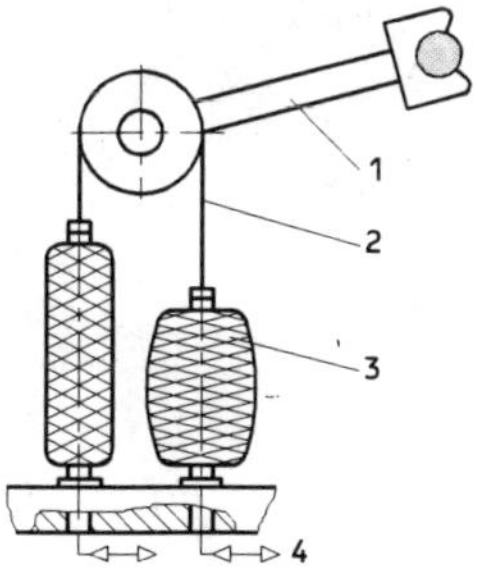

Bild 4.4: Myone als Antrieb einer Handlingseinheit (Hitachi/Bridgestone)
1 Arm mit Greifer, 2 Zugmittel zur Kraftübertragung, 3 Gummiwirkglied, 4 gesteuerte Druckluft

Der Greifer macht`s

Wie auch beim Roboter wird der eigentliche Kontakt zum Handhabungsobjekt über den Greifer hergestellt. In Anwendung sind Saugergreifer, u.a. mit automatischer Vakuumzuschaltung über Näherungssensor, handschaltbare Permanentmagnetgreifer, Backengreifer, auch solche mit mehreren Handdrehachsen, Dorn- und Gabelgreifer sowie eine Vielzahl problemangepaßter Sondergreifer [15]. Das können z.B. Greifer für Fässer, Konen in der Spinnerei, Papier- und Textilrollen, Tischplatten, Bildröhren, PKW-Tanks, Triebsätze (Motor mit angeflanschtem Schaltgetriebe), Steckachsen, Korpusmöbel, Kurbelwellen und Formkästen in der Gießerei sein. Ein Gebiet für sich sind mechanische Greifer für Kleinladungsträger, Kästen und Behälter. In Bild 4.5 wird ein Greifer gezeigt, der das Objekt spannt und gleichzeitig unterhakt.

Saugergreifer können eine große Wirkfläche haben, um z.B. Faltkisten, Folien- und Kraftpapiersäcke aufzunehmen. Üblich sind aber auch spinnenbeinig verteilte Einzelsauger, wenn eine entsprechende Werkstückgröße vorliegt. Eine Spezialität sind Gurt-Dreh-Greifer, die ein Objekt umschlingen. Damit lassen sich fast alle Arten von runden oder unrunden Behältern umfassen. Der Zuschnitt des Greifers kann auch völlig spezialisiert sein, wie z.B. Greifen von Fahrzeugrädern. Greifer für Kleinteilebehälter fassen vertikal zu. Die Bedeutung dieser Greiferbauart wird in Zukunft zunehmen, weil sich palettengerechte Kunststoffbehälter als Ordnungs-, Lagerungs- und Bereitstellmittel im Aufwärtstrend befinden. Zur Handhabung von Kartons wird schließlich in Bild 4.6 ein Greifer gezeigt, der sich dadurch auszeichnet, daß das Handhabungsobjekt durch eine flache Gabel unterfahren wird. Das Gut wird dann während der Umsetzbewegung durch pneumatische Anpreßzylinder gehalten.

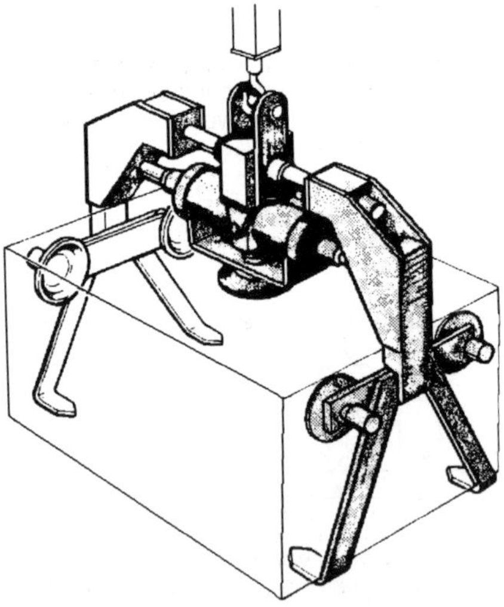

Bild 4.5: Balancer-Greifer für quaderförmiges Handhabegut

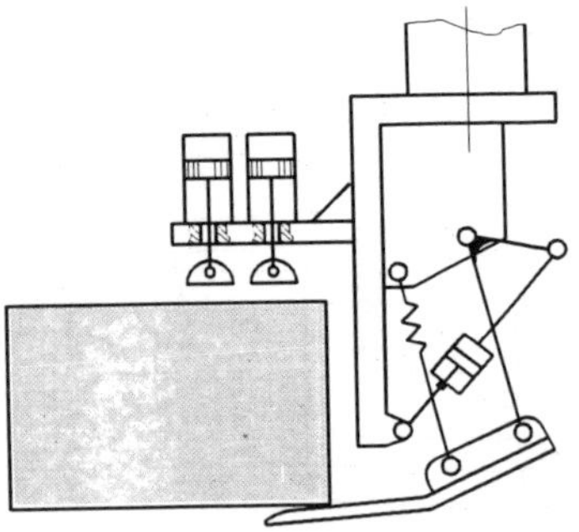

Bild 4.6: Gabelgreifer für Pappekartons

Einsatz branchenübergreifend

Der Anwendungsbereich der Balancer reicht von der Holzbearbeitung bis zum Sanitärporzellan, von der Lagertechnik bis zur Montage großer unhandlicher "Werkstücke", wie z.B. Fahrzeugsitze oder Omnibusscheiben. Ständig werden neue Anwendungen erschlossen. Das Geheimnis dieser Vielseitigkeit liegt in der wirtschaftlichen Lösung einer handhabungstechnischen Grundaufgabe und in problemangepaßten Greifern. In Bild 4.7 wird die Manipulation von Folierollen gezeigt. Zur Aufnahme der Rollen sind verschiedene Greifer im Einsatz. Das können Spreizdorne sein, die sich nach dem Eintauchen gegen die Innenwand pressen oder solche, die am Umfang halten. Auch die Variante Zentrierdorn und Sauglufthaltung wird praktiziert. Ein typisches Anwendungsfeld ist auch die Handhabung großflächiger Teile (Türen und Wandplatten, Glasscheiben u.a.), die herkömmlich wegen ihrer Ausdehnung mehrere Werker zur Manipulation erfordern. Die robuste Konstruktion der Manipulatoren verträgt auch relativ hohe außermittige Belastungen. Das erlaubt das "Hinein- und Daruntergreifen", was besonders bei der Teilehandhabung an Pressen, Regalen, Transportpaletten, Öfen usw. gefragt ist, aber auch für das Halten während der Montage. Dabei kann die Montageeinheit zum Zweck des Anfädelns leicht bewegt werden. Manipulatoren sind übrigens auch als "Haltemaschinen" für Bearbeitungswerkzeuge verwendbar.

Kehren wir zum englischen Gelehrten Roger Bacon und zu seinem enzyklopädischen Werk zurück, dann ist in der Tat, der Balancer "...eine außerordentlich nützliche Maschine." Bacon hat es vorausgesehen.

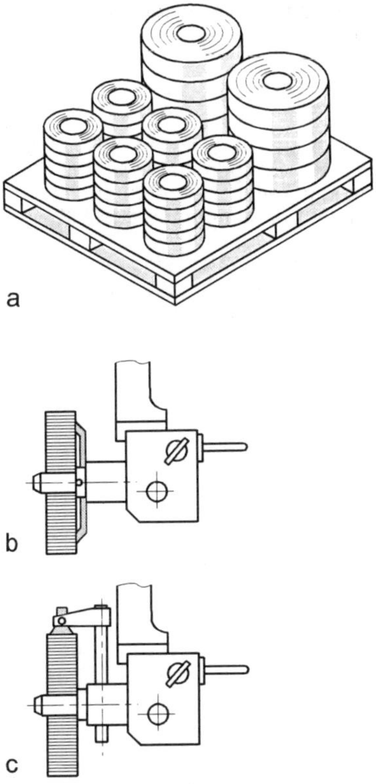

Bild 4.7: Greifen von Rollen bis 300 kg Rollengewicht
a) Bereitstellung auf Transportpalette, b) Aufnahmedorn mit Sauger kombiniert, c) Dorngreifer mit Aussenspannelement

Testfragen

1 Welche Bewegungen werden beim Balancer maschinell unterstützt und welche Aktionen muß der Werker mit Muskelkraft erledigen?

> Fortschritt ist die Verwirklichung von Utopien.
>
> Oskar Wilde

2 Was passiert, wenn ein Objekt, z.B. ein Düngemittelsack, mit dem Vakuumgreifer angehoben wurde und die Vakuumpumpe ausfällt?

3 Welche Greifer sind einsetzbar, wenn größere Pappkartons zu fassen sind, die dicht an dicht gestapelt sind?

4 Wie werden Rollen und Bunde mit dem Balancer gegriffen?

5 Wie läßt sich das Einsatzfeld der Balancer im Vergleich zum Industrieroboter umreißen?

6 Welche Vorteile haben Balancer mit einem Hubseil bzw. Kunststoff-Hubband für den Anwender?

7 Läßt sich das Prinzip des Gummisaugers auch verwenden, um z.B. 1200 kg schwere Blechtafeln mit dem Balancer zu heben?

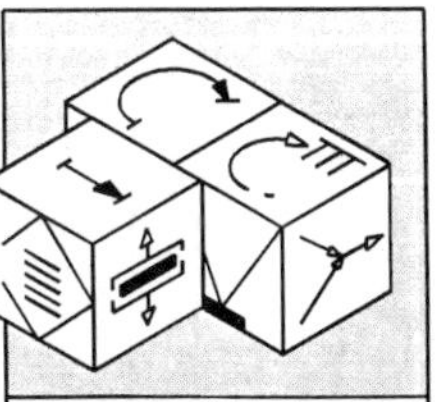

5

Konfektionierte Automation

Alles Vortreffliche ist ebenso
schwierig wie selten.
Baruch d' Espinoza

In automatischen Arbeitssystemen lassen sich sehr viele Bewegungsaufgaben auf Aktionsprimitive der Art "BRINGE OBJEKT 1 VON A NACH B" zurückführen. Das ist theoretisch zwar immer durch eine Schraubenbewegung um eine momentane Schraubachse vollziehbar, aber bei der technischen Verwirklichung muß in Teilbewegungen zerlegt werden.

Die Anwendung von Bewegungsmodulen hat in den letzten Jahren sprunghaft zugenommen, was letztlich auf ausgereifte Schnittstellen und anspruchsvolles Leistungsbild zurückzuführen ist. Die Systeme sind nach Anwenderforderungen optimiert, die Menge der Einsatzfälle in den ungewöhnlichen Anwendungen nimmt zu. Das belegt, daß Planung, Einführung, Instandhaltung und Wirtschaftlichkeit den meisten Forderungen der Praxis entsprechen [16]. Drehen wie Schieben läßt sich mit Achsmodulen rationell verwirklichen.

Module technisch perfekt

Typisch sind pneumatische Lineareinheiten mit ausfahrender Achse. In Bild 5.1 wird stellvertretend für viele ähnliche Ausführungen eine solche Einheit gezeigt. Entscheidende Kenngrößen sind Geschwindigkeit, Tragfähigkeit, Hub und Durchbiegung unter Last. So hängt z.B. die Durchbiegung u.a. von den geometrischen Abmessungen und Formen des gewählten Führungsquerschnittes ab. Wie dieser die statische Steife beeinflußt, zeigt das Bild 5.2. Im Vergleich wurde jeweils ein gleichgroßer Querschnitt zugrunde gelegt, bis auf die verschachtelten U-Pofile, bei denen die Außenabmessungen im Vergleich zum geschlossenen Rechteckprofil konstant gehalten wurden. Die Zahlenangaben sind normiert und beziehen sich auf einen Kragträger mit Einzellast (jeweils gleiche Belastung und Ausfahrlänge). Eine allgemeine Rangfolge sollte man hieraus aber nicht ableiten, weil außer der Durchbiegung auch noch andere Aspekte einzuschließen sind. Für den in Bild 5.1 dargestellten

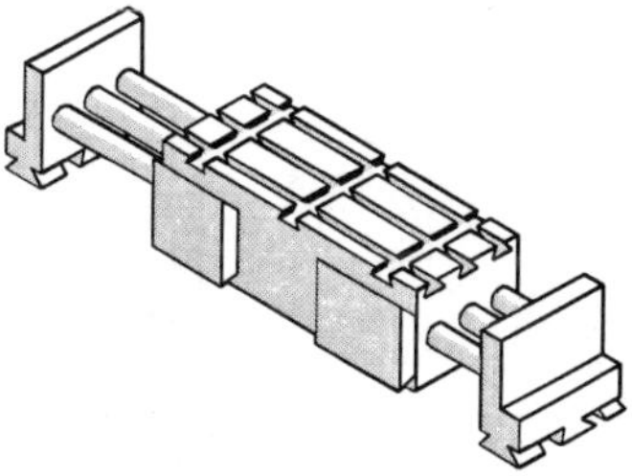

Bild 5.1: Pneumatische Lineareinheit mit Anschlußflächen für ein Schwalbenschwanz-Klemmsystem (Montech)

Achsmodul ergibt sich z.B. ein realer Durchbiegungsverlauf, wie er aus Bild 5.3 ablesbar ist. Das ist in der Montageautomatisierung meistens problemlos zu verkraften [17, 18].

Pneumatik mit vielen Vorteilen

Für die Bewegungserzeugung sind die verschiedensten Antriebssysteme auf dem Markt, vor allem elektrisch-mechanische und pneumatische. Einige technische Möglichkeiten für den Antrieb sind in Bild 5.4 gezeigt. Für Bewegungen von einer Endstellung in die andere, unter Umständen auch mit Zwischenpositionen, eignen sich pneumatische Einheiten sehr gut. Sie sind schnell, überlastungssicher und decken im Bereich einfacher Bewegungsverläufe ein weites Anwendungsfeld ab. Dämpfer, exakte Einstellbarkeit der Endpositionen, sensorische Abfrage der Stellungen und integrierte Leitungsführung zeichnen moderne Module aus. Man darf einen Modul aber nicht als Einzelgerät bewerten, weil meistens Kopplungen mit anderen Komponenten, wie Greifer, Kurzhubschlitten, Vertikaleinheiten und auch Gestellelementen notwendig sind. Mehrachsige modulare Handhabungsgeräte werden oft in der automatischen Montage eingesetzt, aber auch in der Verarbeitungstechnik, z.B. als Probenrüttler.

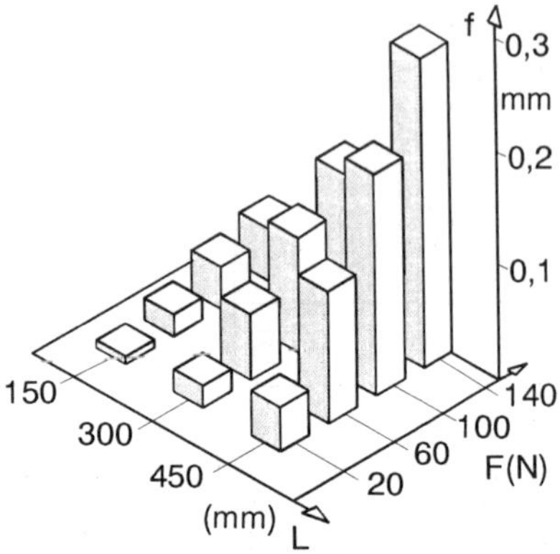

Bild 5.3: Durchbiegungsverlauf einer pneumatischen Lineareinheit (Beispiel)
f Durchbiegung, F Belastung am Armende, L Ausfahrlänge

Schnittstellen sind Systembestandteil

Schnittstellen sind jene Stellen, an denen benachbarte Komponenten

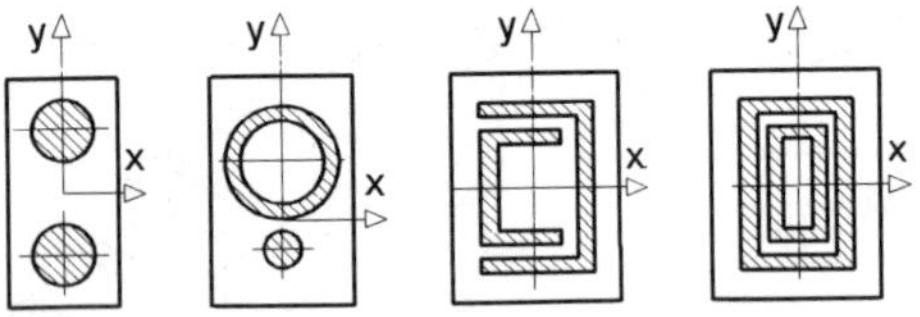

A	1	1,00	0,80	1,00
J_x	1	2,20	4,40	4,60
W_x	1	1,90	6,30	6,50
f	1	0,46	0,23	0,19

Bild 5.2: Vergleich von einigen Führungsquerschnitten
A Querschnittsflächen, J_x Trägheitsmomente, W_x Widerstandsmomente, f Durchbiegung

miteinander verbunden sind bzw. an denen das Gesamtsystem an die Umwelt angeschlossen ist. Die Gestaltung von Schnittstellen hat bei Bewegungsmodulen vielen Aspekten Rechnung zu tragen. Positive Forderungen betreffen die Übertragungsleistung an den Schnittstellen, negative Forderungen beziehen sich auf Fehler, die zu vermeiden sind.

Für den Anwender ist wichtig, wie mehrere Module miteinander gekoppelt werden und ob die Kopplung ohne Spezialwerkzeuge ausreichend sicher und komfortabel erreichbar ist. Grundsätzlich sind zwei Arten von Verbindungssystemen zu unterscheiden:

- Klemmsysteme, die eine stufenlose Anordnung beim Zusammenbau gestatten und
- punktuell fixierte Befestigungen, z.B. mit Hilfe von Paßstiften, -leisten oder -buchsen.

Klemmsysteme lassen nachträgliche Korrekturen zu, z.B. beim Einrichten einer Anlage vor Ort. Das kann ein bedeutender Vorteil sein.

Kriterien für Achsmodule

1 Erfüllt die Baueinheit alle weg- und kraftmäßigen Anforderungen des jeweiligen Einsatzzweckes?

2 Sind die Module ohne Spezialtechnik (Werkzeuge) und möglichst ohne montagefremde Operationen aufbaubar?

3 Ist die Nutzungsdauer ausreichend hoch bzw. lassen sich die Führungen auf eine einfache Weise nachstellen?

4 Wieviel Positionen sind gedämpft anfahrbar und lassen sich diese gut justieren?

5 Entspricht das Masse-Leistungsverhältnis dem modernen Stand der Technik?

6 Wie ist das Schwingungsverhalten unter Last und bei verschiedenen Ausfahrlängen?

7 Welche Positionier- bzw. Wiederholfehler müssen in Kauf genommen werden?

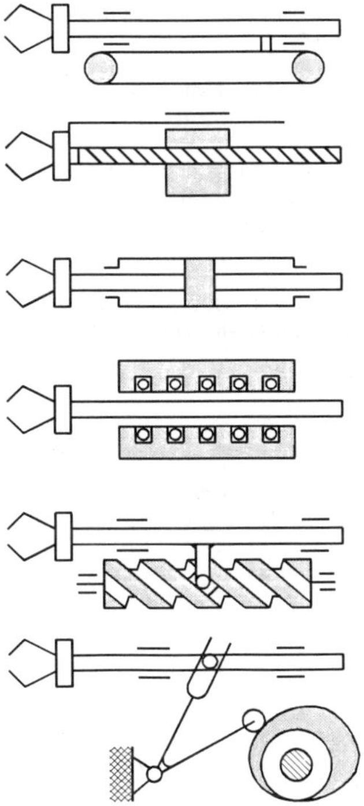

Bild 5.4: Verschiedene Antriebe für Lineareinheiten, von oben nach unten Synchronriemenantrieb, Spindel-Mutter-Getriebe (die Mutter rotiert), Pneumatikzylinder, elektrischer Linearmotor, Steilnutkurve, Scheibenkurventrieb

8 Welche Möglichkeiten zum Einstellen von Bewegungsparametern, z.B. der Geschwindigkeit, gibt es?

9 Wie hat man die Medienzuführung und die Kopplung zum Signalfluß gelöst?

10 Unterstützt die Bauform den Aufbau kompakter übersichtlicher Arbeitssysteme?

12 Ist das System gegenüber einer Schwankung von Umweltparametern stabil?

13 Wie ist das Not-Aus-Verhalten? Welcher Nachlauf tritt auf?

14 Müssen zusätzliche Schutzelemente nachgerüstet werden, weil sich Scher- und Quetschstellen ergeben?

15 Sind die angegebenen Hubzahlen auch im Dauerbetrieb realisierbar?

Testfragen

1 Beschreibe einige Möglichkeiten, wie man Linearachsen antreiben kann!

2 Welche Kriterien stehen bei der Auswahl von Lineareinheiten im Vordergrund?

3 Von welchen Faktoren hängt der Durchbiegungsverlauf einer Linearachse ab?

4 Welche Nachteile haben aus Baueinheiten zusammengesetzte mehrachsige Handhabungsgeräte gegenüber Kompaktgeräten?

5 Was zeichnet Lineareinheiten ganz besonders aus, die mit Scheiben- oder Zylinderkurven angetrieben werden?

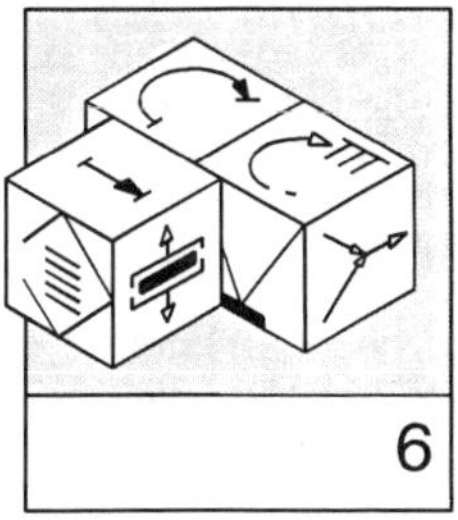

Low-cost-Handling

Sie brauchen nichts zu wissen, Sie sind ein reicher Mann. Aber ich bin ein armer Teufel. Mir muß was einfallen.
Johann Nepomuk Nestroy

"Ja gibt`s dös a ?", mag da der eine oder andere vorsichtig fragen, wohl wissend, daß automatisches Handhaben durch technischen Aufwand geprägt ist. Aber was ist heute nicht alles super, light und low-cost. Da gibt es den Low-cost-Sensor, den Low-cost-Roboter und zu guter Letzt vielleicht auch die Low-cost-Automation. Brauchen wir so etwas? Verhalten sich Low-cost-Automatisierung zur "gewöhnlichen" Automatisierung etwa wie Paperback zum Ledereinband?

Wege zu Low-cost

Low-cost heißt billig und man meint damit meistens vereinfachte abgespeckte technische Lösungen. Sie erfüllen die ihr zugedachte Funktion, sind aber gegenüber anderen Versionen weniger aufwendig. Funktionen, die man nicht unbedingt braucht, hat man weggelassen. Manchmal gelingt es auch, durch neue technische Konzepte, Verfahren und Werkstoffe Niedrigpreislösungen zu erreichen. Eine Grenze ist natürlich schwer zu ziehen. Immerhin ist es aber ein erstrebenswertes Ziel, denn Wissenschaft und Technik werden stets daran gemessen, wie effektiv die hervorgebrachten Lösungen sind. Überqualifizierte Geräte belasten die Kosten unnötig. Meßlatte sind die jeweils vorliegenden Anwenderbedingungen.

Optimierungen zielen darauf ab, Kosten einzusparen. Das kann geschehen, wenn man sich in folgenden Gebieten einschränkt:

- Umfang an Gerätetechnik,
- Umfang gesteuerter Antriebe,
- Umfang steuerungstechnischer Aktionen und
- Umfang an Umrüst- und Justierarbeiten.

Automatisierungstechnik kann viele Formen annehmen. Für Low-cost-Technik ist typisch, daß es oft Selbstbaulösungen sind, die man wohl mehr der Einzweckautomatisierung zurechnen muß. Manche Vorrichtung mit "Aha-Effekt" ist übrigens auf der untersten Mitarbeiterebene entstanden, oft von kreativen Maschinenbedienern ausgedacht, die einen Vorgang lange Zeit vor sich hatten und denen plötzlich die zündende Idee kam. Es sind vor allem die folgenden Ansätze, die erfolgversprechend sind:

- Ausnutzung besonderer physikalischer Effekte,
- Ableitung von Hilfsbewegungen aus anderen Aktionen,
- Integration von Handhabungsfunktionen und
- Ausnutzung dynamischer Wirkungen.

Und so geht`s

Low-cost-Technik ist vor allem eine Sache der Erfahrung und weniger von Theorien. Deshalb zeigen Beispiele am ehesten, was gemeint ist. In Bild 6.1 wird dargestellt, wie man den Erfolg einer Fügeoperation überwachen kann. In die Gummirolle wird eine Stahlbuchse eingepreßt. Der Rundschalttisch enthält eine Station, bei der Rollen mit fehlender Buchse herausfallen. Bei Gutbaugruppen wird das verhindert, weil ein Magnet die Teile vorübergehend hält. Diese Lösung kommt interessanterweise völlig ohne bewegliche Teile aus.

Auch geometrische Gegebenheiten lassen sich oft günstig ausnutzen, z.B. zur Kontrolle der Werkstückidentität. In Bild 6.2 ist ein Zuführkanal zu sehen, bei dem während des Eingebens bzw. Einlaufens des Werkstücks seine seitengerechte Lage kontrolliert wird. Weil einfach herzustellen, hat man dazu eine Tastrolle verwendet. Sie enthält das Gegenstück zum Werkstückprofil [10]. Die Rolle ist leicht austauschbar. Damit kann eine automatische Anlage wirksam vor Falschteilen geschützt werden, die vielleicht eine Störung oder gar Werkzeugbruch hervorrufen können. Übrigens kann man auch mehrere Seiten des Werkstücks auf diese Weise abtasten.

Viele Low-cost-Lösungen betreffen das Auswerfen von Teilen nach der Bearbeitung aus einer Arbeitsposition. Das Bild 6.3 zeigt einen Schlitten, der nach der Werkstückübernahme in die Arbeitsposition fährt. Das Teil ist nach der Bearbeitung automatisch auszuwerfen. Dafür ist eigens eine Klappe vorgesehen. Sie wird durch eine abgeleitete Bewegung automatisch in Gang gesetzt. Beim Bewegen zur Arbeitsstelle wird eine Klinke überfahren, die beim Rückhub steif bleibt und dadurch den Betätigungshebel nach unten drückt. Eine Steuerung wird nicht gebraucht.

Durch geschickte Auslegung konstruktiver Details lassen sich oft Vorrichtungen beträchtlich vereinfachen. Dazu zeigt Bild 6.4 ein Beispiel. Die Teile werden in einer automatischen Vorrichtung gebohrt. Die Zuführung erfolgt auf einer Rollbahn. Zuteiler und Spannelement sind hier zu ei-

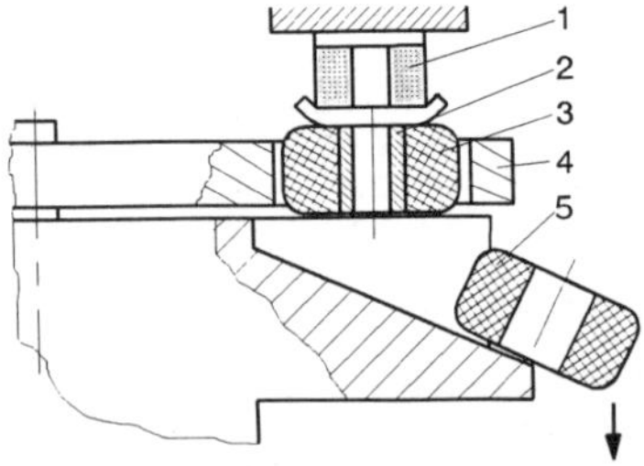

Bild 6.1: Kontrolle auf Anwesenheit
1 Magnet, 2 Stahlbuchse, 3 Gummirolle, 4 Teller des Rundschalttisches, 5 ausgeworfenes fehlerhaftes Teil

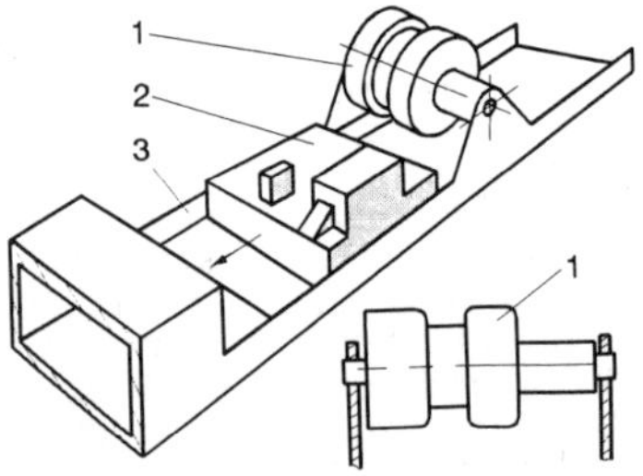

Bild 6.2: Kontrolle auf seitenrichtige Lage
1 Tastrolle mit Gegenprofil, 2 Werkstück bzw. Baugruppe, 3 Zuführkanal

nem Teil verschmolzen. Der Trick besteht darin, daß das fertige Werkstück beim Rückhub links von der Anschlagnase abgesetzt wird und wegrollen kann. Bewegliche Zuteilschieber wurden eingespart.

Etwas gewagter und ohne Versuche wohl nicht machbar ist das in Bild 6.5 gezeigte Wendemanöver [19]. Man hat es vorgesehen, weil die Teile an der nächsten Presse gewendet benötigt werden. Ein Schwenkarmgreifer entnimmt das Blechteil mit Saugern aus der Presse und wirft es gegen ein quer zur Förderstrecke ausgespanntes Stahlseil. Durch die Trägheit des Werkstücks und die Federwirkung des Seils erhält das Teil einen Drehimpuls, so daß es sich bei ausreichender Höhe zum Förderband dreht. Eine gesonderte Hilfseinrichtung zum Umdrehen des Werkstücks entfällt. Diese Lösung wurde in der Pressenstraße eines japanischen Automobilherstellers angewandt.

Eine andere Variante, bei der etwas gedreht wird, ist in Bild 6.6 zu sehen.

Bei diesem Beispiel wurde der Zuteilschieber mit einem Fangstift ausgerüstet. Damit kann man während des Zuteilens Werkstücke ordnen, wenn es sich um napfartige Teile handelt. Teile, die mit der Bodenseite voran ankommen, werden wie üblich zugeteilt. Anders orientierte Werkstücke spießen sich auf und werden beim Öffnen des Zuteilschiebers mit nach oben gerissen. Dadurch wird ihnen ein Drehimpuls erteilt, so daß sie sich um 180° drehen.

Zu den Vorgängen, die in "freier Werkstückbewegung" ablaufen, muß allerdings noch hinzugefügt werden, daß sie nicht hundertprozentig sicher sind. Treffen mehrere ungünstige Einflüsse wie Reibung, Schmutz und Toleranzen zufällig zusammen, kann sich das Werkstück durchaus auch einmal anders verhalten, als erwartet. Das bedeutet Störung der Anlage. Bei "zwangsweiser Werkstückbewegung" sind diese Gefahren geringer, weil die Teile in keiner Bewegungsphase sich selbst überlassen sind.

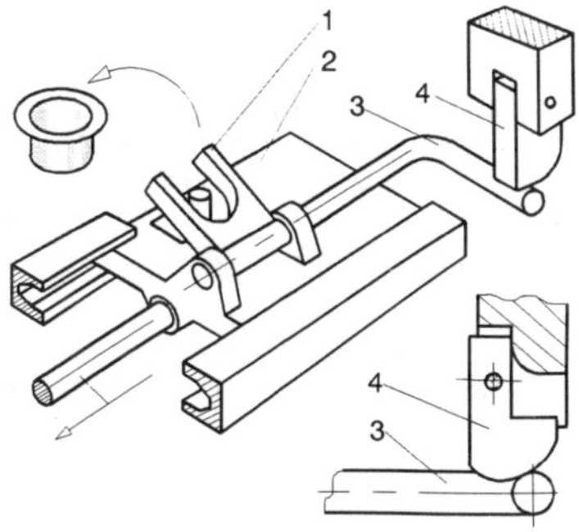

Bild 6.3: Auswurfmechanismus
1 Auswerferklappe, 2 Schlitten mit Werkstück, 3 Betätigungshebel, 4 Klinke

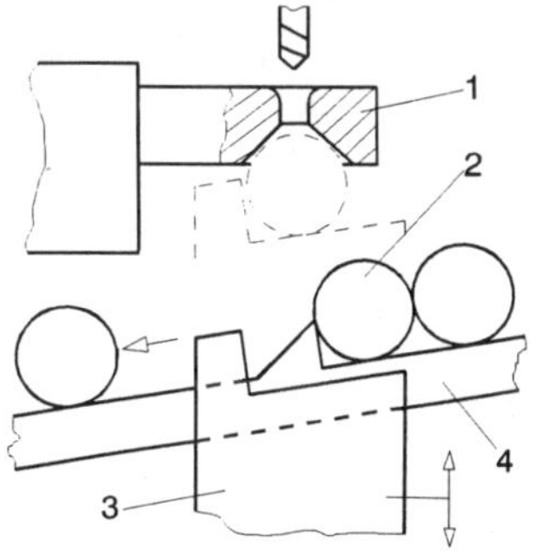

Bild 6.4: Kombination der Funktionen Spannen und Zuteilen
1 Aufnahmeprisma und Bohrerführung, 2 Werkstück, 3 Zuteil- und Spannschieber, 4 Rollbahn

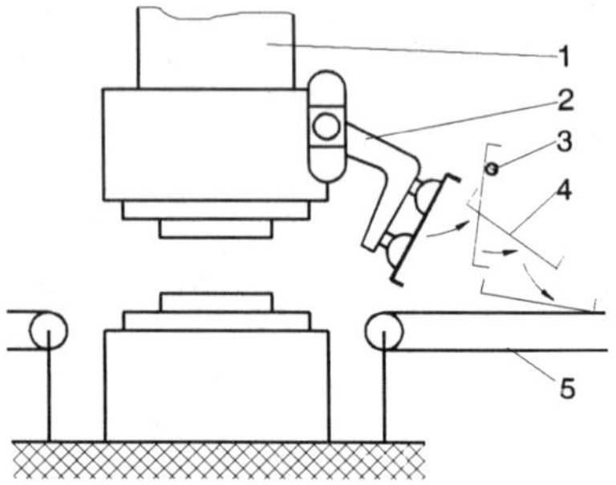

Bild 6.5: Wenden während des Ausgebens
1 Presse, 2 Schwenkarmausgeber mit Saugern, 3 Stahlseil, 4 halb gewendetes, fallendes Teil, 5 Förderband

Wir sehen, das Low-cost-Handling ist letztlich vor allem die Denkweise, ersteinmal mit einfachen Mitteln auszukommen, ehe größere Geschütze aufgefahren werden. Das gilt unverändert. Man darf technische Funktionen nicht verschwenden. Zumindest für die Werkstückhandhabung sollten wir uns auch daran erinnern, daß durch bloßes Handhaben kein Werkstück besser wird, eher schlechter. Noch immer ist uns jener Handhabungsvorgang der liebste, der gänzlich entfallen kann.

Testfragen

1 Nennen Sie Beispiele, wie man durch Vereinigen bzw. Überlagern von Funktionen Einsparungen erreichen kann!

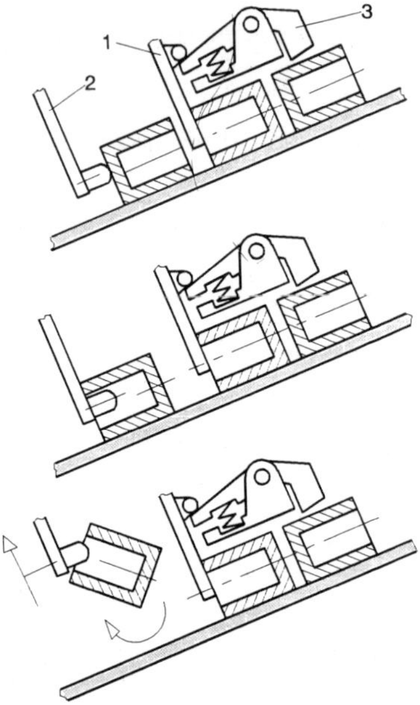

Bild 6.6: Ordnen während des Zuteilens
1 Zuteilschieber, 2 Zuteilschieber mit Dorn zum Aufspießen, 3 Festhalter, der vom Schieber 1 gelüftet wird

2 Werkstücke können sich in "freier" und "zwangsweiser" Form bewegen. Stellen Sie Vor- und Nachteile gegenüber! Welche Art ist unter welchen Bedingungen zu bevorzugen?

3 Welche technischen Aspekte sind geeignet, um zu neuen Ansätzen für Low-cost-Lösungen zu kommen?

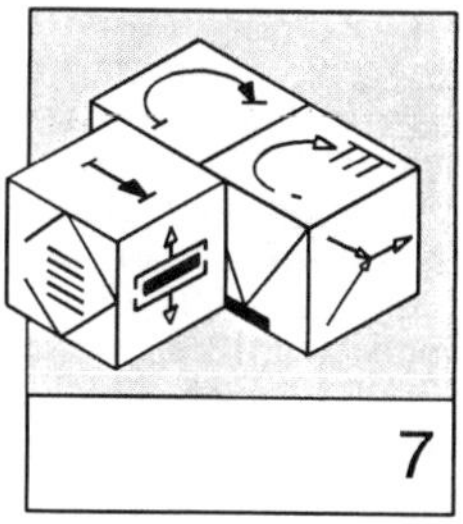

Alles im Fluß

> Maschinen werden die ganze Arbeit tun - Automaten werden alle Tätigkeiten steuern, und die einzigen Aufgaben der menschlichen Rasse werden Liebe, Lernen und Glück sein.
> The United States Review (1853)

Arbeitsgegenstände im Fluß zu halten und ohne Warten durch die Produktion zu leiten, ist ein alter und immer wieder neuer Wunsch in der Fertigungstechnik. Die Idee ist faszinierend, weil sich nicht nur Durchläufe zeitlich abkürzen, sondern auch platzfressende Zwischenspeicher auflösen und wer hätte da keinen Bedarf. Aber wie bei jeder großartigen Idee, gibt es auch hier die technischen Schwierigkeiten en detail. Der Versuch, sich durch organisatorische Maßnahmen ins Ziel zu retten, ist das vielzitierte Just-In-Time Manufacturing, mit den bekannten "seven zeros": Keine Produktfehler, keine Prozeßstörung, kein unnützes Handling, keine Liegezeiten, keine Losgrößen, keine Umrüstzeiten und keine Bestände. Läßt sich das Fließprinzip durch geeignete Handhabungstechnik unterstützen?

Moderne Zeiten

In Oliver Evans "automatischer Fabrik" wurde 1784 die Idee vom Flußprinzip erstmals überzeugend demonstriert. Es war eine Getreidemühle in Philadelphia, die im Hauptprozeß ohne Arbeiter auskam. Das Arbeitsgut war technisch einfach zu handhaben, weil Körner zum "formunbestimmten Stoff" zählen, also Schüttgut sind, und das ist leichter manipulierbar als das formenreiche Stückgut. Eine weitere wichtige Vorbedingung war die Massenhaftigkeit des Prozesses. Stellt man sich einen Fluß vor, der ruhig und ohne Wirbel fließt (Bild 7.1), dann strahlt er die Gleichmäßigkeit aus, die wir auch im Fertigungsfluß erreichen wollen. Ein ständiger Wechsel im Gefälle und

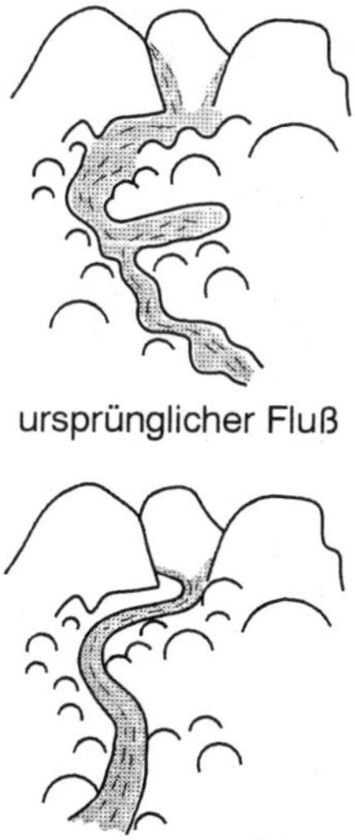

Bild 7.1: Ein verbesserter, begradigter Fluß hat weniger Unterbrechungen zu überwinden und ist schneller.

schnelle Strömungen sind störend, vergleichbar mit schwankender Auslastung und Diskontinuität durch Maschinenausfälle, Umrüstung und Produktionsfehler in der Fertigung [19]. Fließfertigung hat Vorbilder und Tradition.

Gegenstandsspezialisierte Fließlinien zur "Demontage" von Rindern entstanden bereits um 1860 in den Schlachthöfen des amerikanischen Nordens und etwas später auch solche zur Erzeugung von Konservendosen. Das sind nun erstmals geometrisch exakte Körper (formbestimmtes Stückgut), die in einem bestimmten Orientierungsgrad verbleiben mußten. Manuelles Werken an Fließlinien hat allerdings auch Schattenseiten. Die Nebenwirkungen des "laufenden Bandes" hat 1936 Charly Chaplin in seinem Film "Moderne Zeiten" für manuelle Montagelinien satirisch überhöht thematisiert.

Inzwischen ist es aber tatsächlich modern geworden. Auf kurvengesteuerten Rotorautomaten kann man z.B. Füllen, Pressen, Tiefziehen und Montieren. Während eines Umlaufs wird ein Arbeitsgang ausgeführt. Viele Arbeitsrotoren ergeben eine Rotorlinie. Das Bild 7.2 zeigt das Napfziehen in der Bewegung. Mehrere Ziehwerkzeuge arbeiten gleichzeitig parallel, in der Bearbeitungsphase aber versetzt. Technisch anspruchsvoll ist dabei das Zu- und Abführen bzw. Weitergeben von Teilen. Übergabepositionen, -geschwindigkeiten und -zeiten müssen exakt eingehalten werden. Der eigentliche Übergabemoment schrumpft dabei auf eine winzige Zeit zusammen. Der Handlingbereich ist deshalb auch hier derjenige, der oft zu Störungen Anlaß

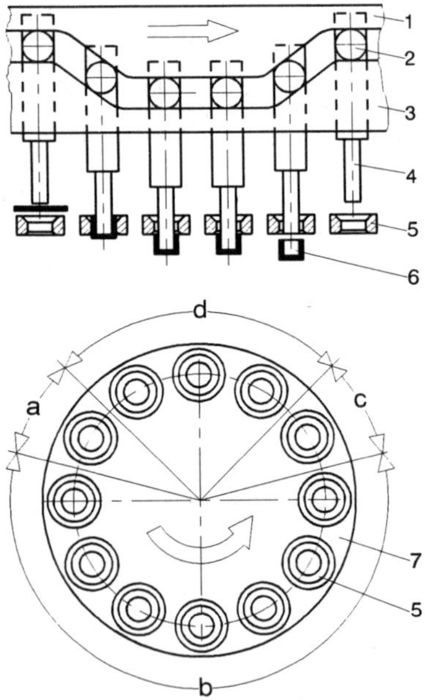

Bild 7.2: Rotorautomat zum Napfziehen
1 feststehende Steuerkurve, 2 Rolle, 3 Schieberführung, 4 Ziehstempel, 5 Ziehring, 6 Werkstück, 7 Arbeitsrotor, a Zuführsektor, b Arbeitsbereich z.B. Tiefziehen, c Ausgabesektor, d nicht genutzter Bereich

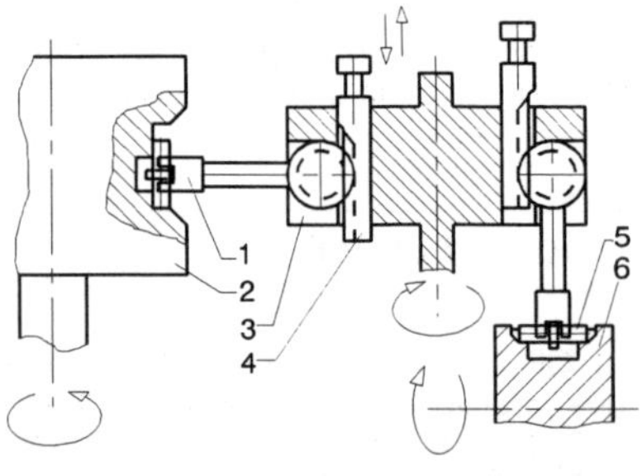

Bild 7.3: Zuführrotor mit Änderung der Achslage des Werkstücks
1 Greifer, 2 Arbeitsrotor, 3 Zuführrotor, 4 Zahnstangenstößel, 5 Werkstück, 6 Magazin oder Zuführband

gibt. Das Bild 7.3 zeigt einen Zuführrotor, der die Teile aus dem Förderband übernimmt und sie dem Arbeitsrotor übergibt. Hierbei wird durch das Schwenken des Greifarmes auch die Umfangsgeschwindigkeit des gegriffenen Teils geändert, d.h. sie wird der Spannstelle des meistens größeren Arbeitsrotors angeglichen. Fließen wird damit durch spezielle Mechanismen erkauft. Eine Flexibiltät ist fast nicht möglich, was bei Massenartikeln auch von untergeordneter Bedeutung ist.

Es gibt auch lineare Syteme, die kontinuierlich arbeiten, z.B. Fertigungslinien für die Herstellung von Glühlampen.

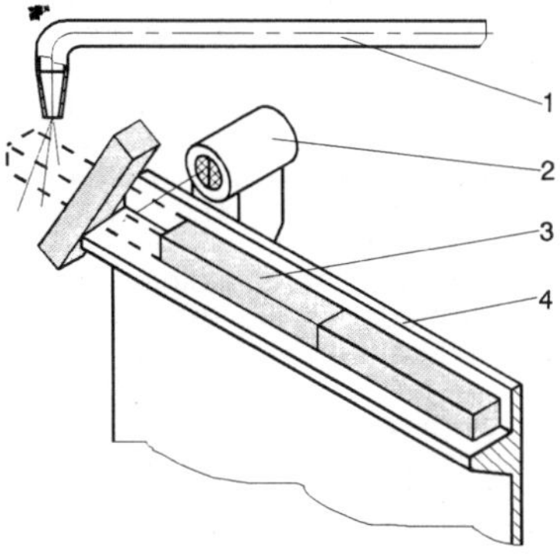

Bild 7.4: Zählen kontinuierlich fliessender Teile
1 Druckluftrohr mit Blasdüse, 2 Lichtreflextaster, 3 Werkstückschlange, 4 Schwingförderer

Fließen ein Problemfall?

Die geometrische Verschiedenartigkeit von Werkstücken erschwert selbstverständlich kontinuierliches automatisches Handling. In vielen Fällen gelingt es aber, durch andere Lösungsansätze brauchbare Vorrichtungen zu schaffen. Das soll ein Beispiel zeigen. Will man stabartige Werkstücke zuführen und dabei abzählen, so stellt sich am Ausgang des Vibrators eine lückenlose Werkstückschlange ein. Das Abzählen in der Schlange ist aber z.B. mit einer Lichtschranke schlecht möglich, zumindest aber unsicher, weil der Werkstückzwischenraum zum Strahldurchtritt/-unterbrechung fehlt. Deshalb wird nach der Lösung in Bild 7.4 der gerade Lauf der Teile durch einen Kippvorgang unterbrochen. Beim Abkippen nimmt der Taster jeweils ein exaktes Signal auf. Um die Arbeitsgeschwindigkeit zu erhöhen, wird das Kippen durch einen Druckluftstrahl unterstützt. Bei Teilen von etwa 50 mm Länge kann man auf diese Weise bis zu 300 Stück je Minute sicher zuführen und abzählen.

Kontinuierliche Abläufe können sich auch beim Zuteilen vorteilhaft auswirken. Der rotierende Zuteiler auf der Basis der archimedischen Spirale (Bild 7.5) läßt die Werkstücke gleichmäßig nachrücken, so daß ein Nachrückstoß entfällt [16]. Das ist besser. Schlagartiges Rücken, wie es bei Zuteilschiebern typisch ist, wenn dieser plötzlich öffnet, kann zum Prellen und Überschlagen der Teile im Zuführschacht führen. Diese Gefahr besteht vor allem, wenn der Füllstand gering und der Zuführschacht geneigt ist. In der Bauform als Doppelzuteiler lassen sich außerdem Werkstücksequenzen zu je zwei verschiedenen Teilen bilden.

Man kann heute auch viele Werkstückkontrollen während der Bewegung durchführen, weil entsprechend schnelle Auswerteverfahren entwikkelt wurden. Das ist besonders für die Überwachung in der automatischen Montage wichtig. Im Beispiel nach Bild 7.6 wird ein hochfrequentes Magnetfeld ausgenutzt, durch

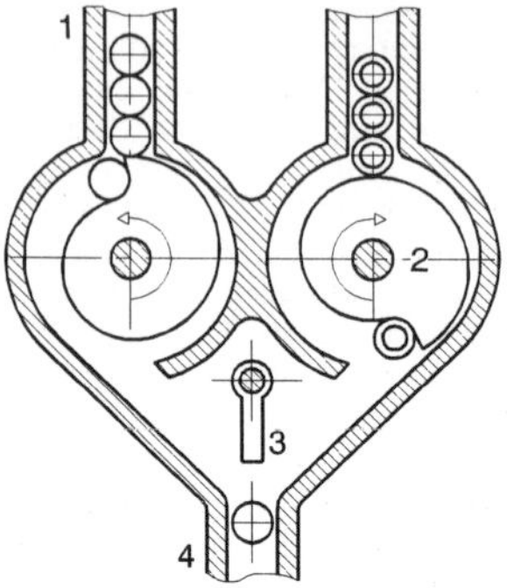

Bild 7.5: Doppelzuteiler mit archimedischem Rotor
1 Schachtmagazin, 2 Spiralrotor, 3 Bremseinrichtung, 4 Abführen von Werkstücksequenzen

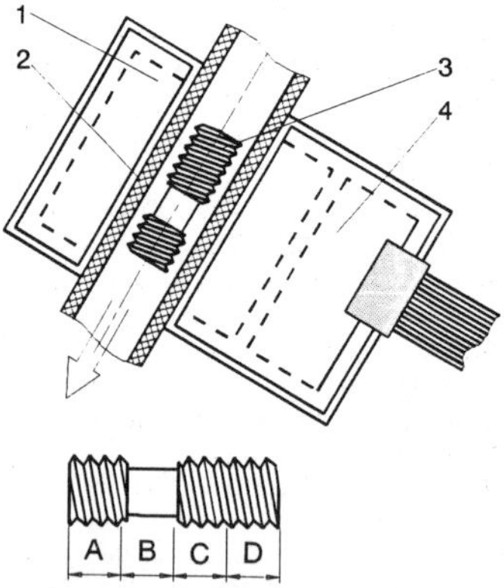

Bild 7.6: Elektronische Erkennungseinrichtung
1 Meßkopf, 2 Zuführkanal, 3 Werkstück, 4 elektronischer Teil mit Buskabel, A bis D Sektoren für die Messung

welches das Werkstück hindurchgeführt wird. Das kann ein Zuführschlauch zum Schrauber oder zu einer Montageeinrichtung sein. Die Prüfeinrichtung ist nach dem Zuteiler stromabwärts einzubauen, weil die Teile in diesem Fall einzeln laufen müssen. Sie werden im Beispiel in vier Sektoren abgetastet. Danach geschieht das Prüfen auf Unsymmetrie durch Vergleich der Massewerte von Sektor b gegen c. Liegt der errechnete Schwerpunkt hinter der Mitte des Teils im Meßkanal, dann wird die dargestellte Orientierung erkannt, anderenfalls handelt es sich um die 180° gedrehte Lage. Bei anderen Teilen wird man je nach Formmerkmalen entsprechend andere Vergleiche vorsehen [20]. In den vorgewählten Meßabschnitten muß immer eine Unsymmetrie vorhanden sein, unabhängig von der Lage des zu messenden Teils beim Durchgang durch den Sensor. Solche Auswerteeinheiten sind in der Regel programmierbar. Der Erkennungsfeinheit sind aber technische Grenzen gesetzt. Bei sehr kleinen Masseunterschieden sollte man Vorversuche durchführen.

Es zeigt sich, daß Kontinuität so manchen Vorteil haben kann. Das ist keine neue Erkenntnis. Immerhin kam Heraklit von Ephesos schon vor 2500 Jahren bei seinen Weltbetrachtungen darauf, als er feststellte: "Alles fließt".

"Bauernregeln" zur Automation

1 Betrachte den Stofffluß aus ganzheitlicher Sicht. Nutze Simulationsverfahren zur Optimierung.

2 Technologie, Werkstückfluß und Handhabung sind zuerst zu vereinfachen, ehe man Automatisierungs-

konzepte ausarbeitet. Schlanke Produktion (lean production) ersetzt nicht das Automatisieren.

3 Werkstückordnungen sind über möglichst viele Prozeßstufen zu erhalten. Das minimiert den erforderlichen Ordnungs- bzw. Informationsaufwand.

4 Vermeide oder reduziere Zwischenlager und bringe die Werkstücke zum "Fließen". Das senkt Durchlaufzeiten und Kosten.

5 Mechanisiere oder automatisiere den Werkstückfluß an Schnittstellen von einem System zum anderen. Lasse keine "Schnittstellenarbeiter" zu, die die sogenannten Restarbeiten manuell besorgen.

6 Verkette automatisierte Inseln, nachdem sie sich bewährt haben, zu einer durchgängigen Produktionsanlage.

7 Untersuche alle Wirkungen, die von Ausnahmesituationen ausgehen, und richte ein funktionsfähiges Störungsmanagement ein. Setze Prioritäten!

Was ist KAIZEN?

Hinter diesem japanischen Wort verbergen sich Denkweise und Handeln, in allen Bereichen und Ebenen immer wieder schrittweise Verbesserungen einzuführen. Also: Kleine Dinge besser machen, morgen stets besser sein als heute, immer höhere Standards setzen und halten sowie alle als Kunden betrachten (M. Imai).

8 Versuche Material- und Informationsfluß zu integrieren, z.B. durch Beigabe von Datenträgern zu Produkteinheiten.

9 Schaffe bereits in der Planungsphase gute Bedingungen für die Anbindung an Qualitätssicherungssysteme. Automatische Aktionen ohne Kontrolle gleichen einem Blindflug.

10 Sichere den Erfolg durch rechtzeitige und umfassende Einbeziehung von Mitarbeitern und Bedienern in das Automatisierungsprojekt.

11 In der Produktion laufende Einzelteile, Baugruppen und Produkte müssen automatisierungsgerecht gestaltet sein. Viele traditionellen Produkte sind für eine automatische Herstellung nicht geeignet und erfordern ein Redesign.

12 In der Planungsphase sind Simulationsverfahren zu nutzen, um alle Möglichkeiten der Strukturierung und Optimierung des zeitlichen und kapazitiven Zusammenspiels einer Produktionsanlage im voraus erproben zu können.

13 Verwende im Interesse einer hohen Anlagenzuverlässigkeit nur ausreichend erprobte Automatisierungskomponenten hoher technischer Verfügbarkeit.

14 Setze solche Automatisierungsmittel ein, deren Restwert hoch ist, d.h. die sich in eventuellen späteren Anwendungen wiederverwenden lassen.

15 Plane in einem gesunden Maß Kapazitäsreserven ein.

16 Strebe zeitlich asynchrone Systeme an, weil dann die Arbeitsmaschinen bzw. -stationen nicht an ein festes Zeitregime gebunden sind. Dadurch wirken sich kurzzeitige Störungen der Anlage weniger schlimm auf den Produktionsausstoß aus.

17 Vermeide Doppel- und Dreifachhandhabungen von Materialien jed-

weder Art, weil diese durch häufiges Handhaben nicht wertvoller werden. Es verteuert nur den Prozeß.

18 Beachte momentane und zukünftige Forderungen nach Flexibilität. Die Teilsysteme einer Fabrik müssen so strukturiert sein, daß sie den Prinzipien Menge oder Vielfalt ausgeprägt entsprechen. Menge: Konzentration auf Markt-, Produkt- oder Prozeß-Know-how; der interne Logistikaufwand ist unbedeutend. Vielfalt: Konzentration auf Kommunikation der produzierenden Einheiten; der Prozeßaufwand ist unbedeutend [79].

Testfragen

1 Wie lassen sich zuzuführende Werkstücke im Durchlaufverfahren auf ihre Orientierung prüfen?

2 Was versteht man im Zusammenhang mit einer Just-in-Time Fertigung unter "Nullfehlerproduktion"?

3 Wie kann ein an sich diskontinuierlicher Zuteilvorgang als stoß- und ruckfreier Zuteiler konstruktiv gestaltet werden?

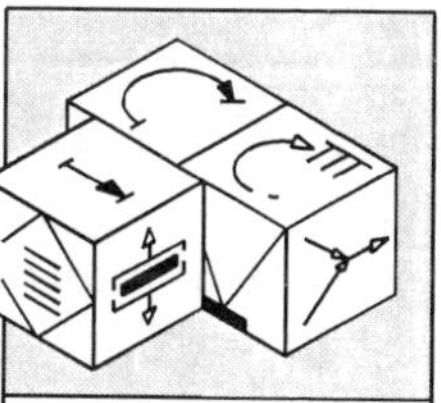

8

Handhabung ohne Schäden

Mangelhaftes dürfen wir niemals liefern,
lieber weniger verdienen oder gar nicht liefern.
Alfred Krupp

Die Handhabungstechnik ist eine Querschnittsdisziplin, die aus verschiedenen Fachgebieten Anleihen aufnimmt. Immer häufiger wird nun auch die Qualitätssicherung einbezogen. Der Trend zu ständig höherer Qualität schlägt auch auf die Gebrauchsparameter automatischer Zuführtechnik durch. Während früher häufig nur Rohteile und unproblematische Werkstücke gehandhabt wurden, sind es heute, besonders in der automatischen Montage, auch Komponenten im Endzustand der Bearbeitung oder solche mit z.B. dekorativen Oberflächen.

Kratzer nicht akzeptabel

Das beschädigungsfreie Handhaben enthält die Forderung, insbesondere die Funktionen Greifen, Speichern, Weitergeben, Ordnen und Zuteilen automatisch so auszuführen, daß am Werkstück keine Oberflächenverletzungen und Deformationen auftreten. Diese Forderung ist nicht unbedingt neu, gewinnt aber heute im Zuge umfassender Automatisierung und hart umkämpfter Märkte eine neue Dimension. War man bisher zufrieden, wenn die Zuführautomatik auf hohe technische Verfügbarkeit kam, rückt jetzt zusätzlich die Forderung nach kleinstmöglicher Werkstückbelastung in den Vordergrund. Dazu hat auch die Entwicklung hochsensibler Prüftechnik beigetragen. So ist es einem Abnehmer von Wälzlagern möglich, aus Laufgeräuschanalysen Unregelmäßigkeiten an Wälzkörpern relativ leicht zu erkennen. Beschädigungsfreiheit ist allerdings nicht allein ein Problem der Transport-, Bereitstell- und Zuführtechnik. Die Lösung dieser Aufgabe beginnt bei der Erzeugniskonstruktion.

Viele Ursachen

In automatischen Handlingsystemen gibt es ablaufbedingt etliche Situationen, in denen es zu Schäden am Werkstück kommen kann. Ist ihr physikalischer Hintergrund erkannt, dann lassen sich durchaus Vorkehrungen treffen. Beschädigungen sind abhängig von:

- Intensität der Werkstückbewegung (Geschwindigkeit, Beschleunigung, Fallhöhe, Kräfte, vor allem auch Gewichtskräfte im Haufwerk),
- Widerstandsfähigkeit des Werkstücks (Wanddicken, Oberflächenbeschaffenheit, Härte, Abriebfestigkeit),
- Eigenschaften der Handhabungseinrichtung (Härte von Führungen, Weichstoffauskleidungen, Schlagdämpfung, Bewegungscharakteristik aktiver Elemente).

Die Belastungen hängen auch von den Handhabungsfunktionen ab. Beim Greifen durch Spannen sind z.B. Druckkräfte dominierend, beim mechanischen Ordnen ist es das freie oder geführte Fallen der Werkstücke. Das Bild 8.1 gibt einige typische Belastungen qualitativ und quantitativ an. Am häufigsten geht es um Verletzungen der Oberfläche, wie z.B. Riefen, Schlagstellen und Spannmarken. Mitunter sind allerdings die Grenzen zwischen gut und fehlerhaft noch gar nicht eindeutig festgelegt. Das wird in Zukunft notwendig werden. Denkbar sind Kennwerte für folgende Erscheinungen:

- Glanzgradminderung nach definierter Verweilzeit von Teilen in einer Handhabungseinrichtung, z.B. in einem Vibrator,
- Rillentiefe und Anzahl von Rillen je Flächenelement,
- Punkteindrücke nach Anzahl und Tiefe bezogen auf ein Flächenelement,
- Fremdstoffablagerungen auf der Oberfläche,
- Mikroverletzungen nach Art, Tiefe und Menge (flächenbezogen) sowie
- plastische Verformungen als Prozentsatz der maßgebenden Größe.

Beschädigungsfälle werden bisher oft nur qualitativ beschrieben. Es ist aber notwendig, die zulässigen "Produktionsspuren" an Einzelteilen und Produkten auch mit Grenzwertangaben zu versehen. Dabei wäre in Schäden an Sichtteilen und Funktionsteilen zu unterscheiden. Erstere betreffen hauptsächlich die Beschaugüte, während Mängel an Funktionsteilen auch zu Funktionsfehlern im Produkt führen können.

Einflußnahme nötig

Bisher werden zwar einige Möglichkeiten genutzt, oft aber sporadisch und keineswegs auf der Basis einer systematischen Analyse aller Situationen. Grundsätzlich gibt es zwei Wege:

Handhabungsoperation / Werkstückbeschädigung		0.1	0.2	0.3	0.4	0.5	0.6
Abriebspuren, Riefen Rillen, Schleifspuren	1.	◐	◐	◔	◔	◐	○
Schäden durch Auflaufstoß	2.	◔	○	◕	◐	●	○
Schäden durch Kante-auf-Kante Stoß	3.	●	●	○	○	◔	○
plastische Verformungen, Einbeulungen	4.	○	○	○	◔	○	◐
Mikrospuren auf der Oberfläche, Kratzer	5.	◕	◐	◔	◐	◐	◐
Ablagerung von Schadstoffen	6.	◔	○	○	○	◐	○

Bild 8.1: Typische Werkstückbeschädigungen (gefüllter Kreis = starker Einfluß)

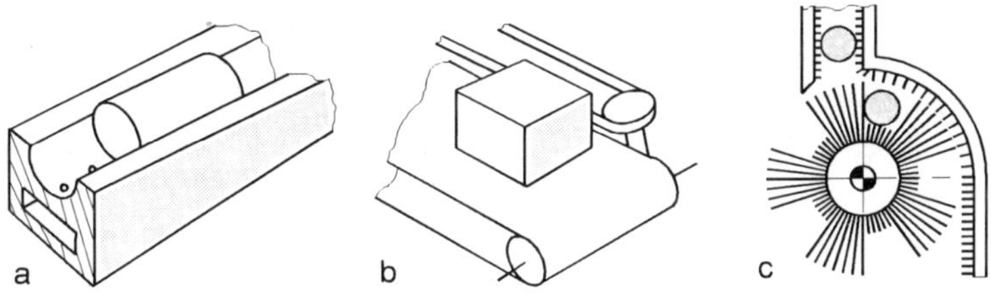

Bild 8.2: Schutzmaßnahmen durch die Zuführtechnik; a) Gleiten auf einem Luftfilm, b) mitlaufende Seitenführung, c) Gestaltung eines Zuteilers mit Bürstenelementen

■ Vermeiden von Belastungen, z.B. durch Wechsel des Verfahrens oder der Zuführtechnik. Ziel ist, weitgehend handhabungsarm zu produzieren. Auch kann das Objekt verändert werden. Oft genügen schon partielle Werkstückanpassungen.
■ Verringern der Beanspruchung, z.B. durch Veränderung der Parameter des Verfahrens. In der Regel sind das Bewegungsgrößen und Kräfte. Auch hier kann bereits der Produktentwickler Vorkehrungen treffen.

Oft wird beim Entwurf von Produkten noch zuwenig an die automatische Prozeßdurchführung gedacht, z.B. wenn hochgenaue Funktionsflächen gleichzeitig als Greif- oder Spannflächen genutzt werden müssen. Auch Maschinenschwingungen können sich z.B. auf den Greifer übertragen und dadurch ein gegriffenes Werkstück nachteilig beeinflussen, bis hin zum Einbeulen dünnwandiger Teile. Im Klartext heißt das handhabungsgerechte Gestaltung unter Qualitätsaspekt. Dazu zählen u.a. folgende Maßnahmen:

■ Gestaltung von Leitflächen, die beim Handhaben beansprucht werden dürfen,
■ Einbringen formstabilisierender Details, wie Sicken und Randaussteifungen,
■ Verwendung beanspruchungsgerechter Werkstoffe oder vorübergehender Schutzhüllen.

Bei den Zuführeinrichtungen lassen sich vielfältige Wege beschreiten. In Bild 8.2 werden einige Beispiele gezeigt. So lassen sich trennende Schichten (Luftfilm) vorsehen, mitlaufende Leitkanten, so daß keine seitlichen Schleifspuren entstehen können und Auskleidung der Zuführkanäle mit weichen Materialien, z.B. mit Borsten. Rollbahnen kann man mit vielen schwerkraftgesteuerten Rück-

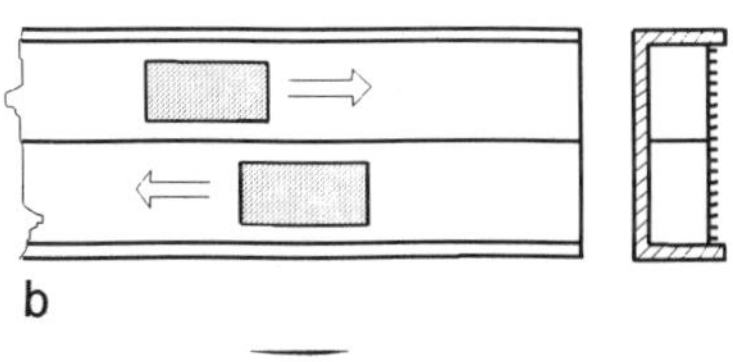

Bild 8.3: Prinzip des linearen Bürstenförderers mit einem horizontalem Schwinger
a) Wirkprinzip, b) Bauform mit zwei Laufrichtungen aber einem einzigen Schwingsystem als Antrieb

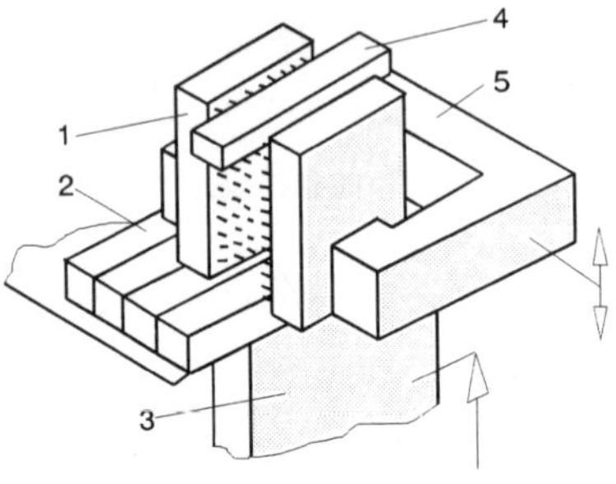

Bild 8.4: Vertikales Fördern mit Bürstenfeld
1 Borstenelement, 2 Werkstück, 3 Eingebeschieber, 4 nach oben wanderndes Werkstück, 5 Schwingsystem

haltenocken ausstatten, so daß grosse Rollgeschwindigkeiten und Schläge vermieden werden.

Sehr vorteilhaft ist die Verwendung von Bürstenförderern (Bild 8.3). Der Vortrieb der Werkstücke wird durch die Schrägstellung der Borsten erreicht. Angetrieben wird durch ein Schwingerregersystem. Dabei ist es gleichgültig, ob die Schwingungen horizontal oder vertikal aufgebracht werden. Es lassen sich auch schwere Metallteile mit scharfen Kanten fördern, wenn man die dazu passenden Bürstenfelder (Besatzdichte und Borstensteife) auswählt. Übrigens kann man auf diese Weise auch Flach- und Rundteile senkrecht fördern, was Versuche gezeigt haben (Bild 8.4). Diese Möglichkeit wird bisher in der Produktion noch kaum genutzt.

Testfragen

1 Durch welche physikalischen Wirkungen können beim Handhaben Werkstückschäden auftreten?

2 Bei welchen Handhabungsoperationen können empfindliche Werkstücke besonders in Mitleidenschaft gezogen werden?

3 Was bewirkt bei einem linearen Bürstenförderer den Vortrieb des Werkstücks?

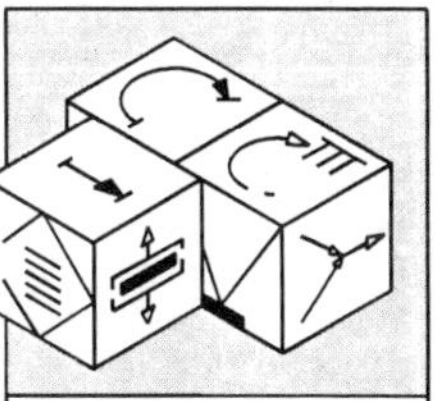

9

Handling und Qualitätssicherung

Es ist von großem Vorteil,
die Fehler, aus denen man lernen kann,
recht frühzeitig zu machen.
Winston Churchill

Mehrfaches Handhaben im Herstellungsprozeß kann zu Verletzungen am Handhabungsobjekt führen, wenn das auch oft nur kleinste Spuren sind. Da nun Handhabung völlig einzusparen vorläufig ein Wunschtraum bleibt, andererseits die Qualität von Produkten vorangebracht werden muß, ist auch die Kombination Handling + Qualitätssicherung zum aktuellen Thema aufgestiegen. Da helfen auch keine Beteuerungen, daß ja gerade automatisches Handling zur Qualitätserhöhung beigetragen hat, wenn z.B. Korrosionsstellen durch Handschweiß nicht mehr vorkommen, weil der Mensch nicht mehr handhabt. Es geht heute darum, verbliebene oder neu entstandene Mängelstellen aufzudecken und dafür Lösungen auszuarbeiten. Das betrifft beide Partner, die in eine Wirkbeziehung treten, also Handhabungsobjekt und Handhabungstechnik.

Qualität bewahren

Das Wort "Qualität" kommt vom lateinischen qualis = wie beschaffen und Qualitätshandling zählt als erste Forderung beim Konzipieren von Hilfsprozessen. Darin ist die Handhabungstechnik als Querschnittsdisziplin enthalten und sie durchsetzt alle mit dem Werkstückfluß im maschinennahen Bereich verbundenen Arbeitsmittel. Nicht selten werden in automatisierten Fertigungs- und Montageanlagen mehr als 50% des Investitionsvolumens für die Zuführ- und Verkettungstechnik aufgewendet. Da ist denn die Frage angebracht, wie diese Hilfseinrichtungen dazu beitragen, einmal erzeugte Qualität, z.B. von Zulieferteilen, bis zum Verpacken des fertigen Produkts zu bewahren. Die Aktualität ist auch deshalb gegeben, weil im Zuge der Montageautomatisierung immer mehr "Außenteile", wie Sichtblenden mit empfindlichen dekorativen Flächen automatisch zugeführt und gefügt werden. Letztlich sind mit dem Erscheinen der Normenreihe DIN ISO 9000 bis 9004 auch die Ansprüche an die Qualität und entsprechende Sicherungssysteme nicht mehr die von vor 10 Jahren [21].

Fehlerfrei trotz Handling

Die Möglichkeiten sind vielfältig, um durch die richtige Handhabungseinrichtung Qualität zu schützen. Auch sie müssen qualitätsgerecht entwikkelt werden (Bild 9.1), wobei es vor allem auf die Gebrauchsparameter ankommt. In der Regel kann man die Maßnahmen, mit denen Beschädigungsarmut erreichen werden kann, nicht vom infragekommenden Handhabungsprinzip trennen. An Maßnahmen stehen zur Verfügung:

- Handlingoperationen tatsächlich einschränken , indem z.B. kritische Teile an Ort und Stelle ihr Finish erhalten und nicht erst zwischengespeichert werden,
- die Wirkungen an Kontaktstellen verändern, z.B. durch Abrundung scharfer Kanten, Gleiten auf Kunststoff-Flächen, Greifen mit textilüberzogenem Sauger oder Einsatz von Kunststoffbacken,
- Beeinflussung physikalischer Parameter, z.B.Gleitförderung statt Mikrowurf im Vibrator, Greifkraftbegrenzung oder Anwendung von Stoppern mit Stoßdämpfung,
- Entwicklung schonender Handhabungsverfahren, z.B. solcher mit wenig Bewegung des Haufwerkes beim Ordnen, reduzierten Fallhöhen und kleinen Geschwindigkeiten,
- systemgerechte Handhabungstechnik vorsehen, so sind z.B. an das Handling an einem Prüfautomaten andere Anforderungen zu stellen als an eine Rohteilzuführung,
- Vermeidung von Kontakten zwischen den Werkstücken durch Systeme mit Einzellauf oder Einzelplatzspeicherung,
- Auswahl von Werkstoffkombinationen und Oberflächen, die werkstückschonend und schmutzresistent sind,
- stoßartige Vorgänge durch kontinuierliche ablösen. Ein Zuteilschieber stellt für das Handhabungsgut eine Stoßstelle dar, eine ständig rotierende Zuteilerschnecke nicht [61].

Der Erfüllungsgrad solcher Anforderungsbereiche bzw. Zielsetzungen kann durchaus zur Definition der Produktqualität einer Handhabungseinrichtung herangezogen werden [23].

Fehlerfreies Handling ist aber ein mehrstufiges Problem. Das soll aus Bild 9.2 deutlich werden. Schadhaftes Handhabegut wirkt auf die Funktionserfüllung einer Handhabungseinrichtung ebenso, wie diese wiederum auf das Handhabegut einwirken kann. Als "schadhaft" genügen mitunter schon vom Sollzustand abweichende Oberflächenrauhigkeiten von Teilen. Verheerend können sich "Falschteile" auswirken. Oft sind das unvollendete Werkstücke, wie z.B.

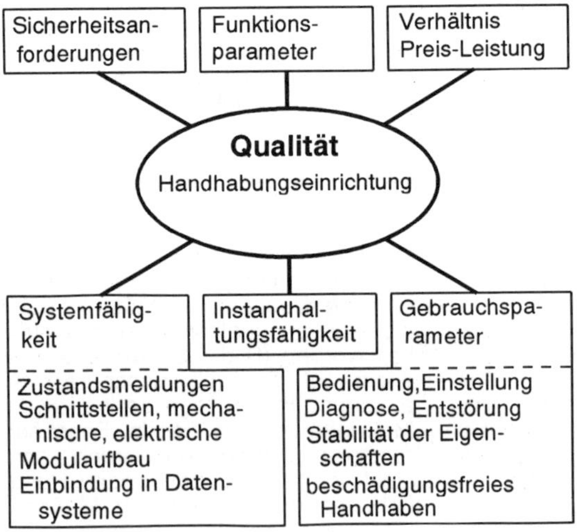

Bild 9.1: Anforderungsbereiche für Handhabungseinrichtungen

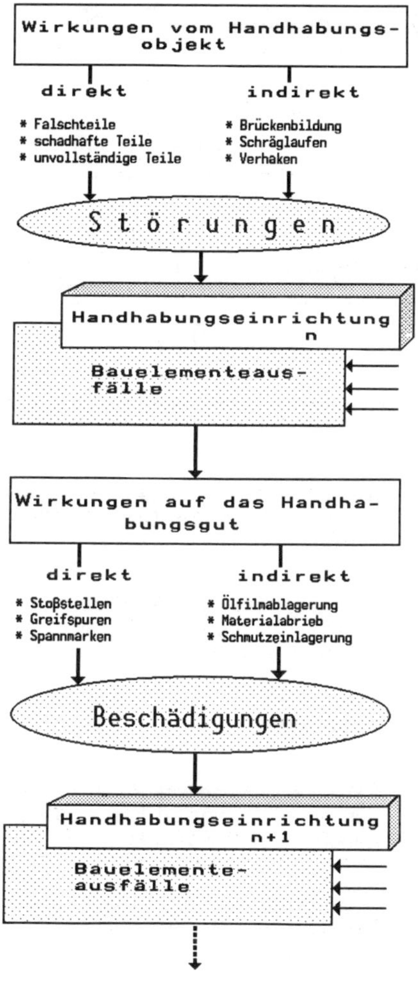

Bild 9.2: Wechselwirkungen zwischen Handhabungsobjekten und Handhabungseinrichtung im automatisierten Prozeß

Restteile vom Stanzstreifen oder nicht vollständig montierte Baugruppen (Bild 9.3). Deshalb ist es wichtig, zur Reinheit von Zulieferteilen, wie z.B. Schrauben, exakte Vereinbarungen mit den Lieferanten zu treffen.

Für die Zukunft muß auch überlegt werden, wie man aus den Handlingparametern noch mehr Informationen herauslesen kann, die auf indirektem Wege eine Aussage über die Qualität eines abgelaufenen Vorgangs geben. Beim Schraubeneindrehen werden bereits bis zu 30 Parameter erfaßt. Der Zuführprozeß gehört mit dazu. An anderen Stellen werden die Möglichkeiten noch nicht ausgeschöpft. Das Ziel besteht letztlich im Anschluß der Produktionssysteme an eine Qualitätsdatenerfassung und an Qualitätsregelkreise.

Hilfsmittel Fehlerbaum

Die Ermittlung von Fehlerursachen ist oft schwierig, besonders bei schnell ablaufenden Vorgängen. Für manche Störung im Handhabungsgeschehen ist der Ausfallmechanismus nicht genügend bekannt. Als Ausfallmechanismus bezeichnet man den physikalischen Vorgang, der einen Ausfall herbeiführt. Er kann durch eine plötzliche oder ständige Einwirkung von außen ausgelöst werden oder in der Konstruktion selbst begründet sein. Vor allem muß das Interesse auch darin bestehen, Driftausfälle und Spontanausfälle infolge von Drifterscheinungen zu erkennen, um sie durch vorbeugende Wartungsarbeiten wesentlich zu vermindern. Ein Hilfsmittel könnte die Fehlerbaumanalyse sein [24]. Der Zweck besteht im Auffinden von Ursachen für ein unerwünschtes Ereignis und im Ermitteln der logischen Verknüpfungen von Komponenten- oder Teilsystemaus-

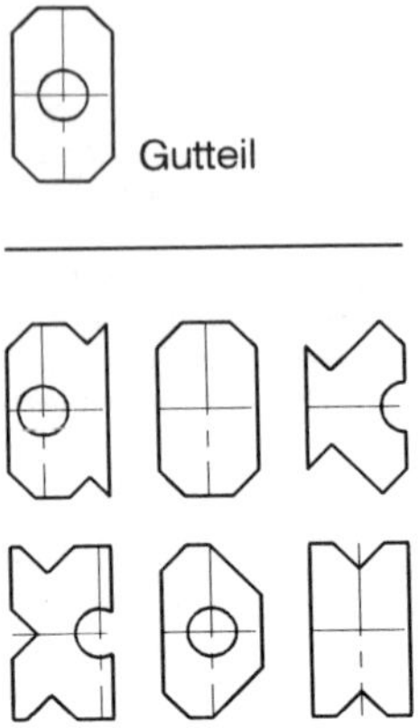

Bild 9.3: Stanzteil und durch Herstellungsfehler entstandene "Falschteile" (Mutanten)

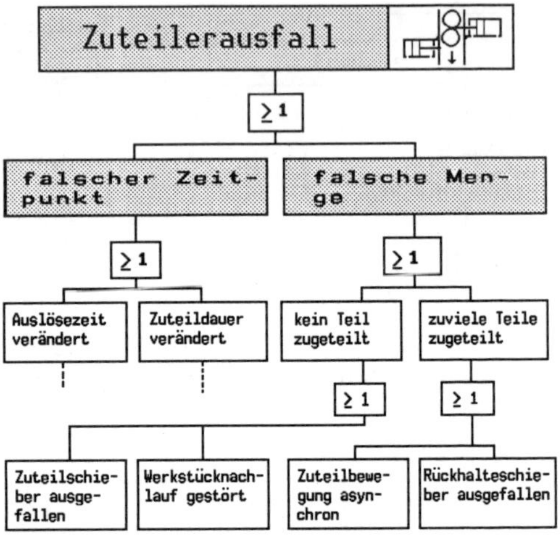

Bild 9.4: Fehlerbaum für einen Zuteilermechanismus als Beispiel (Ausschnitt)

fällen, die dazu beitragen. Man möchte eine klare und nachvollziehbare Dokumentation zum Ausfallmechanismus [25]. In Bild 9.4 ist ein vereinfachter Fehlerbaum für einen Zuteiler zu sehen. Man geht beim Aufstellen des Fehlerbaums so vor, daß man die Haupt- und Nebenfunktionen negiert und im Baum Verknüpfungen mit logischem UND bzw. ODER vornimmt. Beim Zuteiler sind das vor allem die Funktionen Zuteilmenge, Zuteilzeitdauer und Zuteilzeitpunkt.

Zunehmende Komplexität von Automatisierungslösungen macht die Nutzung aller Instrumentarien zur Führung und Überwachung von Fertigungsanlagen notwendig. Qualitätssicherung und Handhabungstechnik gehören zusammen und sind als Einheit zu betrachten.

Testfragen

1 Welche Wechselwirkungen können sich im ungünstigsten Fall zwischen Handhabungseinrichtung und schadhaften Werkstücken ergeben?

2 Was versteht man unter einem Fehlerbaum und wofür braucht man soetwas?

3 Wodurch kann es zu Falschteilen kommen und was kann man dagegen tun?

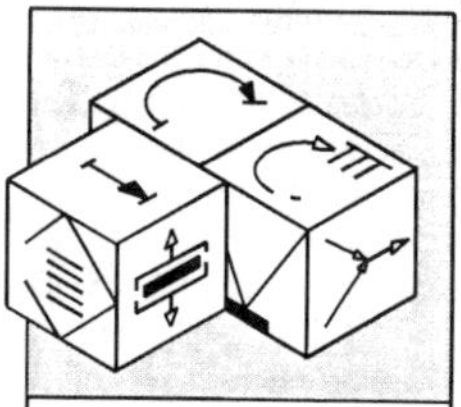

10

Achsmodule aus dem Baukasten

Die Neigung des Menschen,
kleine Dinge für wichtig zu halten,
hat sehr viel Großes hervorgebracht.
Georg Christoph Lichtenberg

Natur und Technik sind ohne Bewegung nicht vorstellbar. Bewegen ist als Attribut der Materie etwas Fundamentales. In der Fertigung bewegen sich die Werkstücke von Station zu Station, Werkzeuge wechseln automatisch ihre Plätze. Flexible Fertigungssysteme mittlerer Ausdehnung enthalten heute 50 bis 150 Einzelantriebe. Achsmodule aus dem Baukasten setzen sich auch hier immer mehr durch, weil sie systemoffen sind.

Bewegung ist alles

Eine gezielte Auswahl von Achsmodulen ist nur realisierbar, wenn die Bewegungsanforderungen sorgfältig festgestellt und dem Steckbrief bewährter Module gegenübergestellt werden [26]. In der Handhabungstechnik geht man dabei zweckmäßigerweise von einem Orts- und Lagewechselplan aus. Das ist eine Skizze, aus der die nacheinander zu erreichenden Positionen und Orientierungen eines Werkstücks sichtbar werden, ohne daß hierbei schon die technischen Mittel ins Auge gefaßt werden (Bild 10.1).

Im nächsten Schritt sollte man immer versuchen, Bewegungen zu reduzieren, Wege zu verkürzen und Geschwindigkeiten zu senken. Jede Einsparung reduziert die Kosten und erhöht die Anlagenzuverlässigkeit.

In der Fertigungstechnik bestehen viele Aufgaben darin, ein Teil zwischen einem Anfangs- und einem Endpunkt im Start-Stopp-Betrieb automatisch zu bewegen, wobei die Bahngeschwindigkeit in diesen exponierten Punkten jeweils Null ist. Damit muß die Bewegungsbahn nur angenähert eingehalten werden. Das bedeutet, daß solche Aufgaben bereits mit einfachen Bewegungsmodulen realisierbar sind, was steuerungstechnischen Aufwand beträchtlich senkt. Natürlich vereinfacht sich auch die gesamte Planung des Einsatzfalls, weil kombinieren schneller geht als konstruieren.

Bei Linearmodulen ist meistens zwischen dem horizontalen und senkrechten Einsatz zu unterscheiden. Achsmodule für den vertikalen Einbau enthalten üblicherweise noch einen Masseausgleich. Das Erreichen von Endpositionen sowie über Stufenanschläge erzielbare Zwischenstellungen wird mit Hilfe induktiver Näherungsschalter signalisiert. Es gehört heute zum Standard, daß in den Endstellungen eine verstellbare hydraulische Auffahrdämpfung wirksam ist und Durchbiegung, Laufruhe sowie Lebensdauer optimiert wurden. Dieser Tatsache verdanken Bewegungsmodule letztlich auch die beträchtliche Zunahme ihrer Anwendung in den vergangenen Jahren, gewissermaßen als "Low-Cost-Roboter".

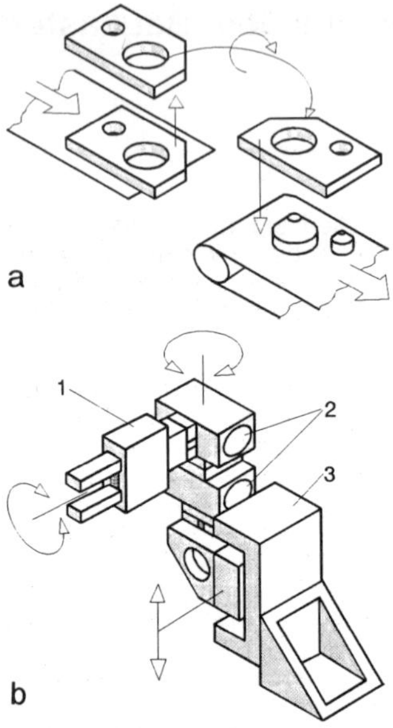

Bild 10.1: Zuerst wird der Orts- und Lagewechselplan (a) erarbeitet und dann folgt die Projektierung einer Handlingeinheit aus Baukastenmodulen (b).
1 Greifer, 2 Dreheinheit, 3 Hubeinheit

Schnittstellen sind Systembestandteile

Auch die Konfiguration der Achsmodule ist oft frei wählbar, d.h. man kann räumliche Gegebenheiten am Einsatzort berücksichtigen. Bezieht man sich auf einen Bewegungsmechanismus vom Freiheitsgrad 2, dann sind verschiedene offene kinematische Ketten möglich, wie sie in Bild 10.2 dargestellt sind. Die meisten Baukastensysteme lassen die abgebildeten Kombinationen zu [27, 28].

Baukastenmodule sind zunächst nicht problemgebunden. Erst im Zuschnitt auf eine spezifische Aufgabe wird eine Zweckgebundenheit erreicht. Bindeglied sind die Schnittstellen, wobei besonders das möglichst freizügige mechanische Koppeln interessiert. Innerhalb eines Systems ist die geometrische Kompatibilität natürlich gegeben. Die Verbindung zu Komponenten anderer Systeme ist in der Regel mit Adaptern möglich, wird jedoch in der Praxis nur bei solchen Komponenten wie z.B. Greifern genutzt.

R	T	Kinematische Kette	
2	0	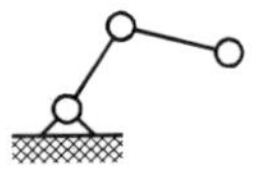	
1	1	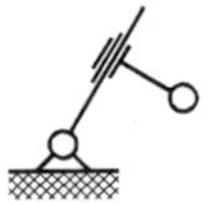	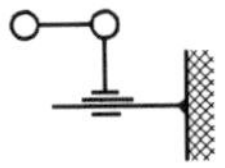
0	2	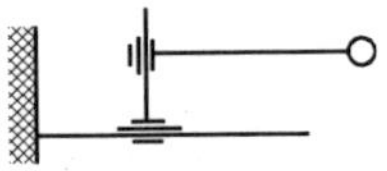	

Bild 10.2: Bewegungsmechanismen mit dem Freiheitsgrad zwei
R Rotation, T Translation

Stufenlose Stellbarkeit bringt Vorteile

Aber das ist nicht alles. So interessiert auch, welche Übertragungsleistung die Schnittstelle aushalten kann und wie die sichere Kopplung überhaupt technisch vollzogen wird. Systeme im Bohrungs- oder Nutraster sind nur im Schrittmaß des Rasters einstellbar. Klemmverbindungen lassen sich dagegen stufenlos einstel-

len, allerdings meistens nur in einer Koordinatenachse je Klemmstelle (Bild 10.3). Stufenlose Stellbarkeit bringt natürlich viele Vorteile beim Einrichten eines Systems mit sich. Übrigens gibt es dazu skalierte Einstellschrauben (Skalenteilung 0,02 mm), die vorübergehend aufgesetzt werden können und mit denen sich Feinpositionen präzise einstellen lassen.
Mehrere pneumatische Lineareinheiten können zusammen mit Gestellelementen zu komplexeren Handlingeinheiten verbunden werden.

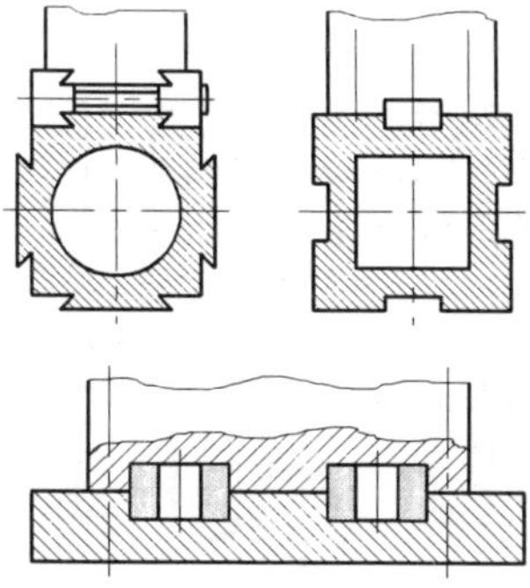

Bild 10.3: Beispiele für mechanische Koppelelemente. Dargestellt sind folgende Lösungen: Die Schwalbenschwanz-Klemmung, Zentrierleiste mit Verschraubung und Zentrierbuchse.

Elektromodule aktuell

Für das dynamische Verhalten eines Bewegungsmoduls ist die zu bewegende Masse eine entscheidende Größe. Deshalb versucht man bei elektrisch angetriebenen Einheiten die Motoren dem Gestell zuzuordnen und nicht mit zu bewegen. In Bild 10.4 wird ein Hub-Dreh-Modul gezeigt, dessen Spindel linear ausfahren kann aber auch Drehungen ausführt. Die beiden Bewegungen sind voneinander unabhängig ausführbar, weshalb alle Kombinationen überlagerter Bewegungen, wie z.B. eine Schraubenlinie beliebiger Steigung, ebenfalls per Programm erreichbar sind. Die beiden ortsfesten Motoren treiben im Verhältnis 1:2 auf eine längs- und wendlig genutete Welle. Über die Längsnut werden Drehungen übertragen und über die Wendel eine Hubbewegung. Durch die reduzierte Masse kommt man auf sehr kurze Zykluszeiten.

Schnelles Positionieren

Bei einfachen pneumatischen Lineareinheiten wird manchmal die Unmöglichkeit bemängelt, mehr als 2 Positionen anfahren zu können. Es gibt aber schon immer auch Lösungen für gedämpfte Zwischenanschläge. In Bild 10.5 wird gezeigt, wie eine aufgesetzte und über das Programm schaltbare Anschlagtrommel sogar 13 Positionen möglich macht. Damit lassen sich z.B. mehrere Punkte in einem Flächenmagazin genau anfahren (Positioniergenauigkeit ± 0,03

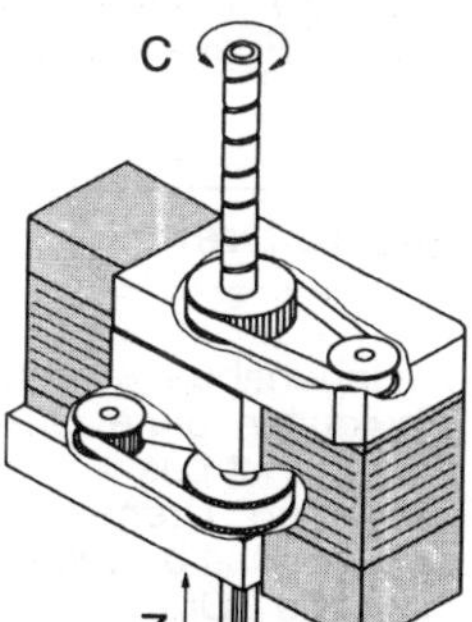

Bild 10.4: Hub-Dreh-Modul mit 3 kg Tragkraft, 120 mm Hub und 1 Nm Drehmoment (SIG Positec)

mm). Da sich die Magazinpositionen auch bei verschiedenen Speicherwerkstücken oft nicht verändern, ergibt sich eine völlig ausreichende Positionierbarkeit.

Der Nutzen für den Anwender besteht im Verzicht auf freiprogrammierbare Einheiten, die teurer sind. Es empfiehlt sich also immer, nach der im Automatisierungsniveau nächst höheren und nächst niedrigeren Lösung zu fragen, ehe man sich entscheidet.

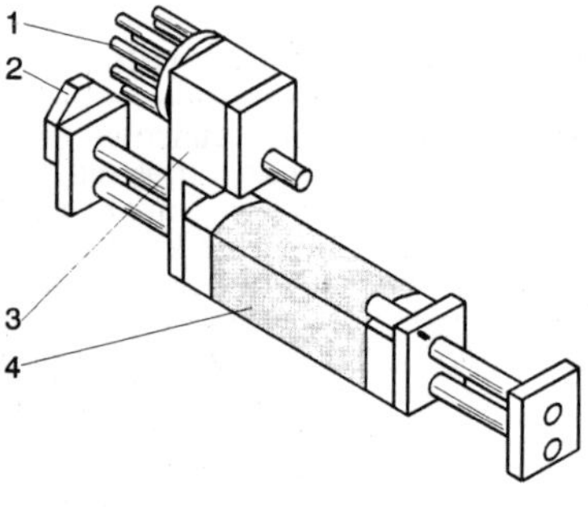

Bild 10.5: Linearmodul mit einer Anschlagtrommel für 13 Positionen
1 Anschlagbolzen, 2 Anschlagplatte, 3 Schalttrommel, 4 Pneumatikzylinder

Der unvollendete Dreh

Es gibt in der Handhabungstechnik wohl keinen Baukasten ohne Drehmodule. Dominierend ist das "unvollendete" Kreisen, also Drehen mit Winkeln kleiner 360°. Das bewältigen häufig pneumatische Drehmodule. Sie gehören zu den Grundbausteinen, aus denen Handhabungsmaschinen mit Pick-and-Place-Charakter in recht kurzer Zeit aufgebaut werden können. Typisch ist ein Winkelbereich von 0° bis 185°. Als sogenannter "Vollachsenpositionierer" ausgeführt, läßt sich jede Winkelstellung in diesem Bereich stufenlos einstellen.

Mit Endanschlägen erreicht man nur zwei Winkelstellungen, die Start- und die Zielposition. Steuerbare Zwischenanschläge verbessern auch

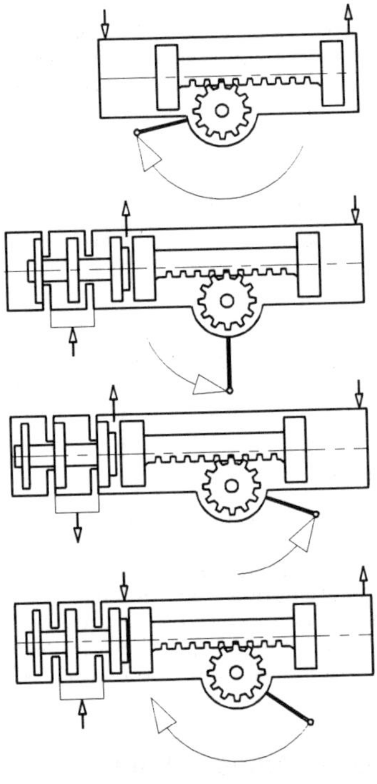

Bild 10.6: Und so funktioniert eine pneumatische Dreheinheit.
Von oben nach unten: Einfache Dreheinheit mit zwei Endstellungen; Dreheinheit mit einem Zwischenanschlag (ausgefahren); Kolbenstellung bei eingefahrenem Zwischenanschlag; Rückhub mit kraftmäßiger Unterstützung durch den ausfahrenden Zwischenanschlag.

hier die Situation. In Bild 10.6 wird das Wirkprinzip dargestellt, wenn ein Zwischenanschlag angebaut wird. Das kann übrigens bei dieser Konstruktion zu jeder Zeit auch nachträglich erfolgen.
Wichtig: Die Zwischenposition sollte man aus beiden Drehrichtungen anfahren können. Dabei können die Bewegungsschritte ähnlich wie bei Kettenmaßen ablaufen oder jeweils zur Startposition zurückkehrend, im Uhrzeigersinn und auch entgegengesetzt dazu.

Die Wiederholgenauigkeit an den Zwischenanschlägen ist etwas geringer als in den Endstellungen, weil sich hier zusätzliche Streubreiten, Bremsabläufe und Schwankungen im Versorgungsdruck auswirken. Aus praktischer Sicht ist das aber ohne Bedeutung. Die einzelnen Positionen ergeben sich durch entsprechendes Ansteuern der einzelnen Haupt- und Hilfszylinderräume. Der Ausfahrweg des Hilfskolbens ist am Anschlagring einstellbar. Die Verwendung von Mehrpositions-Dreheinheiten ist in der Teilefertigung und Montage, bei der Gestaltung prozeßspezifischer Handhabungseinrichtungen, jedoch auch im allgemeinen Maschinen-, Vorrichtungs- und Apparatebau vielfältig gegeben.

Wichtig bei pneumatischen Drehmodulen

1 Ist der Drehwinkel im gesamten Bereich feinfühlig und stufenlos einstellbar ?

2 Sind Zwischenanschläge vorhanden oder bei Bedarf bequem nachrüstbar ?

3 Kann der Drehmodul in neuen Anwendungen ohne Einschränkungen wiederverwendet werden ?

4 Ist in der Anschlagposition ein ausreichend großes Haltemoment vorhanden ?

5 Entspricht die Wiederholgenauigkeit beim Anfahren der End- und Zwischenanschläge dem Einsatzzweck ?

6 Sind Möglichkeiten zur integrierten Medienführung bzw. Hindurchführung vorhanden ?

7 Unterstützt ein günstiges Masse-Leistungsverhältnis die Verwendung am Ende einer offenen kinematischen Ketten ?

8 Wird die Anschlagposition spielfrei und gedämpft erreicht ?

9 Kann man das Erreichen der Position über Näherungsschalter kontrollieren ?

10 Sind die mechanischen, elektrischen und pneumatischen Koppelstellen für den Praktiker auf einfache Weise nutzbar ?

Bauen mit Präzisionsprofilen

Da Achsmodule nie Solo sondern immer im Verbund mit anderen Komponenten eingesetzt werden, sollen einige Anmerkungen zu Selbstbau-Gestellen folgen.

Jede Vorrichtung, Maschine oder Anlage braucht ein Stützsystem, das andere Baugruppen aufnimmt, Prozeßkräfte erträgt und die Verbindung zum Aufstellort gewährleistet. In vielen Fällen kann man auf geschweißte oder gegossene Gestelle verzichten und auf Baukastensysteme mit Präzisionsprofilen zurückgreifen. Die Anwendungsbreite reicht vom einfachen Arbeitstisch bis zum komplexen Montagesystem einschließlich anschlußfähiger Bewegungseinheiten. Bei den immer kürzer werdenden Fristen, die den Herstellern von Sonderarbeitsmitteln für die Entwicklung und Herstellung eingeräumt werden, sind Baukastensysteme aus dem Maschinenbau-Alltag nicht mehr wegzudenken. Für manchen Anwender mag es auch ein wichtiges Argument sein, daß sich an seine Anlage spätere Erweiterungsbauten günstig anschließen lassen.

Fest und trotzdem lösbar

Gestelle erfüllen Tragfunktionen und stellen eine feste oder bewegliche Verbindung zum Boden her. Als es gelang, Präzisions-Strangpreßprofile mit multifunktionaler Form aus Aluminium herzustellen, entstanden einige Bauelemente-Systeme für den Schnellbau von Maschinenaufbauten. Allerdings beträgt der Elastizitätsmodul bei Aluminium nur etwa ein Drittel dessen von Stahl. Das wird durch etwas größere Profilquerschnitte kompensiert und führt trotzdem noch zu einer Masseeinsparung von etwa 50% gegenüber Stahlaufbauten. Profile und passende Verbindungsmittel erlauben alterungsstabile und schwingungsfeste Verbindungen.

Ein zweiter Gesichtspunkt ist die rationelle Verbindung von Profilen untereinander und mit anderen Funktionseinheiten. Wie die in Bild 10.7 dargestellten Beispiele zeigen, wurden verschiedene Verbindungssysteme entwickelt. Jedes System hat natürlich irgendwo Vorteile und empfiehlt sich damit für ein bestimmtes Anwendungsfeld. Besonders günstig scheint der Schwalbenschwanz zu sein, weil keine spanenden Vorbearbeitungen erforderlich sind und hohe Spannkräfte erreicht werden. Die Aufbauten sind weitgehend schwingungsfest und alterungsstabil. Das hat die bisherige Praxis bewiesen. Die Schraubstellen sind auch bei engen Platzverhältnissen gut zugänglich und man kommt mit wenigen Universalwerkzeugen zurecht. Eine Nachbehandlung von Fügestellen ist nicht erforderlich. Solche Schnellbau-Systeme erfüllen damit auch eine weitere wichtige Forderung: Sie sind durch Montagezeiteinsparung kostengünstig. Nicht zuletzt ergeben sich auch Vorteile aus Vereinfachungen in der Projektierungsphase. Wird eine bestehende Anlage aufgelöst, dann erhält man die Komponenten im Ursprungszustand zurück, d.h. Klemmsysteme haben auch einen sehr hohen Restwert.

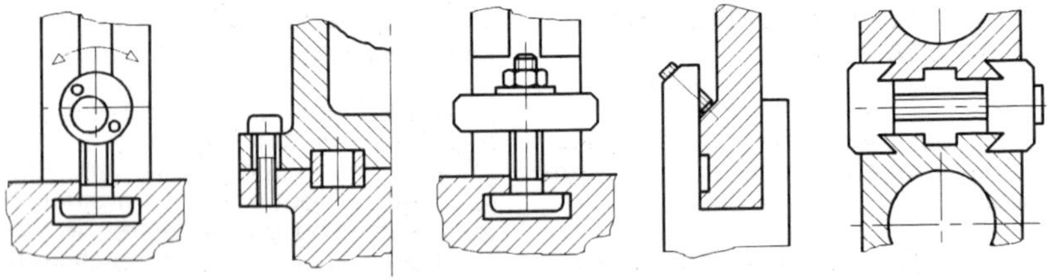

Bild 10.7: Verschiedene marktgängige Profilklemmsysteme; von links beginnend: Zuganker-Verbindung (Profil wird ausgebohrt), Schraubverbindung mit eingelegtem Zentrierring, Nutenschraube mit Spannpratze (Profil wird freigefräst, damit die Spannpratze Auflagefläche hat), Schraubklemme, Schwalbenschwanzklemme

Spannelemente für alle Fälle

Die Verbindungsmittel sind beim Schwalbenschwanzsystem so gestaltet, daß alle gängigen Verbindungen, wie Parallel-, Kreuz-, Ecken- und Winkelverbindungen, möglich sind. Demnach gibt es Verbinder für längs-längs-, längs-rund- und rund-rund-Kopplung. Ein Anwendungsbeispiel wird in Bild 10.8 vorgestellt. Ein Kreuzverbinder weist zwei sich rechtwinklig kreuzende Schwalbenschwänze auf. Damit lassen sich Gestellelemente, aber auch Bewegungseinheiten mit sich kreuzenden Symmetrieachsen in die Klemme nehmen. Jede Klemmverbindung wirkt in zwei Raumachsen formpaarig und in einer Achse kraftpaarig.

Müssen Baugruppen auswechselbar sein, wie z.B. Greifer, dann hilft eine Positionierklemme weiter. Auf den Schwalbenschwanz wird ein Stift geklemmt, der fortan auf dem Profil verbleibt und als Zentrierung für den Klemmverbinder dient. Auch in diesem Fall erübrigen sich Bohren und Gewindeschneiden.

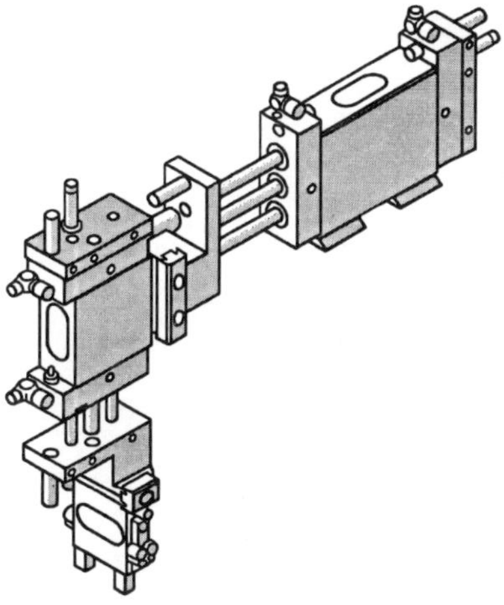

Bild 10.8: Zweiachsige pneumatische Bewegungseinheit mit Greifer (Montech)

Das Klemmelemente-Set wird durch etliche Hilfsbausteine komplettiert. Dazu zählen u.a. Einstell-, Konsol- und Basiswinkel, Scharniere, Lenk-, Bock- und Laufrollen, Linear- und Winkeladapter, Abdeckelemente, Kabelführung und Schiebe- und Festfensterprofile. Über Adapter ist prinzipiell auch eine Ankopplung systemfremder Baugruppen möglich. Das können z.B. spezielle Fügeeinheiten zum Schrauben oder Löten sein.

Es gibt noch weitere interessante Profilsysteme. Deshalb lohnt es sich immer, deren Anwendbarkeit systematisch auszuloten.

Worauf es bei Aufbauelemente-Systemen ankommt

1 Es sollten sich alle bei Stützsystemen gebräuchlischen Verbindungen wie Ecken, Parallelstrecken, Kreuz sowie Winkel problemlos herstellen lassen.

2 Die Verbindungen sollten ohne zerspanenden Bearbeitungsaufwand und damit auch ohne Schwächung des Profilquerschnittes möglich sein. Ideal sind Klemmsysteme.

3 Die Verbindungsmittel, wie z.B. Schrauben, sollten auch bei engen Platzverhältnissen gut zugänglich bleiben, damit man das erforderliche Anziehmoment übertragen kann.

4 Die Anzahl unterschiedlicher und aus vielen Einzelteilen zusammengesetzter Verbindungsmittel soll möglichst klein sein.

5 Wird eine spanende Vorbearbeitung vorausgesetzt, dann sollte diese möglichst ohne Spezialwerkzeuge und -vorrichtungen realisierbar sein.

6 Die Verbindung muß absolut schwingungsfest und alterungsstabil sein und betriebsmäßige Belastungen aushalten.

7 Aufbauten sollen sich nachträglich zum Zweck des Justierens und Ergänzens ändern lassen, z.B. um bei dynamischer Belastung zusätzliche Streben setzen zu können.

8 Die Verbindungsmittel sollen sich gut in die Baustruktur eingliedern und nicht nach außen in andere Bauräume hineinragen.

9 Das Verbindungssystem soll gleichermaßen für statische (Gestell) und dynamische Elemente (Bewegungsbaugruppen) anwendbar sein.

10 Die Verbindungsstelle soll sofort nach der Montage fertig, d.h. ohne Nacharbeit verwendbar sein.

Testfragen

1 Wozu wird ein Orts- und Lagewechselplan skizziert?

2 Was versteht man unter einer kinematischen Kette?

3 Wie kann man bei pneumatischen Lineareinheiten zwischen den Endpositionen noch einstellbare Zwischenpositionen erreichen?

4 Stelle verschiedene Profilklemmsysteme in ihren Vor- und Nachteilen gegenüber!

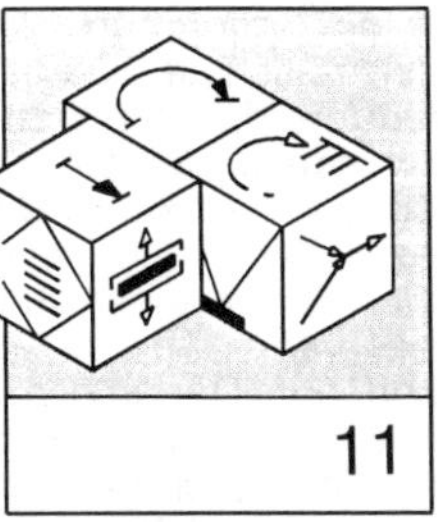

Am laufenden Band

"Wofür arbeitet ihr? Ich halte dafür, daß das einzige Ziel der Wissenschaft darin besteht, die Mühseligkeit der menschlichen Existenz zu erleichtern."
Bertolt Brecht

Die Vorläufer des Gurtbandförderers dienten einst zum Transport frisch geformter Ziegel zur Brennstelle. Das war vor 4000 Jahren in Ägypten. Heute sind Transportbänder leistungsfähige Verkettungsmittel in modularer Gestaltung. Die Auflösung in einzelne Funktionsträger erlaubt eine sehr weitreichende Anpassung an individuelle Anwendungen, sowohl in der Spurführung als auch in der Ergänzung mit Zusatzfunktionen. Bezüglich Breite und Länge gibt es kaum Einschränkungen. Die Hersteller haben sich darauf eingestellt, unterstützt durch zweckvoll gewählte Schnittstellen, nahezu jede Abmessung kurzerhand zu liefern. Kernstück eines solchen Baukastens (Bild 11.1) ist das Tragprofil, das als Gleitfläche dient und alle weiteren Funktionselemente aufnimmt. Nachträgliche Kürzung oder Verlängerung ist problemlos möglich. Das ist bei späteren Umbauten ein unschätzbarer Vorteil. So brauchen auch Ideen zur Optimierung eines Systems nicht mehr in eine Warteschleife.

Zuführen, Speichern und Verketten

Wird der Durchlauf von Werkstückträgern konzipiert, dann steht das Verketten von Arbeitsstellen im Vordergrund. Meistens greift man dann zum Doppelgurtband, weil der Zwischenraum für die Gestaltung der Arbeitsstation genutzt werden kann, z.B. für Vorrichtungen zum Ausheben und Positionieren. Bei der Werkstückbereitstellung wird das Speichervermögen einer Bandstrecke ausgenutzt (Bild 11.2). Sogenannte V-Bänder bieten dem Werkstück zwei definierte Auflageflächen. Das erhöht die Bereitstellgenauigkeit, auch lassen sich Teile im Hochformat viel platzsparender unterbringen. Das kann bei Montagesystemen mit sehr konzentriertem Aufbau ein entscheidender Vorteil sein. Leitkanten führen die Werkstücke auf einfachste Weise zu einem Abgreifpunkt. Selbst das Orientieren oder Umorientieren von Werkstücken läßt sich auf Transportbändern mit einfachen Aufbauten verwirklichen [2]. Schließlich besteht auch öfters Bedarf an Speichereinheiten mit größerer Kapazität. Hier lassen sich Bänder zu komplexen Magazineinheiten zusammenstellen. Das kann z.B. auch eine Zwischenspeichereinheit sein, die aus technologischen Gründen (Realisierung einer Wartezeit) vorhanden sein muß [9, 16].

Der Sonderfall

Die technische Reife eines Baukastensystems läßt sich u.a. daran ablesen, in welchem Maße damit auch die Sonderanwendungen abgedeckt werden können. Dieser Anteil nimmt zu, weil die "einfachen" Anwendungen stets zuerst realisiert werden und die schwierigen Fälle warten müssen. Sonderfälle können sich aus Besonderheiten des Arbeitsgegenstandes, der Integration von Teilfunktionen und den Eigenheiten des Prozesses ergeben. So wird in Bild 11.3 eine Transportbandkombination gezeigt, die als "Nebenstrecke" in Bypass-Schaltung einem Verkettungssystem zugeordnet ist. Die Werkstücke, z.B. Leitungsschutzschalter, behalten beim Durchlauf ihre Kompaßrichtung bei. Die Übergabe von der Zulauf- in die Ablaufstrecke geschieht mit Hilfe einer kleinen pneumatischen Schlitteneinheit. Der Abruf von Speichergut (Zuteilen) durch nachfolgende Produktionseinheiten ist dadurch steuerbar.

In Bild 11.4 ist ein Zuführband für eine Produktionsmaschine dargestellt, das im Verlaufe der Bereitstellung von Gut bereits fehlerhafte Glasrondellen aussondern kann. Die Rondellen liegen dabei an zwei Punkten zwischen einer einstellbaren festen Leitkante und einem Schmalförderband auf. Dadurch rollen sich die Teile ab. Jeder Sektor des Umfanges wird dabei mindestens einmal durchlaufen. Gläser mit einem zu kleinem Durchmesser oder mit ausgebrochenen Rändern fallen durch und gelangen nicht bis zum Hauptförderband. Ohne irgendwelche Signalverarbeitung werden auf recht einfache Weise geometrisch schlechte Glasrondellen ausgesondert.

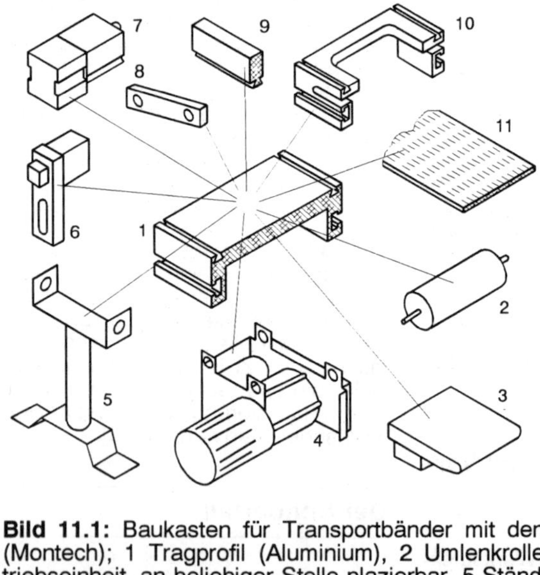

Bild 11.1: Baukasten für Transportbänder mit den wichtigsten Bausteinen (Montech); 1 Tragprofil (Aluminium), 2 Umlenkrolle, 3 Messerkante, 4 Antriebseinheit, an beliebiger Stelle plazierbar, 5 Ständer (Beispiel), 6 Haltesäule für Sensoren und andere Aufbauten, 7 Stopper, 8 Verbindungselement, 9 Seitenführung in Standardausführung oder aufgabenspezifisch, 10 Kopfstück, 11 Transportgurt in verschiedenen Ausführungen

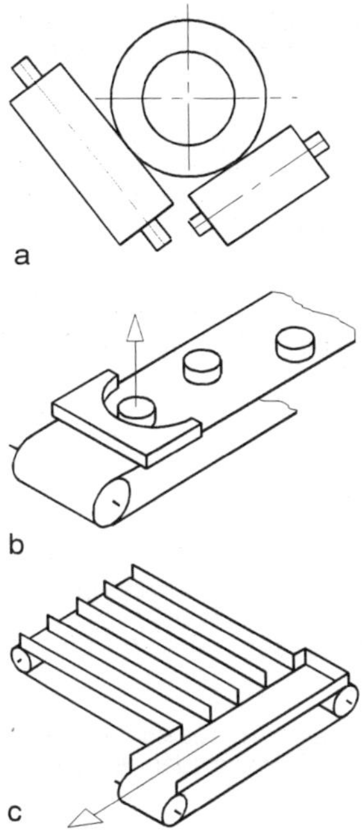

Bild 11.2: Anwendung von Transportbändern für die Werkstückbereitstellung
a) V-Band für stehende Rundteile, b) Band mit Kulisse für die Werkstückpositionierung, c) Speichersystem aus einer Kombination von Bändern

Zur Auswahl von Transportbändern

1 Das Band muß für die voraussichtliche Belastung und Bandgeschwindigkeit geeignet sein. Es zählt die Gesamtlast je Meter Bandlänge.

2 Treffe eine klare Aussage zu den Betriebsbedingungen! Insbesondere ist zwischen Förder- und Staubetrieb zu unterscheiden, aber auch Anfor-

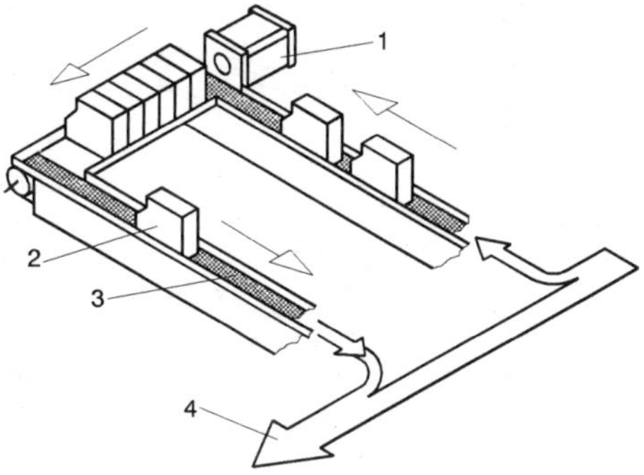

Bild 11.3: Transportbänder in einem Verkettungssystem, die als Bypass-Schaltung eingerichtet wurde.
1 Querhub-Zylinder, 2 Werkstück, Baugruppe, 3 Gurt, 4 Hauptförderrichtung

derungen wie z.B. Heiß- oder Steigbetrieb können wichtig sein. Beachte die Umgebungsbedingungen!

3 Erfüllt der Gurt nach Art und Eigenschaften die Anforderungen? So ist z.B. zwischen Schmal- und Breitgurt, Doppelgurt und Parallelband zu unterscheiden. Für besondere Anwendungen, wie z.B. in der Lebensmittelindustrie, gibt es auch besondere Gurtqualitäten.

4 Lassen sich spezielle Anforderungen ohne weiteres realisieren? Dazu zählen der Anbau von z.B. Stoppern, gepolsterten Seitenführungen oder Messerkanten.

5 Können Näherungsschalter, Zähler, Sensoren und anderes Zubehör an beliebigen Stellen angebracht werden?

6 Ist das Transportband gegen Überlastung geschützt (z.B. durch eine drehmomentenabhängige Kupplung) bzw. verkraftet es eine Überlastung ohne ernsthafte Schäden?

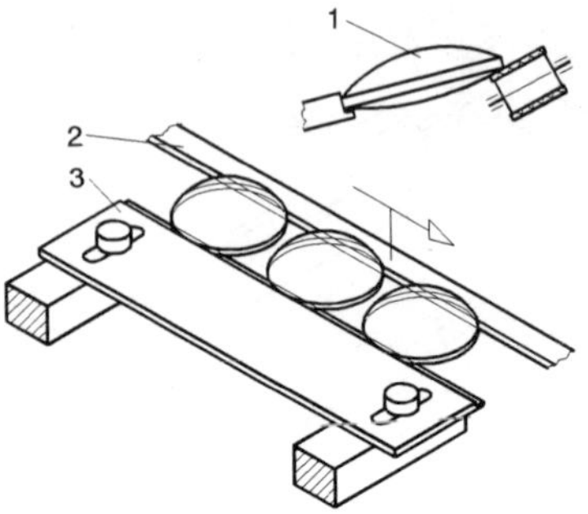

Bild 11.4: Sortieren von Glasrondellen mit Hilfe eines Transportbandes (Montech)
1 Glasrondelle, 2 Förderband, 3 einstellbare gehärtete Auflageschiene

7 Lassen sich die Verschleißteile des Förderbandes, vor allem aber der Transportgurt, mit einfachen Mitteln (Werkzeugen) und in kurzer Zeit austauschen?

8 Sind Antrieb und Stützelemente in der Anzahl und Anordnung variierbar, so daß man sich bei der Installation dem Platzangebot anpassen kann?

9 Sind die Schnittstellen des Transportbandes für eine Zusammenschaltung zu komplexen Verkettungssystemen geeignet?

10 Ist eine spätere Wiederverwendung in anderen Einsatzfällen für die Komponenten oder das gesamte Band gegeben?

Testfragen

1 Transportbänder dienen in erster Linie einer Ortsveränderung von Handhabegut. Für welche weiteren Funktionen lassen sie sich überdies einsetzen?

2 Nach welchen Gesichtspunkten werden die Transportbänder ausgewählt?

3 Was versteht man unter einer Bypass-Schaltung im Materialfluß?

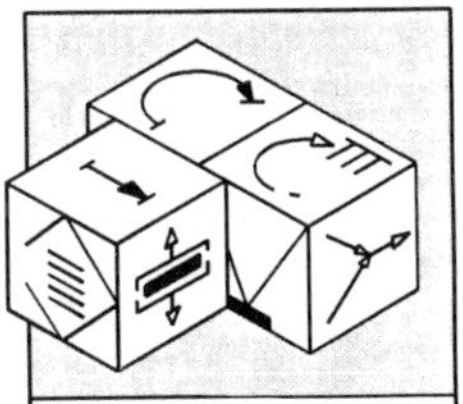

12

Prüfen im Werkstückfluß

Es ist nicht gesagt, daß es besser wird,
wenn es anders wird.
Wenn es aber besser werden soll,
muß es anders werden.
Georg Christoph Lichtenberg

"Der Frau, der Mühle und dem Schiff mangelt es immer an etwas", sagt man in Dänemark. Doch das gilt auch für Werkstücke. Sie dürfen niemals als allseitig perfekte Gebilde aufgefaßt werden. Das hat Auswirkungen auf den Werkstückfluß. Zuführsysteme sollten einerseits nicht unnötig empfindlich gegenüber Schwankungen von Werkstückparametern sein, andererseits ist der ungestörte Durchlauf von fehlerhaftem Arbeitsgut unbedingt zu verhindern. Ein o.k. setzt immer Prüfvorgänge voraus. So hat man z.B. schon 1932 Fotozellen für das Sortieren von Reiskörnern, Bohnen und Zigarren nach der Farbe eingesetzt, auch zur Erkennung nichtetikettierter Konservendosen. Je automatischer es in der Produktion wird, desto größer ist die Bedeutung des Prüfens. Muß Prüfen immer mit aufwendigen Meßsystemen verbunden sein?

Lageprüfen reicht nicht

Die VDI-Richtlinie 2860 hält eine Vielzahl von Symbolen zur Beschreibung von Prüfoperationen im Werkstückfluß bereit. Vorher gab es nur das "Lageprüfen", im wesentlichen als Kontrolle der Werkstückorientierung und -position. In heutigen Werkstückflußsystemen geht es nicht nur darum Falschteile, Anschnitte, Restteile, fehlerhafte Werkstücke oder solche in unerwünschter Orientierung zurückzuhalten, sondern es gelingt auch immer besser, aus dem Zustand der Werkstücke Aussagen über die Ordnungsmäßigkeit des vorausgegangenen Fertigungsprozesses abzuleiten. Prüfen ist deshalb sehr vielgestaltig geworden. Eine kleine Auswahl an Symbolen enthält Bild 12.1.

Prüfen der Anwesenheit wird wohl am häufigsten vorgenommen. Es ist z.B. in der Montage wichtig, weil im negativen Fall häufig die Montage überhaupt nicht fortgesetzt werden kann.

Prüfen auf Identität soll den Zulauf von Falschteilen verhindern. Das sind vor allem unvollständig bearbeitete Werkstücke, wie Teile mit fehlender Bohrung oder nicht angeschweißte Bolzen. In seltenen Fällen sind es auch Fremdteile. Ähnlich ist es bei Fehlern in der Innen- oder Außenform, wie beispielsweise ungenügend tiefe Einstiche an einem Bolzen. In diesem Fall kann man die Zuführrinne der Werkstückform anpassen, so daß Teile mit fehlendem Einstich nicht angenommen werden.

Das Prüfen von Gewichten kann an Spritzgießmaschinen zum Schutz des Werkzeugs dienen. Das Werkstück muß vollständig ausgeworfen werden, es dürfen keine Rückstände oder Reste im Werkzeug verbleiben.

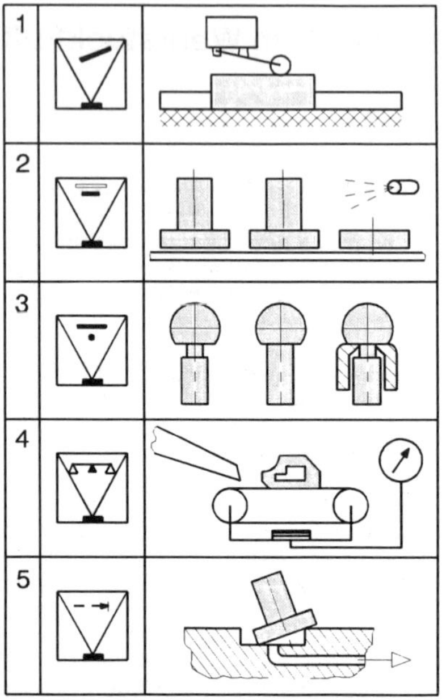

Bild 12.1: Beispiele für Prüfoperationen
1 Anwesenheit mit Taster prüfen, 2 Identität mit Druckluft prüfen, 3 Form in der Zuführrinne prüfen, 4 Gewicht prüfen, 5 genaue Position mit Saugluft prüfen

Natürlich muß auch überwacht werden, ob ein Teil in der Spann- oder Bearbeitungsstelle richtig angekommen ist. Man kann z.B. einen Saugluftkanal an exponierter Stelle vorsehen. Bei unzureichender Einnahme der Position ist das aus dem Vakuumpegel ablesbar.

Alle Prüfmaßnahmen dienen dazu, Störungen im Werkstückfluß zu vermeiden, Arbeitsmittel vor Falschbeschickung zu schützen, Abweichungen vom normalen Produktionsablauf zu erkennen oder Teile nach Werkstückmerkmalen zu sortieren. Die Reaktion der Anlage kann im Fehlerfall oder bei Auftreten bestimmter Merkmale unterschiedlich sein. Man unterscheidet folgende Stufen:

- Verweigerung der Teile mit nachfolgendem Leerlauf der Anlage,
- Verweigerung, aber Signalgabe zur manuellen Entstörung,
- Verweigerung der Teile mit nachfolgender Selbstentstörung,
- Erkennung von Merkmalen bzw. Fehlern und automatisches Ausgliedern davon betroffener Teile und
- Erkennung von Merkmalen und Fehlern mit automatischer Rückwirkung auf die Fehlerquelle.

Der letztgenannte Fall betrifft vor allem Fehler aus dem Fertigungsprozeß, wie etwa unzulässiger Werkstückdurchmesser, und den Einsatz von Meßmitteln. Die Durchmesserbestimmung kann beispielsweise im Greifer einer Handhabungseinrichtung erfolgen, wenn dieser integrierte Meßelemente enthält.

Konturprüfung kostet nichts

Der Aufwand für Prüfmittel hängt davon ab, wie speziell und wie genau zu messen ist und ob es sich um eine Massenfertigung oder um flexibles Fertigen handelt. Oft genügt schon eine Überwachung der Werkstückaußenform. Günstig ist, wenn man die Zuführkanäle der Werkstückkontur angleichen kann. Nicht konturgerechte Teile werden verweigert. Hieraus ergeben sich Nachlaufstörungen. Deshalb muß man dann stromabwärts feststellen, ob der Werkstückfluß unterbrochen ist oder nicht. Das kann z.B. mit einer Füllstandskontrolle oder Zähloperation zusammengelegt werden. Die Entstörung wird dann nach der Signalgebung manuell vorgenommen. Oft reicht auch schon punktuelles Nachbilden der Kontur, wie es Bild 12.2 zeigt. Bei Verwendung mehrerer Einstellelemente läßt sich so bei Umstellung auf ein anderes Teil das Profil relativ rasch umstellen. Man kann sich auch einsteckbare Schablonen vorstellen. Ähnliche Lösungen sind bei Schachtmagazinen ebenfalls möglich und üblich.

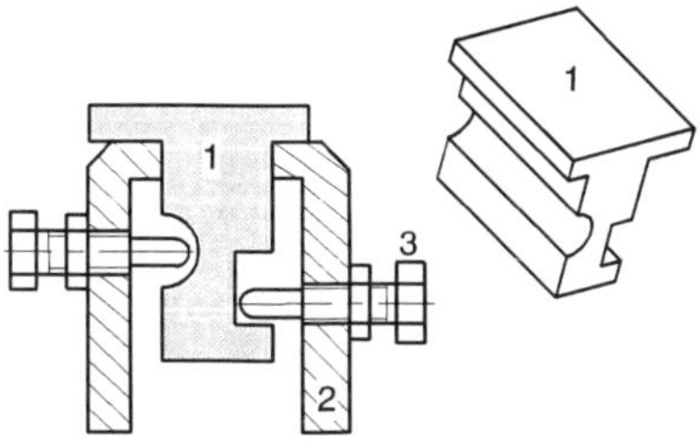

Bild 12.2: Profildurchlaß in einem Zuführkanal
1 Werkstück, 2 Magazinschiene, 3 Tastschraube

Je kleiner und feiner die Prüfmerkmale, desto anspruchsvoller sind dann auch die Prüfverfahren. Hierfür gibt es viele Einrichtungen, insbesondere auf optoelektronischer Basis. In Bild 12.3 wird gezeigt, wie Pneumatik zur Feststellung von Oberflächenmerkmalen herangezogen werden kann. Bei dem in Bild 12.3a skizziertem Beispiel wirkt Saugluft auf das Werkstück. Falschlagen (Oberflächenmerkmal unten) werden angesaugt und beiseite gelegt. Das Verfahren funktioniert schon bei Oberflächenmerkmalen ab einer Höhe von 0,15 mm. Das Teil sollte nur geringe Masse aufweisen. Für Berechnungen geht man vom Druckgesetz der Strömung von Bernoulli aus; der Abstand zwischen Saugdüse und Werkstückoberfläche wird mit Hilfe des Hagen-Poiseuilleschen Gesetzes bestimmt. Dieses Gesetz, das nach einem deutschen Ingenieur und einem französischen Arzt benannt ist, spielt übrigens auch beim Blutkreislauf eine wichtige Rolle.

Werkstücke mit Oberflächenmerkmalen lassen sich auch mit Druckluft prüfen. Es wird der Staudruck ausgewertet, der sich beim Anstrahlen eines Werkstücks mit einer entsprechenden Düse aufbaut, wie es Bild 12.3 zeigt. Bei Falschlagen des Teils wird die Auflageplatte abgekippt. Das Werkstück wird auf diese Weise ausgeschleust.

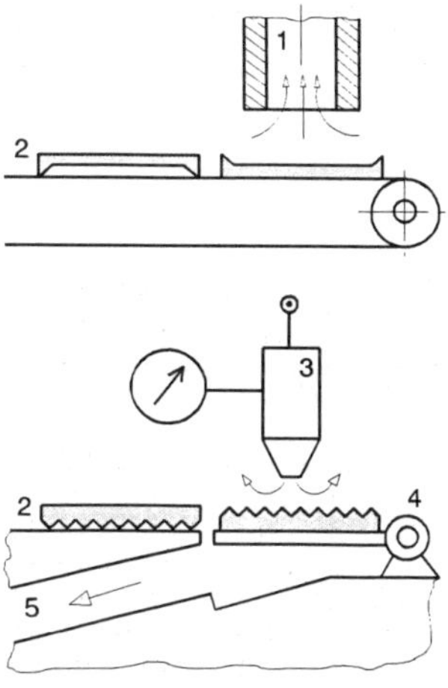

Bild 12.3: Pneumatische Prüfsysteme zur Prüfung von Platten mit kleinen Oberflächenmerkmalen (oben) und zum Prüfen von Fresnellinsen auf seitenrichtige Lage (unten).
1 Saugluft, 2 Werkstück, 3 Staudruckdüse, 4 Ausschleusklappe, 5 Sortierkanal

Magazine richtig füllen

Viele Bearbeitungs-, Prüf- und Montageeinrichtungen werden aus Magazinen beschickt. Das manuelle

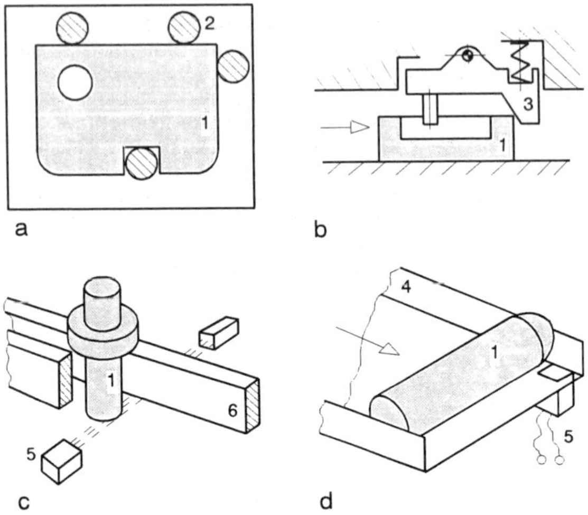

Bild 12.4: Prüfhilfen an Magazinen; a) Die Magazinstäbe werden nach der Werkstückkontur gesetzt (Draufsicht), b) Der Taststift fühlt die Vertiefung am Teil ab (Seitenansicht), c) Zu lange Werkstücke werden festgestellt, d) Die seitenrichtige Lage wird kontrolliert.

Nachfüllen birgt jedoch die Gefahr in sich, daß bei Teilen mit asymmetrischen Merkmalen, insbesondere wenn sie als Paket eingelegt werden, Falschlagen einzelner Teile unentdeckt bleiben können. Das kann fatale Folgen für den nachfolgenden Prozeß haben, bis zum Werkzeugbruch. Mindestens kommt es aber zum Störausfall oder zu einem Ausschußwerkstück. Das Bild 12.4 zeigt einige Magazine, bei denen das Einlegen "narrensicher" gemacht wurde. Die quadratischen Zuschnitte lassen sich im Beispiel Bild 12.4a nur einlegen, wenn eine einheitliche Orientierung vorliegt. Dazu müssen die Magazinstäbe variabel einstellbar sein.

Für Rinnenmagazine bieten sich Prüfrollen oder Tasthebel an. Im Beispiel Bild 12.4b tastet die Nase nach der Vertiefung im zuzuführenden Werkstück. Ist diese vorhanden, kann das Werkstück passieren. Im Fehlerfall verklemmt sich das Werkstück am Tasthebel und muß zurückgenommen werden. Laufen die Teile im Strang und nicht einzeln, muß auch das Folgende beachtet werden, wenn man die Abmessungen des Tasters festlegt. Ein gesonderter Antrieb ist für den Taster nicht erforderlich.

Eine Überwachung von Werkstücklängen ist bei hängefähigen Teilen recht einfach möglich. Im Falle Bild 12.4c wird das mit Hilfe einer Lichtschranke erledigt. Man kann auch tastende Schalter vorsehen, da eine "Überlänge" des Teils nur im Ausnahmefall auftreten wird und die Tasterbelastung auf Dauer gering ist. Im Beispiel 12.4d wird die Seitenlage des Werkstücks im Magazin nochmals zur Sicherheit geprüft. Der Näherungsschalter spricht auf eine Masseanhäufung an und signalisiert damit einen Fehler.

Kontrollen im Durchlauf

Bei einer relativ großen Rate von auszusondernden fehlerhaften Werkstücken würde man eine Handhabungseinheit zur Prüfmaschine umfunktionieren. Das ist nicht richtig. Besser ist dann die Vorschaltung einer Prüfstation. Treten aber Fehler relativ selten auf, dann lassen sich oft sehr einfache mechanische Kontrollen, insbesondere geometrischer Größen, einbeziehen. Jedes Falschteil führt dann allerdings zur Unterbrechung im Werkstückfluß, die dann meistens einen manuellen Eingriff nach sich zieht. Das Bild 12.5 zeigt einige Beispiele [92].

Im ersten Fall wird eine Schweißbaugruppe geprüft. Ist sie unvollständig, wird das Basisteil seitlich ausgegliedert. Dazu genügt eine schräge Gleitbahn. In Bild 12.5b geht es um eine Durchmesserkontrolle. Alle Teile, die im Zapfendurchmesser vom Prüfmaß = 0,5(D+d) abweichen, bleiben in der Prüfstufe hängen. Das letzte Beispiel behandelt schließlich die Kontrolle von Bürstenkörpern auf Vollständigkeit des Besteckmaterials. Bei einem Fehler, d.h. bei nur einseitig ausgeführter Montageoperation, gleitet der Bürstenkörper auf der Kante und bleibt an einem Nocken hängen. Alle Lösungen kommen ohne bewegte Teile und ohne Signalauswertung zurecht. Der technische Aufwand ist extrem gering.

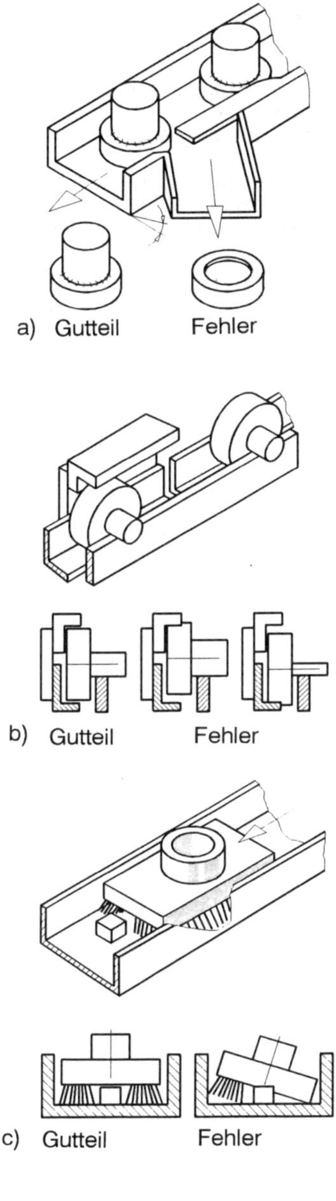

Bild 12.5: Beschaffenheitskontrollen im Durchlaufverfahren
a) Kontrolle Schweißbaugruppe, b) Durchmesserkontrolle, c) Vollständigkeitskontrolle

4 Wann sind einfache mechanische Durchlaufkontrollen sinnvoll? Schätze die Nachteile ein, die in Kauf genommen werden müssen!

5 Was kann passieren, wenn unerkannt Falschteile bzw. unvollständig bearbeitete Werkstücke über das Zuführsystem in das Arbeitssystem gelangen?

6 Was wird im Sinne der Handhabungstechnik unter "Prüfen" verstanden?

Testfragen

1 Welche Prüfoperationen sind im Zusammenhang mit der Werkstückhandhabung häufig auszuführen?

2 Wie kann man manuell nachzufüllende Magazine vor falsch eingelegten Teilen schützen?

3 Wie kann man mit Pneumatik Werkstückmerkmale prüfen?

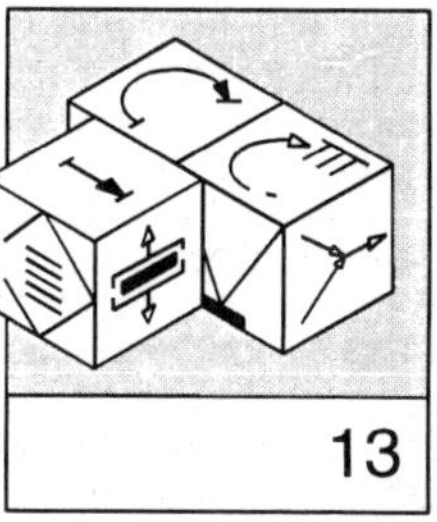

Handling auf magnetisch

"Wundervoll!", rief ich (Watson) aus.
"Gewöhnlich", sagte Holmes.
Sir Arthur Conan Doyle

Dem Magnetismus wird ganz unschuldigerweise geheimnisvolle Bedeutung zugeschrieben. Noch im Mittelalter ließ rege Phantasie Magnetberge mitten im Meer emporwachsen, die unangenehmerweise alle Eisenteile aus dem Holz der Schiffe ziehen würden. Heute weiß man es besser und ohne Magneteffekt sähe es in der Automatisierungstechnik ziemlich dürftig aus. Doch auch in der Handhabungstechnik können Magnetelemente in direkter oder indirekter Anwendung recht nützlich sein. Was läßt sich wohl damit machen ?

Magnethafträder

Beim Zuführen flacher Teile haben sich Rollengänge wegen ihrer Einfachheit bestens bewährt. Neue Möglichkeiten ergeben sich, wenn man magnetische Hafträder einsetzt. Das sind Systemmagneten in runder Ausführung. Dann können Werkstücke, insbesondere Bleche, auch hängend bewegt werden. Ein Sauggreifer langt durch die Lücken im Rollengang und hebt das Blech nach oben. Das beschränkt sich aber nicht nur auf ferromagnetische Flachstükke. Man kann Halbzeugprofile ebenfalls aufnehmen, wenn die Hafträder dem Profil angepaßt sind. In Bild 13.1 werden Beispiele gezeigt. Hängen die Bleche einmal am Haftrad, dann genügt eine geringe Neigung der Haftradbahn, damit die Werkstücke infolge Schwerkraft abrollen. Es sind aber auch angetriebene Hafträder einsetzbar. Die Haftkraft F muß natürlich größer sein als die Werkstückgewichtskraft m g. Magnethafträder werden z.B. auch in Großwerkzeuge der Umformtechnik eingebaut, um Blechzuschnitte im Werkzeugraum zu bewegen.

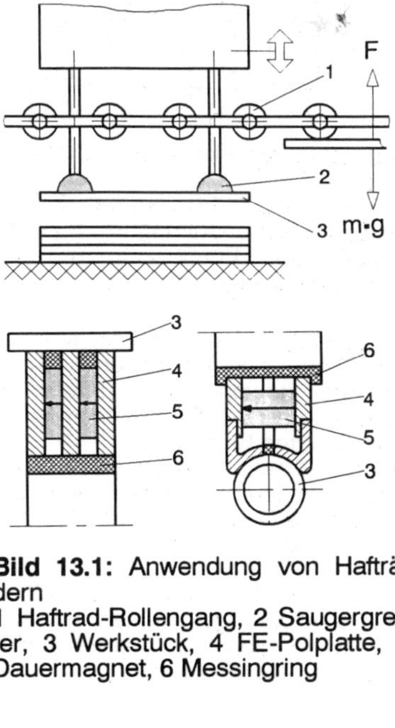

Bild 13.1: Anwendung von Hafträdern
1 Haftrad-Rollengang, 2 Saugergreifer, 3 Werkstück, 4 FE-Polplatte, 5 Dauermagnet, 6 Messingring

Magnetische Bandförderung

Dosen, Blechflachteile, Späne u.a. kann man mit magnetischer Bandhaftung recht einfach fortbewegen. Man unterscheidet drei Varianten:

■ Das Förderband enthält selbst magnetische Bestandteile oder integrierte Magneten.

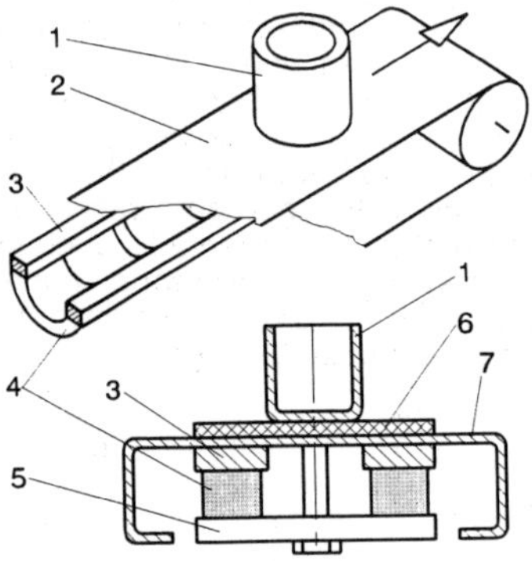

Bild 13.2: Magnetische Bandförderung
1 Werkstück, 2 Förderband, 3 Polleiste, 4 Permanentmagnet, 5 Rückschlußplatte, 6 Fördergurt, 7 nichtferromagnetisches Gleitblech,

■ Das Gut wird auf einer feststehenden Rinne aus nichtmagnetischem Werkstoff bewegt, wobei unter dem Gleitblech ein mit Permanentmagneten besetztes Band läuft.

■ Über einem feststehenden Magnetsystem läuft ein Föderband und bewegt die Teile, die scheinbar am Band haften.

Dieser letzte Fall wird in Bild 13.2 an zwei Ausführungsvarianten gezeigt. Das Band gleitet auf einem nichtmagnetisierbaren Blech. So sind Steigungswinkel bis 90° möglich. Dabei kann von Vorteil sein, daß falschliegende Werkstücke, die z.B. nur mit einem schmalen Rand aufliegen statt mit ihrer Bodenfläche, nicht gefördert werden und wieder zurückfallen. Die Haftfläche muß also eine Mindestgröße haben. Auch recht schnelles Fördern, z.B. bei der Herstellung von Konservendosen, ist mit dem magnetischen Bandförderer möglich.

Ausgeben mit Magnetkraft

Das im Bild 13.3 vorgestellte Beispiel soll zeigen, daß mit Magnetismus auch neue ungewöhnliche Lösungen möglich sind. Das bearbeitete Werkstück wird ohne ein einziges bewegtes Element ausgegeben. Nach der Bearbeitung wird das Werkstück in der Spannvorrichtung freigegeben. Dann schaltet sich der Elektromagnet ein und hebt es magnetisch heraus. Das Teil rollt nun hängend ab. Damit es sich vom Magnetfeld wieder lösen kann, wurde ein Messingkeil aufgesetzt, der den Luftspalt allmählich vergrößert. Das Teil fällt dann in die Abführrinne.

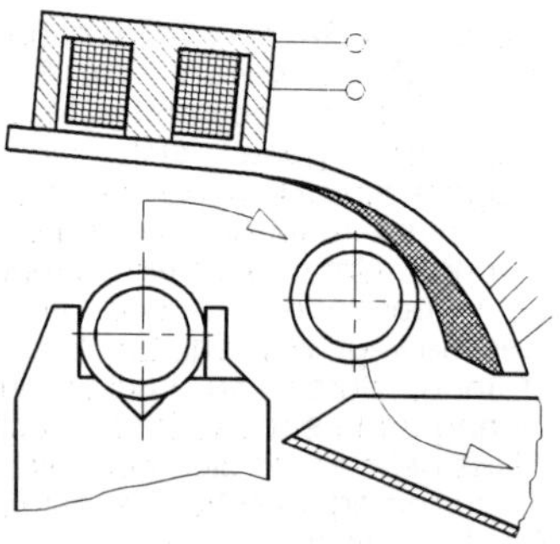

Bild 13.3: Werkstückausgeber mit Elektromagnet

Auch Ordnen ist möglich

Es gibt verschiedene Möglichkeiten, um metallische Werkstücke unter Nutzung von magnetischen Wirkungen zu ordnen. So können in einem Teil mit asymmetrischer Innenkontur Kraftwirkungen erzeugt werden, die ein Drehrichten des Werkstückes bewirken [29]. In Bild 13.4 wird eine andere Variante gezeigt. Von einem Band geförderte Teile werden von einem darüberlaufenden Magnetbandsystem "angesaugt", wenn die Teile zufällig falsch liegen. Teile in Richtiglage werden dagegen ausgegeben. Falschlagenstücke werden zurückgeführt und gelangen erneut auf das Band. Die Lösung erinnert an die Förderbänder mit einem Sektormagneten, mit denen Eisenteile vom übrigen Fördergut, z.B. Abfälle, Gießereisand oder Asche, getrennt werden.

Interessante Varianten ergeben sich, wenn man ein Werkstück auf einem Luftpolster schweben läßt und dann ein Elektromagnetfeld zur Wirkung bringt. Es treten Ausrichteffekte entlang des Feldlinienverlaufs auf. Das Werkstück kann sich dabei auch auf einem paramagnetischen Werkstückträger befinden, d.h. es wird samt Werkstückträger ausgerichtet.

Magnetische Werkstückaufnahmen

Permanentmagnetische Folien eröffnen auch neue Möglichkeiten, Werkstücke mit ausreichend großer Auflagefläche auf Flachpaletten-Magazinen in ihrer Position direkt zu halten. Man kann die Speicherfläche selbst damit belegen oder z.B. Halteprismen schneiden und diese auf den Magazinboden "kleben". Auch die Variante Folienstücke auf Folienboden ist möglich, wenn man einige Eigenheiten der Magnetfolie beachtet (Bild 13.5). Die Belastbarkeit solcher Werkstückaufnahmen ist natürlich gering, mag aber hier und da durchaus schon ausreichend sein. Man kann aber auch Systemmagneten gestalten, die sich als massive Lagesicherungs-Elemente freizügig auf Eisenblechböden setzen lassen.

Weitere Anwendungen des Magnetismus sind die bekannten Magnetgreifer, die Magnetspanner und nicht zu vergessen die Spreizmagnete, die das Abstapeln von Eisenblechen unterstützen, weil sie seitlich am Stapel angebracht das obenauf liegende Blech in einen Schwebezustand versetzen.

Sich gegenseitig abstoßende Magnetelemente könnten verwendet werden, um Werkstückträger auf einem

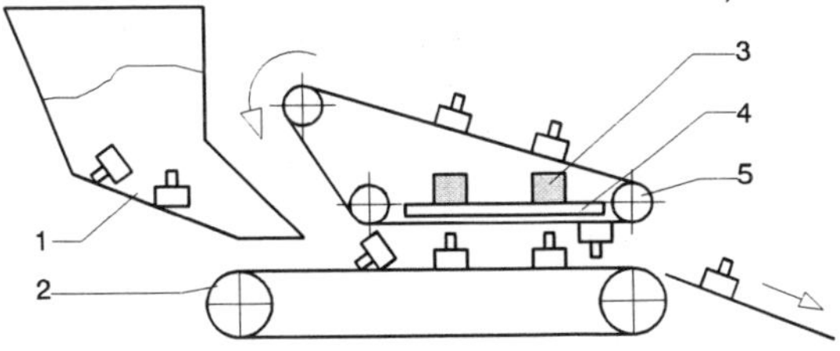

Bild 13.4: Ordnen mit Magnetband; 1 Bunker, 2 Transportband, 3 Permanentmagnet, 4 Polleiste, 5 Haftmagnetrolle

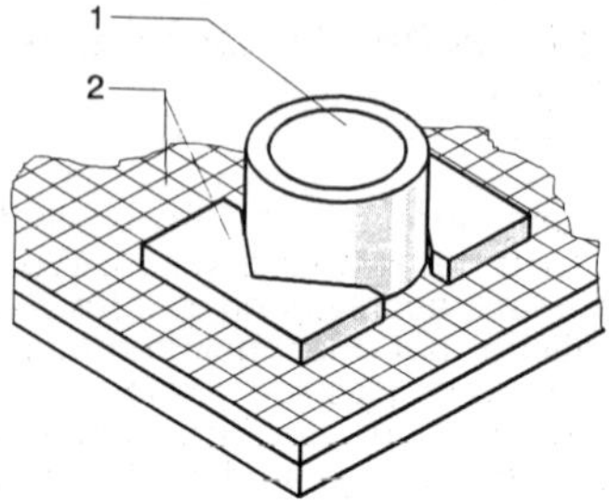

Bild 13.5: Sichern von Werkstücken mit Hilfe von Permanentmagnetfolien 1 Werkstück aus Eisenblech, 2 Magnetfolie

Magnetkissen reibungsfrei schweben zu lassen. Das ist aber nur für das eigentliche Weitergeben zu empfehlen, weil in der Arbeitsposition der Werkstückträger auf dem Magnetfeld unter Belastung federt.

Im Einzelfall muß man natürlich auch abwägen, ob die Nachteile verkraftet werden können, insbesondere der magnetische Streufluß und das evtl. Aufmagnetisieren von Teilen. Preiswert sind sie jedoch allemal, die Handling-Gerätschaften mit magnetischem Effekt.

Testfragen

1 Welche Handhabungsoperationen lassen sich mit Hilfe von magnetischen Funktionsträgern ausführen?

2 Erläutern Sie die möglichen Arbeitsprinzipe eines magnetischen Förderbandes!

3 Skizzen Sie den Querschnitt eines magnetischen Haftrades aus dem Gedächtnis und tragen Sie den Magnetfluß ein!

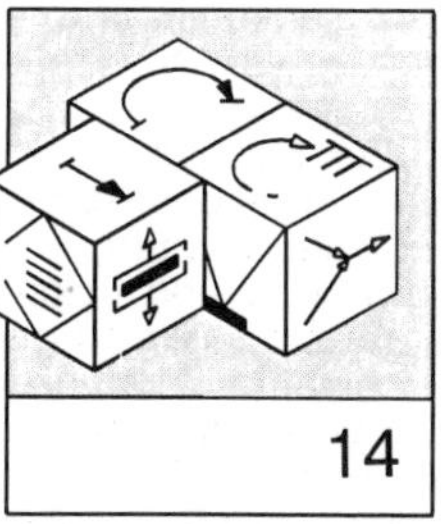

Handhabung mit Vibration

Das Fürtreffliche ist unergründlich,
man mag damit anfangen, was man will.
Johann Wolfgang von Goethe

Obwohl schon im vergangenen Jahrhundert als Prinzip bekannt und in den vierziger Jahren zu ersten grösseren Anwendungen gelangt, insbesondere in der deutschen Uhrenindustrie, scheint die Vibrotechnik durchaus noch nicht an die Grenzen ihrer Verwendung zu stoßen. Inzwischen wurde das Mikrowurfprinzip durch die lärmarme Gleitförderung ergänzt. Der Betrieb im Resonanzbereich eines Feder-Masse-Systems sorgt für sparsamen Energieeinsatz, der wohl nur noch bei Verkettungslösungen unterboten wird, die die natürliche Schwerkraft ausnutzen. Beschickung und Montage können auch weiterhin als trächtige Anwendungsfelder dieser Technik gelten.

Das Prinzip

Schwingfördern beruht auf einer Bewegungsform, bei der ein Körper von Massenkräften zu Wurfbewegungen - den Mikrowurf - angeregt wird. Die sehr schnellen kleinschrittigen Bewegungen ruft meist ein mechanischer Schwinger als Unwucht- oder Elektromagnetantrieb hervor, der mit 50 bis 100 Hz schwingt. Dabei wirken periodisch 9 bis 16 g (g = Erdbeschleunigung) auf das Handhabegut (Bild 14.1). Zum Mikrowurfprinzip gehören die Phasen Wurf und Aufprall des Werkstücks auf die Schwingrinne.

In der letzten Zeit ist auch das Prinzip der Gleitförderung aktuell geworden. Diese Schwingsysteme arbeiten im niederfrequenten Bereich (5 bis 25 Hz), und die Werkstücke heben nun beim Bewegen nicht mehr von der Rinne ab, sondern bewegen sich ähnlich wie eine hochviskose Flüssigkeit. Das schont Förderrinne wie Werkstücke und senkt den Lärm. Auftretende Beschleunigungen sind kleiner als 1 g [30, 31]. Schwingfördern dient nicht nur dem Ordnen und Weitergeben, sondern kann auch mit Bearbeitungsverfahren verbunden werden, z.B. dem Gleitschleifen.

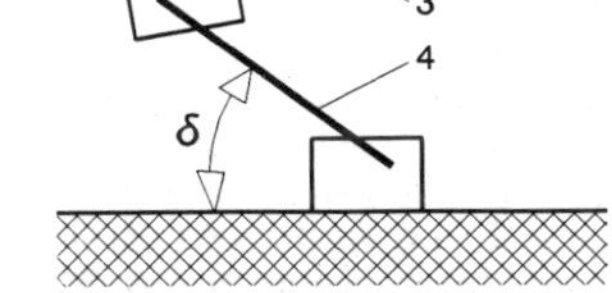

Bild 14.1: Prinzip einer schwingenden Bahn
1 Wurfparabel, 2 Werkstück, 3 Rinne, 4 Blattfeder, α Bahnsteigungswinkel (1° bis 5°), ß Wurfwinkel, δ Blattfederanstellwinkel (70° bis 80°)

Bauform variabel

Am bekanntesten sind die elektromagnetischen Vibrationswendelförderer, die im Volksmund auch als "Brummtöpfe" bezeichnet werden. Die Teile werden als Haufwerk eingegeben. Während des Austragens können eingebaute mechanische und bzw. oder pneumatische Schikane das Ordnen der Teile bewirken. Dazu sind viele Lösungen bekannt. In Bild 14.2 werden die typischen Bauformen von Vibrationsförderern vorgestellt.

Vorerst wenig im Einsatz sind Turmvibratoren. In einer einzigen Einheit können sämtliche Bauelemente für eine Montagebaugruppe aus den einzelnen Vibratoretagen auf kurzem Weg bereitgestellt werden. Bei kleinen Baugruppen und günstiger Produktkonstruktion kann so auf das Weitergeben des Basisteils verzichtet werden. Die Montage findet an einem Ort statt.

Senkrechtförderer mit offener oder geschlossener (abgedeckter) Außenwendel dienen der Überwindung von Höhenunterschieden bis etwa 8 m. Aus Gründen parasitärer Schwingungen sind Module um die 2 m Höhe besser und sie lassen sich dann auch zu beliebigen Förderhöhen zusammensetzen.

Eine recht interessante Bauform sind Rohrvibratoren, mit denen sowohl feste Körper als auch lose Pulver, z.B. Zement, bewegt werden können. Im Wechsel "Rohr mit Schwingantrieb" von z.B. 2 m Länge und "Blindrohrstück" lassen sich diese Vibratoren zu Pipelines zusammenschließen. Die Verbindung geschieht über Gummimanschetten. Rohrvibratoren überwinden Steigungen bis etwa 15 Grad. Für größere Höhenunterschiede sollten Senkrechtförderer verwendet werden.

Im Interesse großer Nachfüllabstände werden heute Vibrationswendelbunker besonders bei leichten, kleinen bis mittelgroßen Werkstücken, wie z.B. Kunststoff- oder Blechformteile, gern mit einem Hubbunker kombiniert. Für das Austragen und Ordnen genügt dann ein Kurzwendelaufsatz mit einer Windung, weil

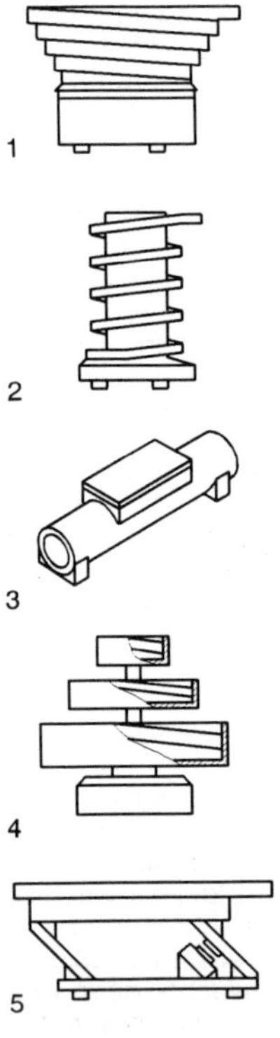

Bild 14.2: Bauformen von Vibratoren 1 Wendelförderer mit Stufenaufsatz, Innenwendel, 2 Hochförderer mit Außenwendel, 3 Rohrvibrator, 4 Linearschwingrinne mit Elektromagnetantrieb

meist auch der Durchmesser wegen der Speicherkapazität größer gewählt wird. Ein Hubteller im Innenraum des Bunkers, der mechanisch oder pneumatisch angehoben wird, sorgt dann für den Teilenachschub zur Wendel. Die nachfüllfreie Zeit erhöht sich hierbei beträchtlich.

Bei Vibrationswendelbunkern ist ein mehrreihiger Austrag, z.B. für Nadeln zum Zweck der Verpackung oder von Holzdübeln zum Zweck der Verteilung an verschiedene Dübelsetzwerkzeuge, eine rationelle Lösung. Bei mehrgängiger Austragswendel können von einem Vibrator auch mehrere Arbeitsstellen beliefert werden. Zur Geräuschminderung lassen sich übrigens die Böden der Wendelbunker entkoppeln, d.h. der Boden wird über ein Kugellager mit dem Schwingaufsatz verbunden und schwingt deshalb nicht mit. Wendelbunker lassen sich auch auf verschiedene Art auskleiden, um das Fördern zu begünstigen, die Werkstücke zu schonen und Geräusche zu dämmen. In Frage kommen dafür Spritzschichten, glatte und geriffelte Polyurethan-Auflagen (Ölablaufrillen) und Beflockung für die Handhabung leichter Teile mit empfindlicher Oberfläche. Wendelaufsätze in Konusausführung können auch insgesamt aus Kunststoff bestehen. Die Wendel wird dann spanend bearbeitet.

Schwingrinnen von 80 bis 600 mm Länge (8 bis 150 VA) werden gern als preiswertes und zuverlässiges Verkettungsmittel eingesetzt. Besteht die Oberfläche aus einem Bürstenbelag, so bestimmt die Schrägungsrichtung der Borsten die Förderrichtung. Bei entsprechender Anordnung und zweibahniger Gestaltung lassen sich so auf einem Schwingantrieb Vorwärts- und Rückwärtsstrecke auf einfache Weise nebeneinander anordnen.

Schwingtische zum Handhaben

Schwingtische mit dem Freiheitsgrad 2 (X, Y = Schiebeachsen) bereichern das Instrumentarium zur Automatisierung von Handhabungsoperationen. Werden die Achsen einzeln angesteuert, so lassen sich Werkstücke allein durch Schwingungen automatisch in eine Zielposition führen. Das Ziel kann eine Montagestation oder -position sein. Als Werkstück ist in handhabetechnischem Sinne auch ein Werkstückträger anzusehen.

Schwingtische können auch als Bereitstellplatz für Bauelemente gestaltet werden, indem man mehrere Rinnenmagazine aufsetzt. Dazu wird nur der Freiheitsgrad 1 gebraucht. Mit einer Bewegungsfähigkeit in X- und Y-Richtung lassen sich Bauelementefolgen (Sequenzen) erzeugen, wobei an nur einer Position das Abgreifen von Teilen nacheinander erfolgen kann. Das ist für automatische Montagestationen interessant, weil dort meistens der Platz für viele Bereitstelleinrichtungen fehlt. Eine zweckmäßige Bereitstellösung zeigt das Bild 14.3. Auf dem Schwingtisch wird eine Flachpalette mit Werkstücken aufgesetzt. Ein lose aufliegender Blechsteg trennt Roh- und Fertigteile voneinander. Durch das gleichzeitige oder aufeinanderfolgende Einschalten der Magnetsysteme werden Bewegungen in X-, dann in Y-Richtung oder diagonal (X + Y) erzeugt, so daß sich das gesamte Handhabegut nach rechts unten bewegt. In der Position A erfolgt stets der Abgriff eines Rohteils. Ein der Bearbeitungsmaschine entnommenes Fertigteil wird immer in der Position B abgelegt.

Durch Brückenbildung kann es passieren, daß die Position A nicht besetzt ist. Dann ist das Arbeitsgut zurückzufahren und erneut in Richtung der Position A zu bewegen. Dieses dauert nur einige Sekunden. Die Besetzung der Position A ist deshalb mit einem Sensor zu überwachen. Nach der Bearbeitung des Loses befinden sich alle Werkstücke jenseits des Trennsteges. Der Leistungsbereich des Schwingtisches, die Bewegungsrichtungen und die Orientierungsgenauigkeit werden durch Variation von Amplitude und Phasenverschiebung der Speisespannungen bestimmt.

Eine entsprechende Zweikanalsteuerung ist über mechanisch mit dem Arbeitsorgan des Schwingtischmoduls verbundene Geber rückgekoppelt. Die Rückkopplungssteuerblöcke für Frequenz und Amplitude formen die Gebersignale in eine Gleichspannung um, die der Frequenz und Amplitude des Schwingtischmoduls proportional ist. Das ermöglicht einen automatischen Betrieb der Steuerungs- und Erregungseinrichtung.

Was ist wichtig?

Für das Schwingverhalten sind folgende Parameter wichtig:

1 Massenverhältnisse (Nutz-, Gegen-, Werkstückmasse)

2 Frequenzverhältnis (Betriebs-, Eigenfrequenz)

3 Erregerkraftamplitude und ihr zeitlicher Verlauf

4 Massenträgheitsmomente

5 konstruktive Details (Winkel, Federsteife, Parallelität).

Besonders interessant ist, daß sich vibrobewegtes Handhabegut durch sehr kleine Kräfte (Richtkanten, Anschläge, Luftdüsen) und Ausnutzen des Werkstückverhaltens gut ordnen läßt. Damit kann das Schwingförderprinzip folgende Funktionen erfüllen:

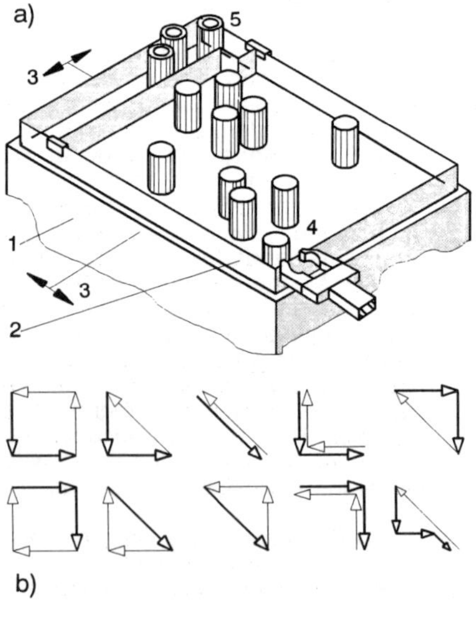

Bild 14.3: Werkstückbereitstellung mit einem mehrachsigen Schwingtisch; a) Prinziplösung, b) mögliche Bewegungsmuster für das Arbeitsgut, 1 Schwingtisch, 2 aufgesetzte Flachpalette, 3 Schwingung, 4 Aufnahmeposition, 5 Ablegeposition

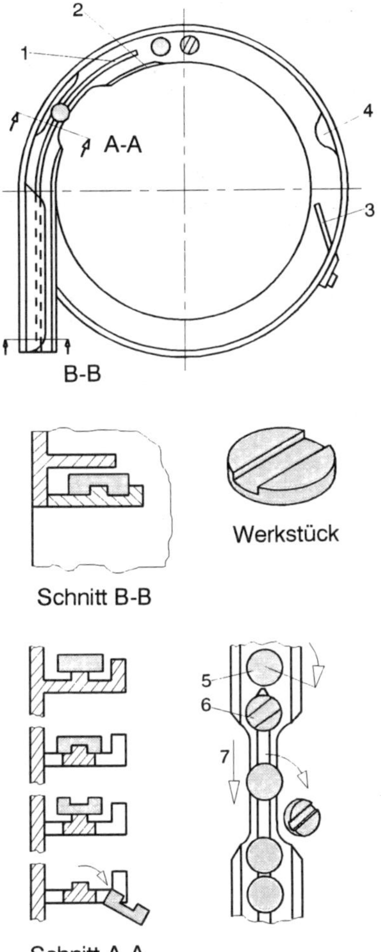

Bild 14.4: Ordnen von Kontaktstükken im Vibrationswendelbunker [16]
1 Schiene, 2 Bord, 3 Abstreifer, 4 Abweiser, 5 Teil in Richtiglage, 6 Teil auf falscher Seite liegend, 7 Förderrichtung

- Ortsveränderung von Werkstücken ohne Erhalt der Orientierung von Ort A zum Ort B und ohne Veränderung des Objektzustandes.
- Ordnen von Werkstücken, wobei in der Regel eine Ortsveränderung nicht gewollt ist, aber aus Gründen der Aufeinanderfolge mehrerer Schikane in Kauf genommen werden muß.
- Bewegen von Objekten aus verschiedenen Lagen (Position, Orientierung) zu einem Zielpunkt B bei definierter Wunschlage durch gesteuerte Veränderung von Bewegungsparametern und
- Überlagerung des ortsverändernden Bewegens mit technologischen Vorgängen, z.B. abrasive Bearbeitung von Objektflächen, d.h. es erfolgt gleichzeitig eine Veränderung des Objektzustandes.

Ein Beispiel

Die Aufgabe besteht darin, ein Kontaktstück durch Vibration im Wendelbunker zu ordnen. Die Aussichten sind gut, wenn man das Werkstück veranlaßt, auf einer Schiene zu "reiten". Das wird in zwei Aktionen erreicht: Drehung des Teils um die eigene Achse, um nach der Nut auszurichten und Abgleiten jener Teile, deren Nut sich zufällig auf der falschen Seite befindet (Bild 14.4). Dazu werden Ordnungshilfen (Schikane) verwendet, deren Aufeinanderfolge auch als Handhabungstechnologie bezeichnet wird. Das Gut erreicht zuerst einen Abstreifer, der übereinanderliegende Teile abstreift. Mit dem Abweiser wird eine einreihige Werkstückschlange hergestellt. Parallelteile kippen in den Behälter ab. Es folgt die Profilschiene. Nur Teile mit untenliegender Nut in Förderrichtung können diese passieren. Falschlagen fallen in den Bunker zurück. Zum Schluß werden die Teile im Magazin gesammelt. Eine Deckschiene sichert, daß die Drehorientierung erhalten bleibt. Das Verfahren arbeitet nach der Methode "Ordnen durch Auslesen". Die Leistung ist geringer als bei einem Verfahren "Ordnen durch Gleichrichten". Bei einem solchen Arbeitsprinzip würde man sämtliche Teile solange drehen und wenden, bis sie in die Soll-Orientierung gekommen sind.

Testfragen

1 Wodurch unterscheiden sich Mikrowurfprinzip und Gleitförderung?

2 Welche Parameter beeinflussen das Schwingverhalten eines Vibrationswendelbunkers?

3 In welchen Ausführungen (Bauformen) werden Vibratoren hergestellt und wofür setzt man diese vorzugsweise ein?

4 Welche technischen Mittel und Verfahren ermöglichen das Ordnen von Werkstücken im Vibrationswendelbunker?

5 Welche Aufgabe erfüllen die Ordnungshilfen "Abstreifer" und "Abweiser"?

6 Wie lassen sich Pulver, Späne und Granulate mit dem Vibrator senkrecht fördern

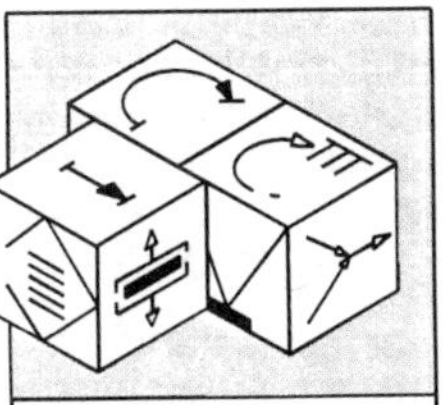

15

Alles im Griff

Prüfe: Von wievielen wirst du geschätzt?
Von welchen Personen wirst du geliebt und
mit welcher Treue? So kannst du dir eine
Vorstellung von deinem eigenen Werte machen.
Heinrich Zschokke

Innerhalb der Robotertechnik gehören die Greifer wohl zu den Accessoires, für die man bisher die vielfältigsten Konstruktionsvarianten hervorgebracht hat. Das liegt daran, daß aller Bewegungsreichtum von zu beschickenden oder von montierenden Handhabungsmaschinen nur Mittel zum Zweck des Greifens ist. Die eigentliche Wirkung bringt der Greifer hervor, weshalb er auch als Wirk- oder Arbeitsorgan bezeichnet wird. Die Vielzahl unterschiedlicher Aufgaben, verschiedenartiger Werkstücke und der Wunsch nach zweckangepaßten zuverlässigen Systemen werden auch in Zukunft dafür sorgen, daß neue bzw. mehr oder weniger modifizierte Greiferlösungen entstehen. Auch mengenmäßig wird es wohl keinen Einschnitt geben, wenn man bedenkt, daß in der Automobilmontage ein Automatisierungsgrad von 50% erreichbar scheint (von bisher etwa 15%) und in der Elektrotechnik/Feinwerktechnik die Prognosen bis zu 80% reichen. Als neuer Markt kommt künftig der Servicebereich mit neuartigen Anforderungen hinzu. Nicht wenige Experten sehen gerade in der Leistungsfähigkeit des Greifers auch einen wesentlichen Faktor für die wirtschaftliche Effektivität der automatisierten Montage überhaupt. Die Erfahrungen zeigen, daß es in Zukunft nur über die flexible Gestaltung der Montageanlagen möglich sein wird, den Anforderungen der Praxis gerecht zu werden.

Greiferarten

Greifer lassen sich nach vielen Gesichtspunkten gliedern. Meistens geschieht das nach dem physikalischen Wirkprinzip in mechanische, fluidische, magnetische und adhäsive Kraftwirkungen. Die mechanischen erzeugen punktuelle Kräfte, die anderen Kraftfelder [32].

Aus dieser Einteilung ergeben sich zwar bestimmte Forderungen an das Handhabegut, z.B. eignen sich grobporige Werkstücke schlecht für das Halten mit Saugluft, jedoch wird wenig über den Funktionsinhalt eines Greifers ausgesagt. Genaugenommen bleibt die Frage nach besonderen Fähigkeiten und der Greiferflexibilität unbeantwortet. Für den Anwender ist aber wichtig, zu welchen Funktionen über das Halten hinaus ein Greifer nutzbar oder aufrüstbar ist und wie diese Zusatzfunktionen technisch umgesetzt werden. In Bild 15.1 wird deshalb eine Gliederung nach der Greiferflexibilität vorgestellt. Flexibilität wird natürlich nicht nur schlechthin gebraucht, sondern bezieht sich immer auf bestimmte Merkmale. In erster Näherung gilt folgender Zusammenhang:

- Werkstückform <=> Backenform
- Werkstückgröße <=> Greifbereich
- Werkstückmasse <=> Greifkraft.

Am häufigsten ist über die Möglichkeiten einer Formanpassung zu befinden. Hier muß zwischen Objekten unterschieden werden, deren Äußeres (Feinform) im voraus unbekannt ist und solchen, deren Formen zwar wechseln, aber exakt vorliegen. Im ersten Fall sind reversible Abformbacken, Universal-Fingergreifer und Seilzugfinger in verschiedenen Bauformen tauglich. Bei bekannten Formen werden Greiferfinger mit mehreren Wirkstellen (bis zu 9 bekannt), Wechselbacken oder Wechselgreifer eingesetzt. Man bringt sie sowohl über ein automatisches Wechselsystem als auch über Revolverköpfe zum Einsatz.

Eine andere Gliederung wäre die in Kompakt- und Baukastengreifer. Die Kompaktgreifer lassen sich in Standard- und Sondergreifer teilen. Bei den Standardgreifern sind in der Regel nur die Greiferbacken veränderbar. Das Verhältnis von Baugröße und Masse zur Funktionserfüllung ist bei den Kompaktgreifern immer besser als bei Baukastensystemen, weil Schnittstellen und Verbindungselemente wegfallen. Dafür lassen sich die Baukastengreifer schnell aufgabenspezifisch herrichten und haben einen hohen Restwert, wenn der Einsatzfall wieder aufgegeben wird.

Greifer können auch selbständig eingewechselt werden. Automatische Wechselsysteme sind meistens recht anspruchsvolle Baugruppen, weil neben einer exakten mechanischen Kopplung noch der Durchgang von Signalen, Energie und gelegentlich auch Stoff (z.B. Kühlwasser) sichergestellt werden muß. Trotz ihres Aufwandes sind sie vor allem dort unentbehrlich geworden, wo Greifer und Fügewerkzeuge laufend im Wechsel zum Einsatz kommen.

Scherengreifer werden vom Nutzer zu etwa 60 % bevorzugt eingesetzt, vor den Parallelbackengreifern mit 20 %. Die Hälfte aller Greifer wird pneumatisch angetrieben. Der Aussengriff kommt zu etwa 45 % vor und 70 % der Greifer haben 2 Finger.

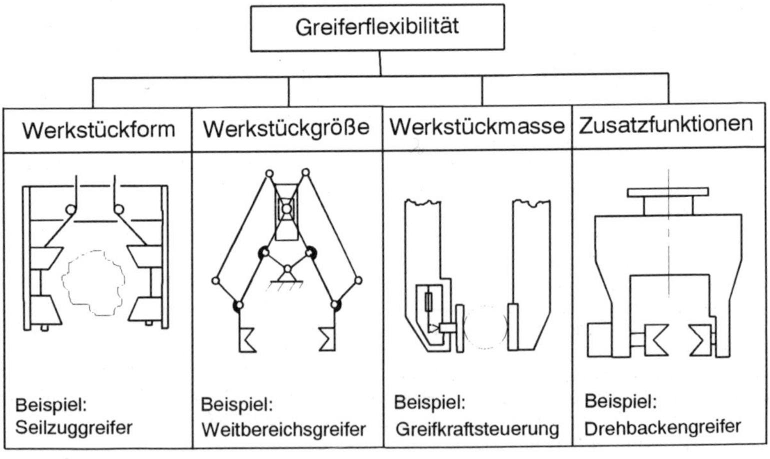

Bild 15.1: Gliederung der Greifer nach dem Flexibilitätsanspruch, den sie erfüllen.

Standardlösung Backengreifer

Mechanische Backengreifer werden wohl am häufigsten eingesetzt. Sie sind in vielen Varianten erhältlich. Zu unterscheiden sind solche, deren Backen parallel schließen (Parallelbackengreifer) und die bogenförmig Schließenden (Winkelgreifer). Einige Greifergetriebe zeigt das Bild 15.2. Für den Außengriff ist der im Bild 15.2a vorgestellte Greifer gedacht. Die Backen öffnen mit Federkraft. Beim Greifer nach Bild 15.2b ist jeder Finger mit einer Keilnutkurve ausgestattet. Der Greifer ist doppeltwirkend, d.h. er entwickelt gleich große Greifkräfte beim Innen- und Außengriff. Als Antrieb kann z.B. ein kleiner Pneumatik-Zylinder angeschlossen sein [33].

Neben einer präzisen Ausführung der Mechanik ist für einige Aufgaben wichtig, daß man den TCP (tool centre point, Arbeitspunkt, Greifpunkt) nachträglich justieren kann, um in Verkopplung mit einer Dreheinheit das Werkstückzentrum mit der Drehachse in Übereinstimmung bringen zu können.

Die Winkelgreifer haben den Vorteil, daß sie die Backen sehr weit öffnen können (Bild 15.2c). Bei unterschiedlichen Werkstückdurchmessern verschiebt sich allerdings der Greifmittelpunkt. Die Greiferfinger können auch für den Innengriff hergerichtet werden.

Bei anspruchsvollen Greifaufgaben, insbesondere bei schnellen Bewegungen der Handhabungsmaschine in mehreren Achsrichtungen, ist zu überprüfen, ob das Halten ausreichend sicher gewährleistet ist. Was dabei eine Rolle spielt, ist in Bild 15.3 dargestellt. Dafür sind auch Rechenprogramme bekannt, bis hin zur Simulation einer Bewegungssequenz

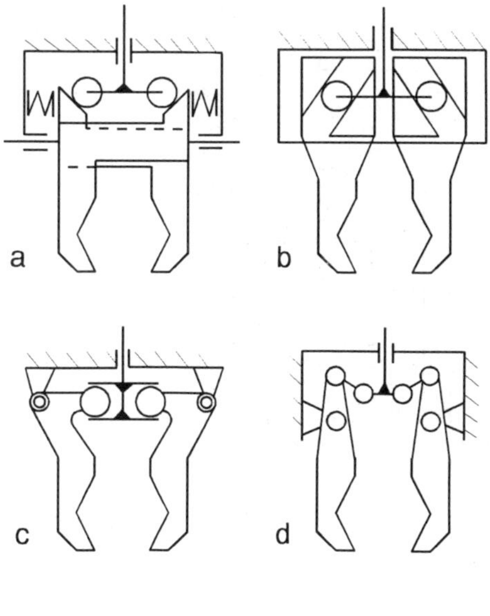

Bild 15.2: Mechanische Greifersysteme; a) Keilschieber für Außenspannung, b) Keilschieber für Außen- und Innenspannung, c) Schwenkprinzip mit Winkelhebel, d) eine Kraftverstärkung über Kniehebel

mit Darstellung der jeweils wirksamen Kräfte.

Systemgedanken nutzen

Da sich die Automatisierungsaufgaben oft sehr unterscheiden, ist es wichtig, daß man einen Grundgreifer kinematisch aufrüsten kann. Systemanbieter halten dafür einiges bereit. Je perfekter die Koppelstellen zu den anschließbaren Bewegungseinheiten durchdacht sind, desto mehr Varianten sind möglich und desto größer ist die Wahrscheinlichkeit, daß der Anwender mit den Bausteinen in einem System bleiben kann.

Im Bild 15.4 werden einige ausgewählte Möglichkeiten vorgestellt. Neben Dreh- und Schiebeeinheiten sind auch passive Bauelemente notwendig, wie Konsolwinkel, Schienen und Spannwinkel. Beim Befestigungssystem ist von Interesse, daß es stufenloses Einstellen gestattet und nicht

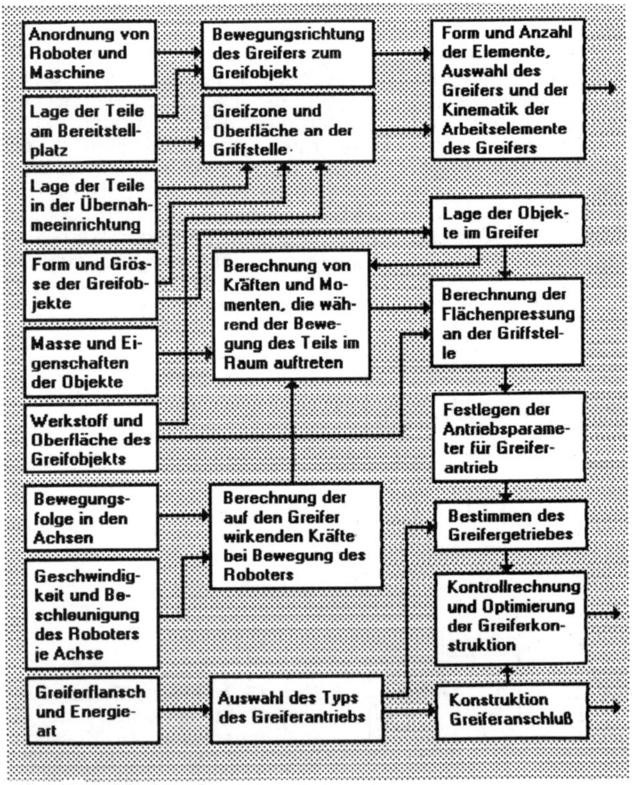

Bild 15.3: Sich gegenseitig beeinflussende Faktoren und Ausgangsgrößen beim Projektieren eines Greifers

an feste Rastermaße gebunden ist. Das senkt den Arbeitsaufwand beim Montieren und Einrichten einer Anlage beträchtlich. Wenn die Kombinationsfähigkeit gegeben ist, läßt sich über Dreh-, Linear- und Portaleinheiten sogar ein kompletter Handhabungsmodul erstellen. Das bedeutet für den Nutzer nicht nur schnelle Beschaffbarkeit, sondern, was noch wichtiger ist, erprobte zuverlässige Bestandteile und damit hohe technische Verfügbarkeit. Eine Anlage, die mehr steht als geht, ist der Alptraum eines jeden Automatisierers.

Greifer im Vergleich

Es ist schwierig, Greifer mit ähnlichem Aufbau und gleichem Wirkprinzip von verschiedenen Herstellern in einem Kennwert miteinander zu vergleichen. Man kann einzelne Parameter heranziehen, wie Greifhub, Spannart, Greifkraft, Greifermasse, Schließ- und Öffnungszeit, Greifkraftsicherung und sensorische Ausstattung. Sie sind in verschiedenen Anwendungen durchaus unterschiedlich wichtig. Von allgemeinem Interesse ist hingegen, daß niemand unnütze Masse im Kurzzeitzyklus bewegen will [34].

Zur Beurteilung und für Vergleiche könnte man deshalb auch an folgende Faktoren denken:

Leistungsfaktor $KL = F_S/m_{GG}$ in N/g

Wirkungsfaktor $KW = m_W/m_G$ in g/g

Massefaktor $KM = m_G/m_W$ in g/g

Es bedeuten:

F_S Spannkraft des Greifers in N
m_G Greifermasse einschließlich Backenpaar in Gramm
m_{GG} Masse des Grundgreifers ohne Backen in Gramm
m_W Werkstückmasse in Gramm.

Beim Leistungsfaktor KL wird vom Grundgreifer ausgegangen, da es hier mehr um die Wirksamkeit des Haltesystems geht. Für KW und KM müßte man außerdem noch Normbedingungen für den Bewegungszyklus und die Beschaffenheit der Greif-

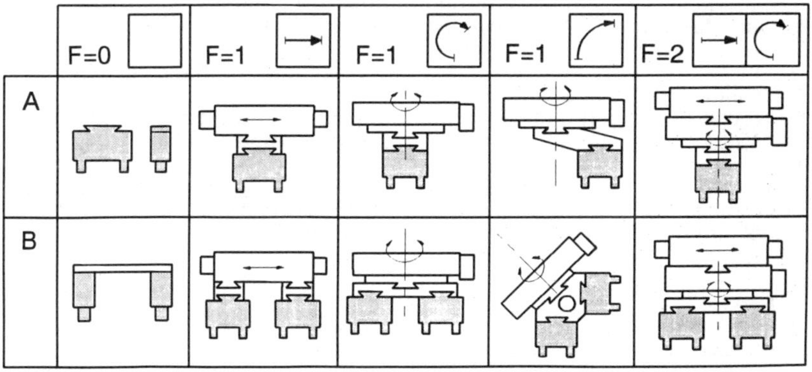

Bild 15.4: Einfach oder doppelt: Kinematische Ergänzung von Grundgreifern mit Linear- und Grundeinheiten; A Einfachgreifer, B Doppelgreifer, F Freiheitsgrad (Greiferbackenbewegungen werden nicht als Freiheitsgrad gezählt)

und Griffflächen formulieren, bei denen die Werkstücke gerade noch gehalten werden. Ein guter Wert für einen Parallelgreifer nach dem Prinzip in Bild 15.2a liegt beispielsweise bei KL = 0,25 N/g.

Ganz sicher wird man in Zukunft auch bei Greifern zu allgemein anerkannten Kenngrößen kommen, die ihren Gebrauchswert objektiv quantifizieren.

Kriterien zur Auswahl von Greifern

1 Hoher Leistungsfaktor (Verhältnis von Greifkraft zu Grundgreifermasse)

2 Praktikable mechanische, fluidische und elektrische Schnittstellen für Armanschluß und Greiferbacken

3 Dem Größenspektrum der Greifobjekte angepaßter oder anpaßbarer Greifhub mit akzeptablen Schließ- und Öffnungszeiten.

4 Greifkraftsicherung bei Energieausfall, wenn Teile von mittlerer und großer Masse gehandhabt werden sollen.

5 Geringe Reibungsverluste in Getriebe und Führungen und damit hoher Wirkungsgrad.

6 Möglichkeiten zur kinematischen Ergänzung um Greiferdreh- und Schiebeachsen (Kurzhub).

7 Feinfühlige Einstellmöglichkeiten für Backenbewegungen und Kräfte

8 Möglichst berührungslose Abfrage der Endstellungen von Greiferbakken

9 Integrierte Führung von Versorgungsleitungen für Energie und Information

10 Volle Unempfindlichkeit gegenüber Schwingungen und Stößen oder Dämpfung in den Endstellungen

11 Großes Zeitintervall, in dem Wartungs- und Fehlerfreiheit besteht

12 Hohe Grenznutzungsdauer (hohe Lebensdauer) und großer Garantiezeitraum

Testfragen

1 Durch welche konstruktiven Besonderheiten läßt sich eine gewisse Greiferflexibilität erreichen?

2 Nennen Sie einige wichtige Aspekte, unter denen man einen Greifer auswählt!

3 Was verstehen Sie unter TCP?

4 Was unterscheidet Baukastengreifer von Kompaktgreifern?

5 Welche Vorteile erreicht man, wenn die Greifkraft automatisch geregelt wird?

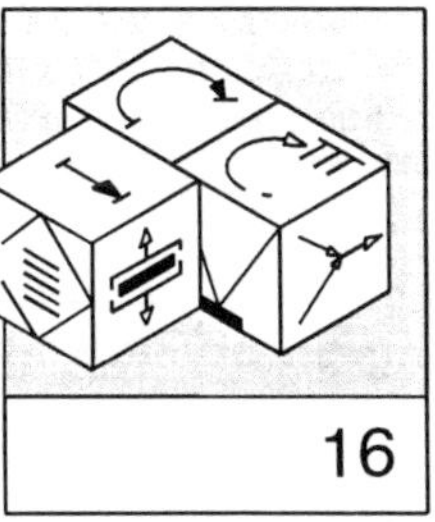

Exotische Greifer

Wer etwas allen vorgedacht,
wird jahrelang erst ausgelacht.
Begreift man die Entdeckung endlich,
so nennt sie jeder selbstverständlich.
Wilhelm Jensen

Greifer stellen den für jedwedes Handhaben unerläßlichen Kontakt zwischen Handhabungseinrichtung und Greifobjekt her. Aber sie tauchen in keiner Statistik auf. Es gibt wenigsten drei- bis fünfmal soviele "Hände" wie Roboter. Das ist beachtlich und hat viele Produzenten auf den Plan gerufen. Die Vielfalt an Lösungen nimmt ständig zu. Eine grosse Menge an Greifaufgaben entspricht allerdings einer Standardsituation und kann mit serienmäßig hergestellten Greifern gut abgedeckt werden. Die Geschichte der Technik zeigt jedoch, daß auf vielen Gebieten nach der allgemeinen Grundlösung (Beispiel: Personenkraftwagen), eine Unzahl angepaßter Sonderlösungen (Beispiel: Spezialfahrzeuge) entstehen, die durchaus ihre Berechtigung haben. Ihr besonderer Zuschnitt verleiht ihnen bei Spezialanwendungen mehr Leistungsfähigkeit bei durchaus nicht immer höheren Kosten. Wird es nun bei Greifern zu einer ähnlichen Entwicklung kommen?

Lückenbüßer mit Kniff

Studiert man die Patentliteratur, gewinnt man den Eindruck, an Greifern sei noch so ziemlich alles zu erfinden. Das stimmt natürlich nicht, trotzdem ist nicht zu übersehen, daß es viele Bemühungen gibt,

- bekannte Grundlösungen zu verfeinern oder zu vereinfachen,
- für neue Anwendungen paßgerechte Greifer zuzuschneiden,
- das Feld der flexiblen Anwendbarkeit zu erweitern und schließlich
- physikalische Effekte neuartig in Greifsystemen zu implementieren. Dazu zählen auch Kombinationen mehrerer Effekte.

Als "exotische Greifer" sind hier solche gemeint, die auf Sonderanwendungen zugeschnitten sind, also Sondergreifer. Vielfalt und Bedarf werden steigen, ohne daß deshalb das Interesse an Standardgreifern zurückgehen wird. Es ist ein Ergebnis fortschreitender Automatisierung, die nun auch bisher wenig bedachte Gebiete erreicht. Man wird allerdings nur dann den Sondergreifer ins Auge fassen, wenn er seine Aufgabe überzeugend besser erfüllt als ein anderer Greifer. Er muß eine Antwort auf bisherige Kritikpunkte darstellen.

Ein Beispiel für die Kombination von mehreren physikalischen Wirkungen zeigt das Bild 16.1. Das Greifen dünner Bleche mit Magneten ist bekanntlich schwierig, weil die Feldlinien durchtreten und dabei ein zweites Blech festhalten. Deshalb wird der Permanentmagnet nur beim Aufnehmen der leicht verwölbten Bleche wirksam (Bild 16.1a). Danach verlagert sich beim Anheben des Greifers das Magnetfeld und die Saugluft wird

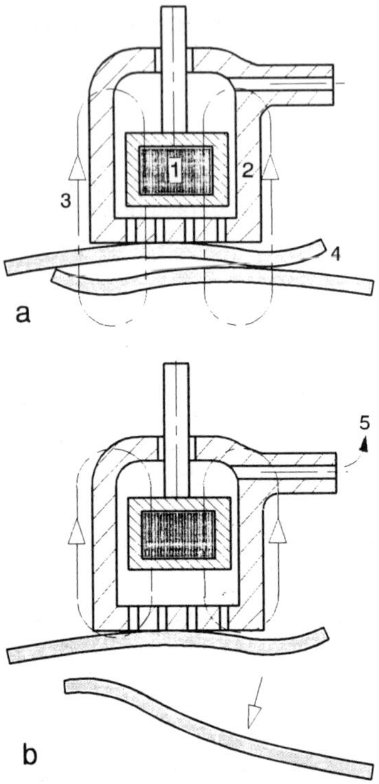

Bild 16.1: Dauermagnetgreifer mit Vakuumhaltung
a) Situation im Moment des Greifens,
b) Abfallen eines Doppelbleches, 1 Permanentmagnet, 2 Greifergehäuse, 3 Feldlinien, 4 Werkstück, 5 Vakuum

voll wirksam. Ein zweites anhaftendes Blech wird hierbei abgeworfen (Bild 16.1b). Interessanterweise gibt es die Kombination von Vakuum und Magnetkraft auch in der Umkehrung, d.h. zuerst wirkt nur die Saugluft und garantiert die Aufnahme nur eines Bleches und dann wird ein Elektromagnet zugeschaltet. Das erlaubt dann in der Phase des Zuführens schnellere Hub- und Drehbewegungen. In diesem Fall sind saubere ebene Bleche erforderlich. Ein solcher Greifer ist noch einfacher und enthält außerdem keinerlei bewegte Teile.

Vereinfachung durch Federglieder

Nachgebende Federelemente können mehrere mechanische Bauteile einsparen. Das ist uns nicht erst seit der Erfindung des Folienscharniers aus Kunststoff geläufig. Auch in der Greifertechnik läßt sich da einiges machen, selbst wenn man einige Nachlässe bezüglich der exakten Position der Teile im Greifer und der Greifkraft gewähren muß. Es gibt den Supergreifer ohnehin nicht, der allen erdenklichen Anforderungen gerecht wird. Ausschlaggebend ist immer die Erfüllung einer spezifischen Aufgabe.

Das Bild 16.2 zeigt einen Greifer mit bogenförmig schließenden Backen und Elektromagnetantrieb für das Öffnen der Greiferbacken. Die Bewegung des Ankers wird über Zahnstange und Ritzel auf die blattfedernen Greiferfinger übertragen. Damit wird der relativ kleine Hub des Ankers in eine brauchbare Greifbewegung umgesetzt. Die Greifkraft wird durch eine Schraubenfeder aufgebracht, wobei die Federfinger außerdem nach der jeweiligen Seite ausknicken. Der Drehpunkt der Federfinger läßt sich über ein Zahnrad und ein Spindel-Mutter-Getriebe einstellen.

Bei der Lösung nach Bild 16.3 wird nun das aerodynamische Paradoxon ausgenutzt, um Greiferbacken anzutreiben. Diese sind an einer Formblattfeder angebracht. Durch die Zufuhr von Druckluft über eine Mitteldüse entsteht zwischen den Feder-

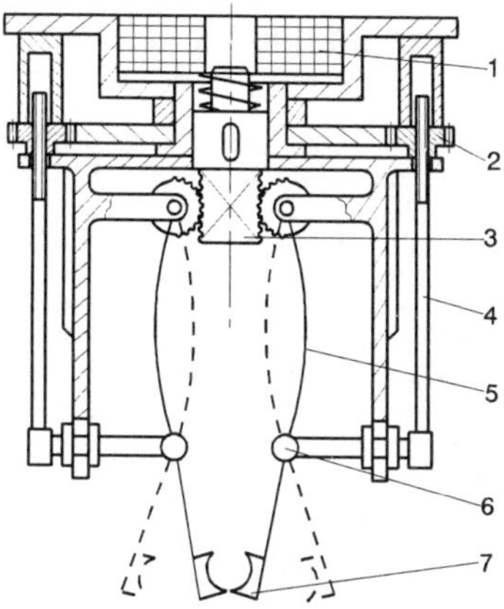

Bild 16.2: Backengreifer mit Federbandfinger
1 Elektromagnet, 2 Zahnrad mit Mutterngewinde, 3 Zahnstange, 4 Einstellspindel, 5 Federbandfinger, 6 Drehgelenk, 7 Greiferbacken

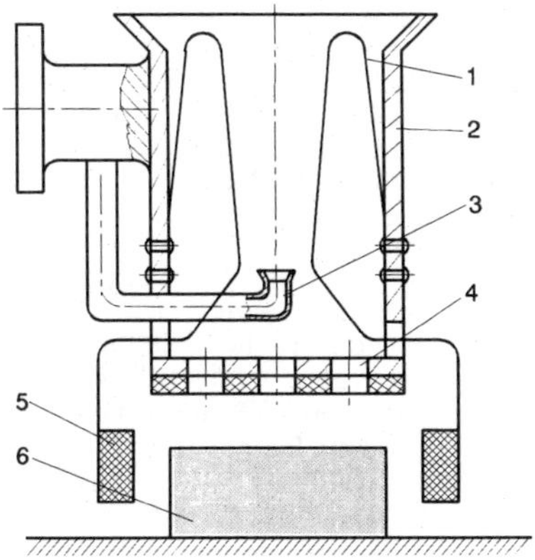

Bild 16.3: Backengreifer mit aerodynamischem Antrieb
1 Formfeder (bandförmig), 2 Gehäuse, 3 Druckluftdüse, 4 Lochplatte, 5 Greiferbacken, 6 Werkstück

flächen ein Unterdruck, der diese zusammenzieht. Dieser Effekt wird in eine Greifbewegung umgesetzt. Die Greifkraft ist mit etwa 5 bis 10 N zwar relativ klein, dafür ist der Greifer aber leicht und weist keinerlei aufeinander reibende Teile auf. Das ist ein Vorteil, wenn Reinraumtauglichkeit verlangt wird. Der Greifer eignet sich für sanftes Greifen leichtverformbarer und brüchiger Greifobjekte.

In einer ganz anderen Art werden federnde Elemente bei der Lösung nach Bild 16.4 eingesetzt. Das aktive Element ist hier eine Bandfeder mit mäanderförmiger Gestalt. Wird die Bandfeder gestreckt, gibt der Greifer das Werkstück frei, wird die Feder zusammengezogen, dann verengt sich der Querschnitt im Innern und hält das Werkstück. Es werden Greifkräfte bis zu 50 N entwickelt. Das elastische Glied ersetzt auch hier mehrere konstruktive Elemente. Man kann sich auch Modifikationen des Greifers auf der Basis des geschilderten Greiforgans vorstellen.

Das in Bild 16.5 dargestellte Wirkprinzip eines Greifers beruht auf einem elastischen Band mit unterschiedlicher Steifigkeit. An der Stelle der größten Biegung sind bei diesem sehr einfachen Greifer Versteifungen, z.B. eine pneumatische elastische Kammer, angebracht. Bei einer Masse von 0,5 kg werden maximal 150 N Greifkraft erreicht. Das ist beachtlich. Beim Greifen entsteht ausserdem eine kleine "Aushubbewegung" in axialer Richtung, weil das Greifobjekt gewissermaßen in den Greifer hineingezogen wird. Dadurch kann man übrigens gelegentlich eine Hubachse an der Handhabungseinrichtung einsparen.

Die in den Bildern 16.2 bis 16.5 gezeigten Lösungen wurden aus der russischen Patentliteratur entnommen [35].

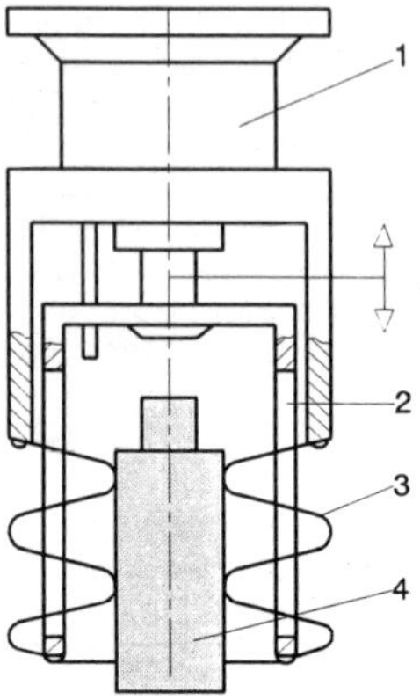

Bild 16.4: Bandfedergreifer
1 Gehäuse mit Pneumatikzylinder, 2 Spannhülse, 3 Bandfeder, 4 Werkstück

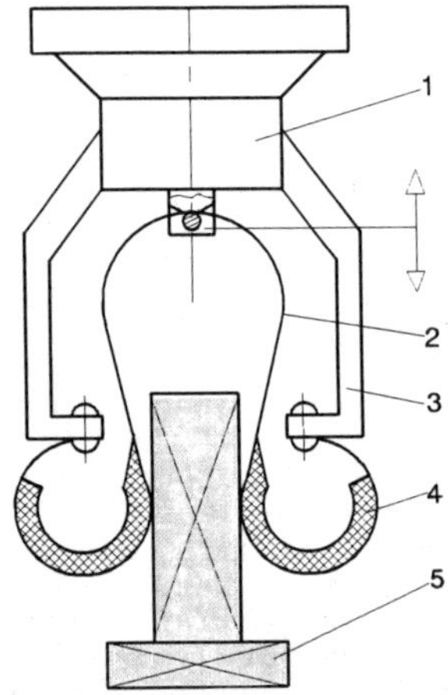

Bild 16.5: Federgreifer
1 Gehäuse mit Hubzylinder, 2 Bandfeder, 3 Haltearm, 4 Federaussteifung, 5 Werkstück

Formanpassung ist schwierig

Es wurden schon viele Greiforgane erdacht, die sich einer Werkstückform anpassen können. Dafür gibt es bei flexibler Montage Bedarf, insbesondere in Montagezellen. Natürliche Vorbilder für Greifmechanismen sind allgemein bekannt. Sie reichen vom Elefantenrüssel mit seinen 40000 Ring- und Längsmuskeln bis zur Menschenhand. Der Mensch ist damit in der Lage, sehr viele Griffe und Tätigkeiten auszuführen.

Das Interesse besteht vor allem an reversiblen Elementen, die sich immer wieder selbsttätig auf neue Formen einstellen können. Dazu sollen einige Beispiele vorgestellt werden.

Für den Formgriff sind Greifer mit Gliederfingern günstig, die das Werkstück umschließen. Dazu wird in Bild 16.6 eine Lösung gezeigt. Es lassen sich räumlich orientierte Teile aufnehmen, z.B. auf einer Fläche ungeordnet vorliegende Werkstücke. Der Greifer besteht aus einem ansetzbaren unbeweglichen Anlagefinger und einem Gliederfinger, der von einem Hydraulikzylinder angetrieben wird. Am Grundkörper ist ein zweiseitiger Hebel in L-Form befestigt. Er treibt das zweite Fingerglied an, wenn die Kolbenstange des Arbeitszylinders ausfährt. Dabei bewegt sich der L-Hebel um die erste Gelenkachse. Die Fingerglieder sind an ihren Enden verzahnt und übertragen die Bewegungen von Glied zu Glied. Das führt zur Krümmung des Fingers in Richtung des festen Anlagefingers.

Einen Greifer mit formanpassungsfähigen Greiferbacken zeigt das Bild 16.7. Jeder Greiferbacken kann sich im Gehäuse verschieben, wie der Kolben in einem Arbeitszylinder. Der Backen ist ein hermetisch geschlos-

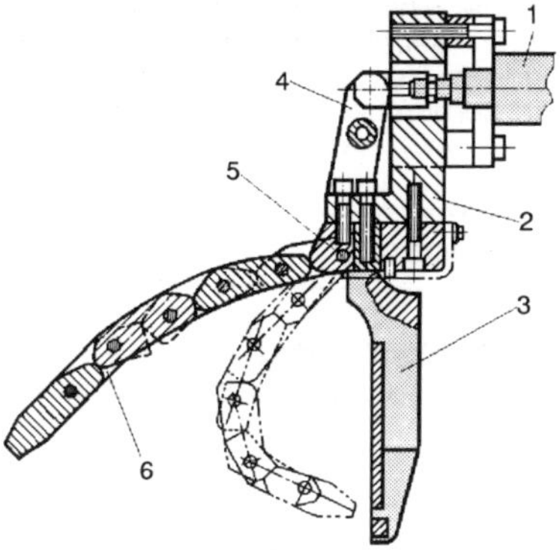

Bild 16.6: Gelenkfingergreifer (Patent B 25 J 15/02, 2354861, Frankreich)
1 Hydraulikzylinder, 2 Grundkörper, 3 Anlagefinger, feststehend, 4 Winkelhebel, 5 Gelenkachse, 6 Fingergliedü

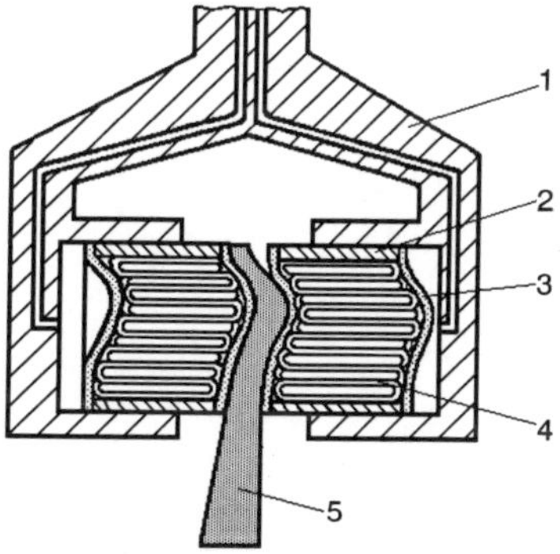

Bild 16.7: Greifer mit vielgliedrigen Backen (Patent B 25 J 15/00 626947, Rußland)
1 Grundkörper mit Backenführung, 2 Greiferbacken, 3 elastische Deckplatte, 4 gewundene Feder, 5 Werkstück

sener Block, der eine gewundene Feder enthält. Elastische Deckflächen, z.B. aufvulkanisierter Gummi, gewährleisten die innere Verschiebbarkeit der Feder. Wird der Druck eingeschaltet, führen die Greiferbacken eine Schließbewegung aus, wobei sich die Greifflächen nach der Form einstellen. Hierbei verschieben sich die Federwindungen im Innern lamellenartig. Durch eine große Auflagefläche entsteht nur geringe Flächenpressung zum Werkstück.

Eine Formanpassung ist auch möglich, wenn man die Greiferbacken an den Berührungsstellen mit Siliconmasse (weich) ausfüllt oder Knetmasse (Flüssigaluminium) anbringt und die Werkstückgestalt von einem realen Werkstück abformt. Nach dem Aushärten ist der Greiferbacken gebrauchsfertig. Die Form ist irreversibel. Für wiederholtes Abformen sind dagegen Greiferbacken tauglich, die aus einstellbaren Blechlamellen bestehen oder aus einem mit Pulver gefüllten Hohlkörper (Beutel). Bei der zuletzt genannten Lösung wird ein reales Werkstück abgeformt, dann wird die Pulvermasse durch Anlegen eines Vakuums steif gemacht, wie man es z.B. auch bei vakuumverpackten Kaffee beobachten kann. Die Wirkfläche ist reversibel, d.h. wieder auflösbar.

Was sollte beachtet werden ?

Es ist natürlich immer zuerst zu versuchen, mit einem angepaßten Seriengreifer auszukommen, weil dieser am besten erprobt und ausgereift ist. Die Anschlußbedingungen sollten sich von üblichen Greifern nicht unterscheiden und die Gebrauchsfähigkeit darf nicht durch Sperrigkeit oder andere Details eingeschränkt sein. Auch bezüglich der einzusetzenden Handhabungseinrichtung sollte es

2 Was versteht man unter dem aerodynamischen Paradoxon?

3 Welche Vor- und Nachteile haben federnde Greiforgane?

4 Für welche Greifaufgaben sind Gelenkfinger-Greifer besonders geeignet?

5 Was versteht man unter einem Abformgreifer mit reversibler Wirkfläche?

keinerlei einschneidenden Beschränkungen geben. Schließlich soll der Sondergreifer in wenigstens einer Anforderung deutlich besser sein.

Testfragen

1 Mit welchen technischen Lösungen lassen sich dünne Eisenbleche greifen?

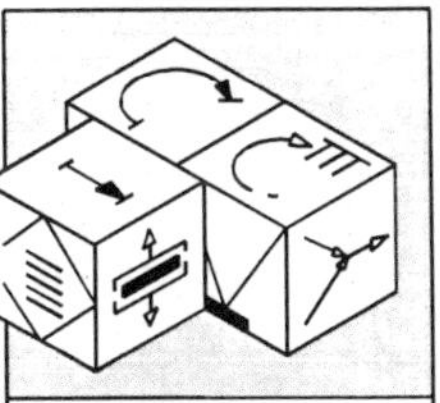

17

Fügehilfen: Kunstgriffe in der Montage

Ein neues biologisches oder technisches
Konstruktionsprinzip ruft anfangs eher
Mitleid als Enthusiasmus hervor.
Stanislaw Lem

In der Medizin existiert der Begriff des Kunstfehlers. Damit wird ein den anerkannten Regeln der medizinischen Wissenschaft widersprechendes Handeln bezeichnet. In der Montage läge ein vergleichbarer Fall vor, wollte man automatisches Montieren ohne einen Toleranzausgleich versuchen. Dieser ist dann erforderlich, wenn die Toleranzkette aus der Summe der Positionsabweichungen der Fügepartner, den Werkstücktoleranzen und den Positionierfehlern des Montagesystems das minimal zur Verfügung stehende Fügespiel der Werkstückpaarung überschreitet und keine Montagefasen vorgesehen wurden. Problemloses Fügen kann unterstützt werden, wenn die Fügepartner montagegerecht gestaltet wurden. Dazu gehören vor allem Einführschrägen, Ausrichtkanten und Suchlöcher. Trotzdem verbleiben Abweichungen, die auszugleichen sind.

Für die Einrichtungen, die hier für Abhilfe sorgen, gibt es viele synonyme Bezeichnungen: Ausgleichsmechanismus, komplientes System, Fügemechanismus, RCC-Glied, Toleranzausgleichssystem...

Da nicht alles gleich ein System sein muß und ein Mechanismus andere physikalische Wirkprinzipe als die mechanischen ausschließt, scheint der Begriff Fügehilfe angebracht. Also: Wie arbeiten Fügehilfen?

Erst berühren - dann führen

Unmittelbar vor einem Fügevorgang sind die Positions- und Winkelabweichungen zwischen Montage- und Basisteil zu kompensieren, damit eine Verbindung zustande kommt. Da beim automatischen Zusammenbau weitgehend geradlinige Fügebewegungen geplant werden, gilt das denn meist auch für den gesamten weiteren Fügeablauf. Die kritische Phase ist wie im Leben das Sichfinden der Partner. Bei nichtrotationssymmetrischen Körpern muß noch ein Ausgleich des Kreuzungswinkels erfolgen. Fügehilfen können

- mechanisch,
- fluidisch und
- magnetisch

aktiviert werden. Im technischen Aufwand und in den Herstellungskosten gibt es außerdem einen großen Unterschied zwischen den ungesteuerten und den gesteuerten Fügehilfen. Letztere werten mit Hilfe von Sensoren die Situation aus, besitzen eine Steuerung und eigene Antriebe für genau definierte Feinbewegungen. Die gesteuerten Fügehilfen gleichen größere Toleranzen aus und beanspruchen dafür auch mehr Zeit.

Einige mechanisch wirkende Hilfen [36, 37] zeigt das Bild 17.1. Bei allen

Lösungen ist typisch, daß beim Berühren Querkräfte entstehen, die Verschiebungen bewirken. Bei der Lösung mit Hubkegel setzt das Bauelement zunächst auf dem Basisteil auf, dann bekommt der Kegel etwas Spiel und legt sich schließlich einseitig an die Wandung an, bis der Achsversatz kompensiert ist.

Die vom Charles Stark Draper Laboratory (USA) stammende Idee eines RCC-Mechanismus (remote centre compliance) ergibt eine Vorrichtung, die seitlichen und winkelbezogenen Versatz aufhebt. Das Gelenkgetriebe nach Bild 17.2 läßt Drehungen um den entfernt liegenden Drehpunkt D zu, der seitliche Versatz S wird durch ein weiteres Gelenkgetriebe ausgeglichen. Eine Voraussetzung für das Funktionieren sind Fügehilfsflächen an den Kontakstellen des Werkstücks.

In letzter Zeit ist man bemüht, verstärkt mit Suchbewegungen zu arbeiten. Das Bauelement bewegt sich in der Anfädelphase auf stochastischen oder vorgedachten Bahnen, bis irgendwann per Zufall ein Bahnpunkt mit der fehlerbehafteten Montageposition übereinstimmt - dann fügt's. Läßt sich die Suchbahn gar pro-

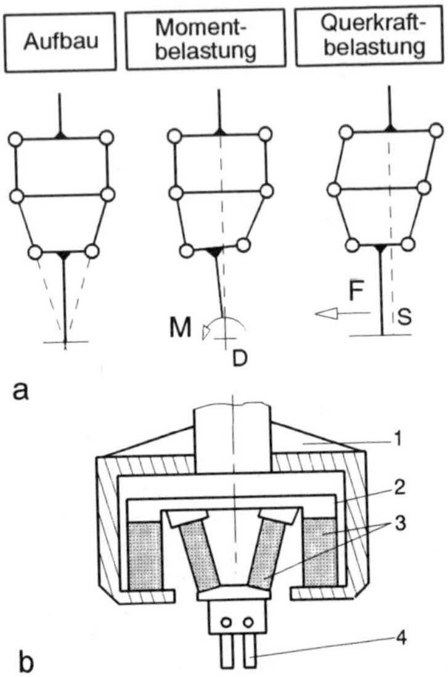

Bild 17.2: Aufbau eines RCC-Gliedes für den Toleranzausgleich
a) Wirkprinzip, b) Ausführungsbeispiel, 1 Grundkörper, 2 Flanschplatte, 3 Elastomer- bzw. Gummielemente, 4 Backengreifer, D virtueller Drehpunkt, F Querschiebekraft, M Drehmoment, S Verschiebeweg

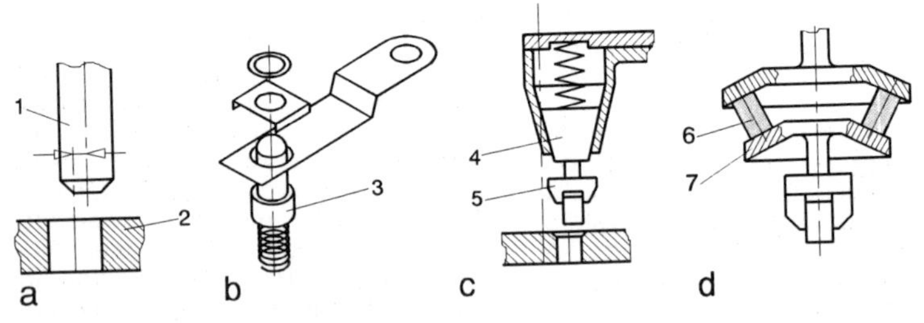

Bild 17.1: Einige mechanische Fügehilfen; a) Montagefase als konstruktive Hilfe, b) Ausrichten der Fügepartner an einem Hilfselement, c) Querbeweglichkeit durch Hubkegel, d) Querbeweglichkeit und Winkelausgleich mit Gummielementen, 1 Fügeteil, 2 Montagebasisteil, 3 gefederter Zentrierstift, 4 Kegel, 5 Greifer, 6 Gummielement, 7 Greiferanschlußplatte

grammieren, dann kann im Falle der Erfolgslosigkeit während des Fügens sogar die Fügestrategie verändert werden, d.h. es werden automatisch andere Suchalgorithmen aufgerufen, die mehr Erfolg versprechen.

Die Funktionsfähigkeit suchender Fügehilfen hängt stark von der Masse des zu bewegenden Bauelements ab. Bei leichten Teilen im Gramm-Bereich kommt man mit undefinierten stochastischen Schwingungsmustern völlig aus. Hauptsache es "wackelt".

Mit Kraftfeldern fügen

Der punktuelle Kraftangriff, der bei den mechanischen Fügehilfen funktionsbedingt ist, kann vermieden werden, wenn während der Phase des Sich-findens Kraftfelder auf das Bauelement wirken. Das können Saugluft, Druckluft, Ölstrahlen und Magnetfelder sein. In Bild 17.3a wird gezeigt, wie ein Magnetfeld das Bauelement zum Basisteil ausrichtet. Die Feldlinien konzentrieren sich dabei auf die angespitzte Polfläche des Magneten. Das Fügen wird durch Schwingungen des Basisteils unterstützt.

Bei der Lösung nach Bild 17.3b wird das Bauelement durch tangentiales Einblasen von Druckluft in ein Wirbelrohr in taumelnde Drehbewegungen versetzt. Nach dem Ansetzen der Schraube kommt es zum Andrehen der ersten Gewindegänge. Ein Festdrehen ist natürlich nicht möglich.

Auch aerodynamische Wirkungen von strömender Luft in Kanälen können ein Bauelement zur Fügeposition lenken (Bild 17.3c).

In Zukunft wird es auch wissensbasierte Systeme geben, mit denen eine Fügehilfe für beliebige Anwendungen entworfen und ihr dynamisches Verhalten am Bildschirm simuliert werden kann. Aus einer Beschreibung der Fehler und den Randbedingungen des Fügesystems wird dann mit Hilfe eines Regelwerkes und unter Nutzung verschiedener Optimierungsverfahren ein Vorschlag für eine passive Ausgleichskinematik generiert.

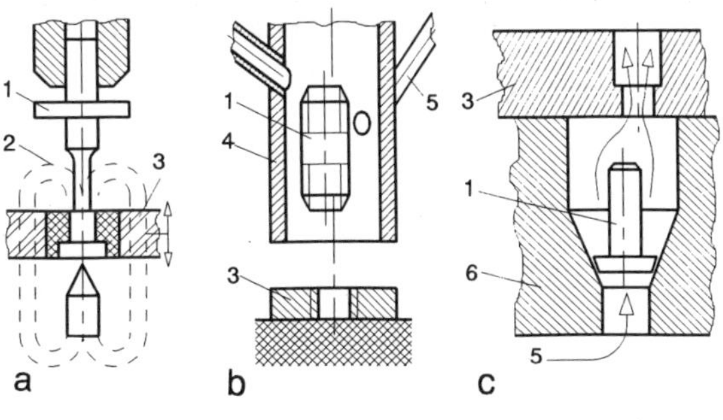

Bild 17.3: Fügehilfen auf der Basis von Kraftfeldern; a) Magnetfeld als Ausrichthilfe, b) Anfädeln durch taumelndes Drehen im Luftwirbelrohr, c) aerodynamisches Ausrichten eines Fügeteils, 1 Fügeteil, 2 Feldlinien, 3 Montagebasisteil, 4 Wirbelrohr, 5 tangential wirkende Luftdüsen, 6 Montagevorrichtung

Charakteristisches über Fügehilfen

Da sollte Fügehilfen aller Art besonders auszeichnen:

1 Ausgleich von Positions- und Winkelfehlern gegenüber dem Basisteil bei gleichzeitiger Reduzierung der Montagezeit.

2 Kleine Masse, kleiner Bauraum, einfacher Aufbau, einfache Herstellung und Wartung.

3 Realisierung gesteuerter oder ungesteuerter Fügebewegungen.

4 Eine hohe Funktionssicherheit und großer Ausgleichsbereich. Bei den Schraubvorgängen wird auch Drehsteifigkeit verlangt.

5 Überlastungssicherheit bei zu großen Fügereaktionskräften.

6 Funktionsunabhängigkeit von der jeweils eingesetzten Handhabungseinrichtung.

7 Unempfindlichkeit der Bestandteile gegenüber Kühlschmiermittel, Staub und Spänen.

8 Möglichkeit der Übertragung grosser Fügekräfte bzw. schalt- oder regelbare Kennlinie für das Übertragungsverhalten.

9 Arretierfähigkeit beweglicher Teile der Fügehilfe während der Bewegung zum Zielort.

10 Verwendbarkeit in beliebigen Fügerichtungen.

Testfragen

1 Wie funktioniert ein RCC-Mechanismus? Was bedeutet die Abkürzung "RCC"? Muß das Werkstück dazu bestimmte Vorausetzungen aufweisen?

2 Welche physikalischen Wirkungen kann man ausnutzen, um beim automatischen Fügen Achsen- und Winkelversatz auszugleichen?

3 Beschreiben Sie einen Fügeablauf, wenn ein Mechanismus nach Bild 17.1c eingesetzt wird!

4 Warum sollte eine Fügehilfe arretierbar sein, d.h. zeitweilig wirkungslos gemacht werden können?

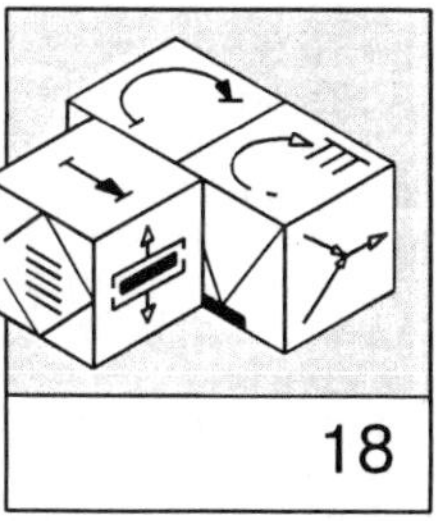

Mit Leichtigkeit montieren

In Kunst und Wissenschaft so wie im Tun und Handeln kommt alles darauf an, daß die Objekte rein aufgefaßt und ihrer Natur gemäß behandelt werden.
Johann Wolfgang von Goethe

Rationalisieren in der Montage hat es mit sich gebracht, mehr über montagegerechte Gestaltung nachzudenken. Die Zeiten sind vorbei, da man noch TV-Rückwände mit 48 Schräubchen ungestraft befestigen konnte. Im Gegenteil: Bei Massenprodukten wurden in den letzten Jahren große Fortschritte bei der Einsparung von Teilen erreicht. Trotzdem bleibt es uns als Daueraufgabe.

Gestaltungsregeln sind zeitvariant. Was gestern noch gut war, kann vielleicht morgen schon besser gemacht werden, wenn neue Technologien greifen. Wichtig ist auch, daß man montagegerechtes Design im Verbund mit den anderen "Gerechtheiten" sieht, wie handhabungs-, fertigungs-, greifgerecht usw. Richtiges Handhaben erfordert günstige Griffstellen. Das wußte schon der einstige Sklave Epiktet: "Alles hat zwei Handhaben. An der einen ist es tragbar, an der anderen nicht. Fasse die Dinge an, wo sie tragbar sind." Also richten wir uns danach.

Vorteile durch Integration

Ob automatisch oder manuell, montagefreundliches Gestalten erleichtert den Zusammenbau und wirkt immer positiv auf die Kosten [11]. Die Vorteile werden bei der Integralbauweise besonders augenscheinlich. Man faßt mehrere Einzelteile zu einem Komplexteil zusammen. Verbindungsverfahren entfallen, der Werkstoff muß aber einheitlich sein [5]. Ein Beispiel zeigt Bild 18.1. Bei der Kupplung einer Modellbahnlokomotive hat man Feder und Rastelement zu einem Teil verschmolzen. Ähnliche Beispiele gibt es viele. Jedes Einzelteil, das als solches eingespart wird, erübrigt Zuführeinrichtungen und Kontrollstationen. Das ist nicht wenig, denn diese Einheiten stellen außerdem Störquellen dar. Die positive Wirkung vervielfacht sich also.

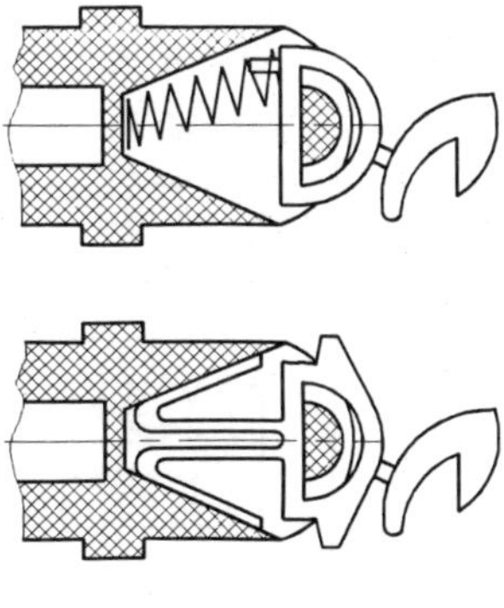

Bild 18.1: Kuppelhaken und Feder sind zu einem Teil zusammengewachsen (oben alte Ausführung, unten Redesign)

Das Zusammenfassen von Teilen ist aber ganz allgemein zu sehen. Auch gleichartige Einzelteile kann man vereinigen (Bild 18.2). Das geschieht zeitweilig und hat verschiedene Vorteile beim automatischen Handling und beim Fertigen. Zusammengelegte Kugelbolzen ergeben Kraftsymmetrie beim Querwalzen. Das ist günstig. Zur Komplexplatte zusammengelegte kleinere Leiterplatten können auf stets gleiche Führungsbreite eines Bestück- und Lötsystems abgestimmt werden. Erst am Schluß werden die Leiterplatten längs einer Perforation in Teile gebrochen. Die Beispiele sollen nur das gedankliche Prinzip illustrieren.

Der Integrationsgedanke kann unterschiedlich weit greifen, je nachdem, welche speziellen Details vom ursprünglichen Werkstück erhalten bleiben müssen. Das Teil eines Kastenschlosses (Bild 18.3) soll als Beispiel dienen. Das Element besteht in der Ausgangsvariante aus drei Teilen. Die Feder ist ein angenietes Biegeteil. Wird eine Bandfeder von der Rolle geformt und durch Kerben befestigt, so verbleiben zwei Teile. Bei passendem Werkstoff und wenn es die Einsatzbedingungen hergeben ist auch eine Einteilausführung möglich. Man sollte aber auch die Null-Teile-Variante nicht ausschließen, d.h. eine Produktlösung, bei der auch das Integralfeder-Teil entfällt. Die Überarbeitung einer Konstruktion, das "Redesign", darf nicht zu eng angesetzt werden. Neue Denkweisen sind also gefragt, die nicht bei der Lösung beginnen, sondern bei der kreativen Bestimmung der richtigen innovativen Entwicklungsaufgabe [93].

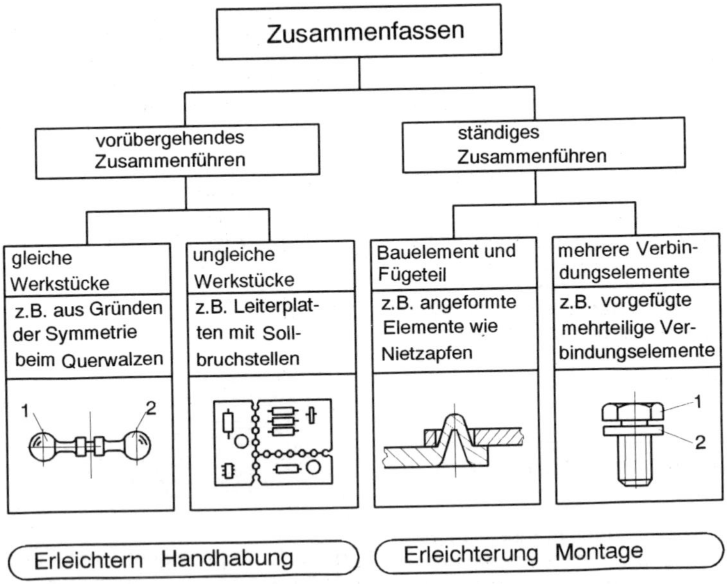

Bild 18.2: Das Zusammenfassen von Teilen bietet vielfältige Vorteile.

Formelemente bewußt gestalten

Die Haupt- und Nebenformelemente nehmen großen Einfluß auf die Ordnungs-, Führungs- und Fügeeignung eines Werkstücks. Viele mechanische Ordnungsverfahren nutzen Kanten, Einstiche und Körperschwerpunkte aus und beim Weitergeben tragen definierte Auflageflächen zum stabilen Eigenlauf bei. Bezüglich des Ordnens sollen die Teile entweder symmetrisch oder deutlich asymmetrisch sein. In Zukunft wird man noch stärker darauf drängen müssen, Teile, Baugruppen und Produkte bewußt so zu gestalten, daß sie vorhandene, begrenzt flexible Produktionsmittel problemlos durchlaufen können. Auch das Zuteilen und Greifen läßt sich unterstützen, wenn an der richtigen Stelle kleine Formkorrekturen vorgenommen werden. In

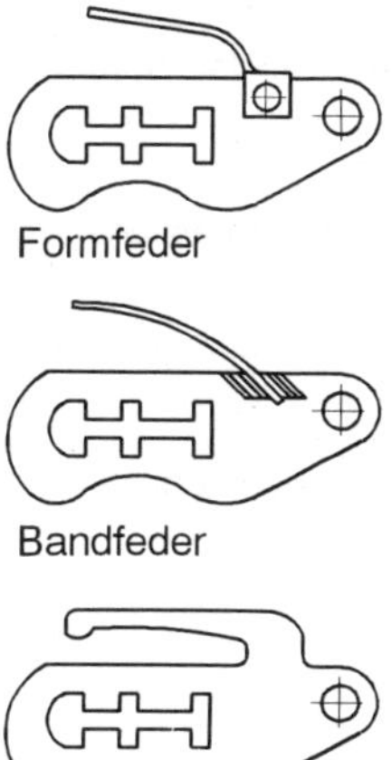

Bild 18.3: Design-Varianten einer Baugruppe

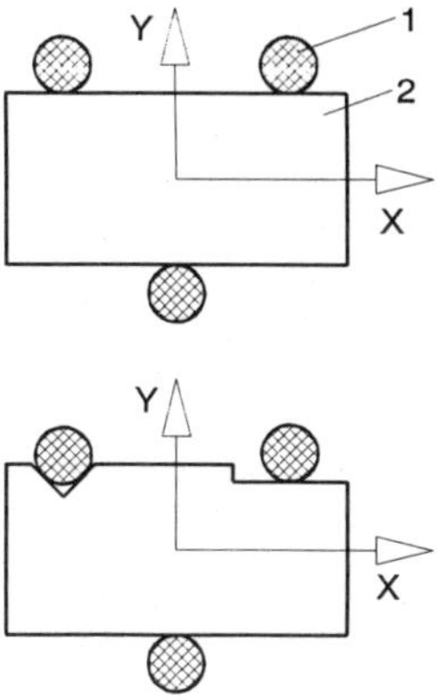

Bild 18.4: Drei- und Vierpunktberührung beim Greifen mit einem Dreipunkt-Greifer
1 Greiferbacken, 2 plattenförmiges Werkstück

Bild 18.4 wird das Greifen einer Platte gezeigt [38, 39]. Das Teil richtet sich bei Dreipunkt-Berührung in der y-Achse nach dem Greifer aus, nicht aber in der x-Achse. Wird ein Formmerkmal eingebracht, dann ergibt sich eine Vierpunkt-Berührung. Das Teil zentriert sich nun beim Erfassen in beiden Achsrichtungen. Das erhöht Greifgenauigkeit und Zuverlässigkeit beim anschließenden Fügen.

Regeln zur montagegerechten Gestaltung

1 Minimiere die Anzahl von Teilen, unterschiedlichen Arten sowie Abmessungen innerhalb einer Montageeinheit durch eine Integration von Funktionen und Gleichteileverwendung.

2 Vereinfache das Selbstfinden von Fügepositionen durch Fügehilfen,

wie z.B. Einführschrägen, Suchstifte, Anfädelabsätze, Einweiskanten und Zentrierkegel.

3 Strebe eine Produktarchitektur an, bei der das Zusammensetzen auf kinematisch einfache Bewegungen (kurz und gerade) aus möglichst wenigen Richtungen beruht (Schicht-, Nestbauweise).

4 Strebe Verbindungen an, die mit progressiven gut automatisierbaren Fügeverfahren ausführbar sind und möglichst ohne Verbindungselemente auskommen, wie z.B. Verbundkonstruktionen.

5 Vermeide enge Fügetoleranzen sowie langgliedrige Toleranzketten durch geschicktes Vermaßen der Montagepunkte. Strebe absolute Austauschbarkeit an (Maximum-Minimum-Methode).

6 Bilde ein charakteristisches Teil der Baugruppe als Montagebasisteil (Startteil, Grundfügeteil) aus. Es ist oft das Teil mit der größten Masse, der kompliziertesten Form, der besten Standfestigkeit (Auflageflächen) und der größten Anzahl von Fügestellen.

7 Strebe Produktbauweisen an, bei denen Verkleidungsteile, Blenden u.ä. für Produktvarianten möglichst spät in den Montageablauf einfliessen, am besten am letzten Montageplatz.

8 Strebe Baugruppen mit möglichst in sich abgeschlossenen Funktionen und geringem Verflechtungsgrad zu anderen Baugruppen an, damit sie für sich montier- und prüfbar sind. Begünstige die Anwendung einfacher Prüfverfahren.

9 Vereinfache das Justieren, wenn es schon nicht vermeidbar ist, durch günstige Anordnung von Kompensationsgliedern, Justierhilfen und gute Zugänglichkeit zu Stellelementen.

10 Strebe nach Fügeteilen, die sich infolge handhabungsgerechter Gestaltung problemlos und zuverlässig automatisch zuführen lassen, die stabile Lagen einnehmen und ein vorhersehbares Ruhe- und Bewegungsverhalten aufweisen. Vermeide flexible Teile.

Testfragen

1 Welche Vorteile werden durch das Zusammenlegen von Teilen bzw. durch Vorfügen erreicht?

2 Was ist Redesign und welche Ziele werden damit verfolgt?

3 Das Integrationsprinzip ist nicht immer günstig. In welchen Fällen wird man darauf verzichten und eine Differentialbauweise bevorzugen?

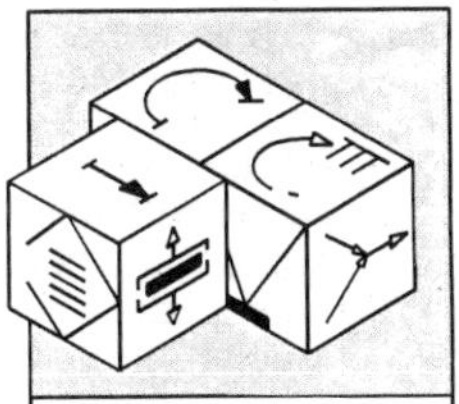

19

Werkstückträger in Umlaufsystemen

Je mehr Roboter eingesetzt werden, desto größer werden die Erfahrungen und die Effektivität, die rückkoppelnd auf die jetzt zu entwickelnden zweiten und dritten Robotergenerationen wirken.
Margaret Thatcher (1981)

Seit Henry Fords Tagen wird das Fließband als effektives Bindeglied zwischen Arbeitsplätzen eingesetzt. Es zeigt sich heute vor allem in der Montage von kleineren Objekten als ein strukturbestimmender Bestandteil von mehr oder weniger umfangreichen und flexibel automatisierten Montagesystemen mit umlaufenden Werkstückträgern in Form von Flachpaletten. Der Werkstückträger ist hierbei der "Lastesel". Außerdem erlaubt er, internes Umrüsten in externes zu wandeln, d.h. außerhalb des Systems lassen sich bereits neue Werkstückträger vorbereiten. Umlaufsysteme legen dem Planer den Zwang auf, den Arbeitsablauf als Ganzes zu optimieren, statt wie bisher einzelne Arbeitsgänge zu verbessern. Vor allem läßt sich unnütze Mehrfachhandhabung von Werkstücken unterbinden und die Durchlaufzeit senken.

"The skill is in the machine", meinte einst Ford und setzte auf die perfekte Maschine und den angelernten Arbeiter. Heute geht der Trend tatsächlich in Richtung Anreicherung maschineller Technik mit intelligenten Funktionen, Anschluß an betriebliche Datennetze, selbsttätige Parameter-Überwachung, automatische Fehlerortung und Selbstdiagnose. Noch sind längst nicht alle Möglichkeiten ausgeschöpft. Und die Betreuung solcher Automaten? Sie erfordert alles andere als Angelernte.

Bewegung und System

Integration, Flexibilisierung und Automatisierung tragen zum Anheben des technischen Niveaus in der Produktion bei und erfüllen immer besser die Forderungen nach Erzeugnissen in marktkonformer Vielfalt. Werkstückträgersysteme bieten der flexiblen und nichtflexiblen Montage kleiner und mittelgroßer Produkte gute Möglichkeiten für eine Automatisierung. Nachdem viele unterschiedliche Werkstückträgersysteme auf

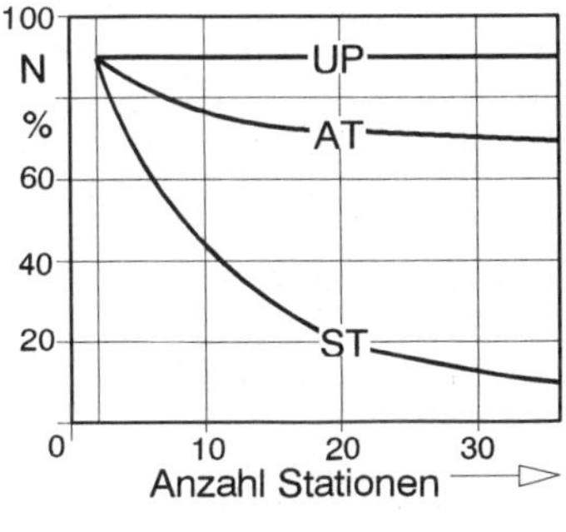

Bild 19.1: Abhängigkeit der Leistung N einer Linie als Funktion der Anzahl verketteter Stationen
AT Verkettung im Asynchrontransfer,
ST Verkettung im Synchrontransfer,
UP Verkettung bei theoretisch unbegrenzt großem Puffer

dem Markt sind, tritt nun ein eher evolutionärer Prozeß der Verfeinerung und konstruktiven Ausgestaltung ein. Auch erinnert man sich inzwischen daran, daß diese Systeme gegenüber konventionellen flexiblen Fertigungssystemen das 2- bis 6fache beim Energieaufwand und das 1,5 bis 3fache beim Flächenbedarf erreichen. Die Unterschiede liegen im Mehraufwand für die Orts- und Lageveränderung der Arbeitsgegenstände durch Transfersysteme und Speichertechnik. Dem stehen Produktivitätserhöhungen um das 1,5 bis 6fache gegenüber [40].

Beim Aufbau von Transfersystemen in Montage und Teilebearbeitung mit umlaufenden Werkstückträgern sollten folgende Überlegungen vornean stehen:

- Asynchrone (lose) Verkettung und damit zeitliche Entkopplung der Arbeitsstationen bzw. Maschinen ist zu bevorzugen;

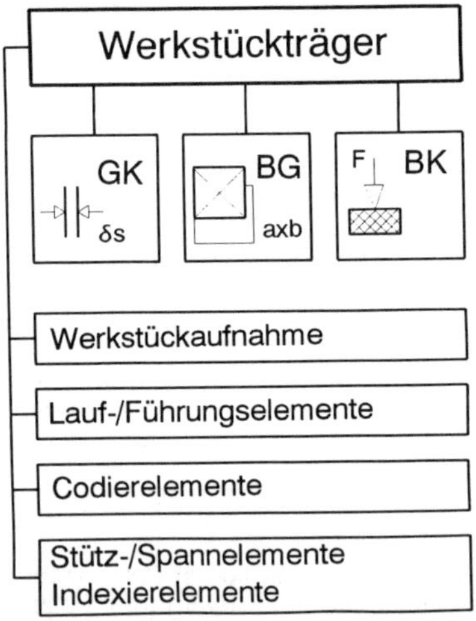

Bild 19.2: Bestandteile eines Werkstückträgers für Transfersysteme
BG Baugröße, BK Belastungsklasse, GK Genauigkeitsklasse

- Streckenführungen aufgabenbezogen (produktorientiert) anlegen und damit Einschränkung unnützer Mehrfachhandhabung von Objekten;
- universelle Schnittstellen für Verzweigungen im Werkstückfluß anlegen, z.B. für Speicherstrecken, zum Anschluß zeitweilig genutzter Arbeitsstationen, Handarbeits- und Reparaturplätze;
- Vorausplanen eventueller Ergänzungen und Eingliederung automatischer Stationen durch Schnellkopplung ganzer Module;
- Nutzung von Werkstückträgern auch für den Datentransfer.

Die asynchrone Verkettung, d.h. die nicht gleichzeitige Weitergabe der Werkstückträger an allen Stationen, macht ein System gegenüber der festen Verkettung ertragreicher, weil bei einer lokalen Störung die intakten Stationen weiterlaufen können. Allerdings lassen sich nur kurzzeitige Störungen ausgleichen, denn der Vorrat wartender Werkstückträger vor einer Station ist meistens schnell erschöpft. Wird er beträchtlich vergrössert, ergibt sich ein Problem der wirtschaftlichen Optimierung, weil vergrößerte Speicher für die Werkstückträger wiederum Aufwand verursachen, Werkstückträger binden und selbst wieder eine Störquelle darstellen. Das Bild 19.1 zeigt dazu Leistungskurven als Funktion der Verkettungsart und der Anzahl verketteter Stationen. Je Station wurde eine durchschnittliche Verfügbarkeit von 92% angenommen.

Werkstückträger und Transfer

In umlaufenden Transfersystemen ist der Werkstückträger das ausführende Element, um eine Ortsveränderung von Montagebaugruppen zu bewirken [9, 41]. Er dient als Schnittstelle zwischen einer variablen Werkstückform und einem geometrisch unveränderlichem Transportsystem. Außerdem schützt er das Basisteil während des Durchlaufs. Dazu sind verschiedene Funktionen zu erfüllen, die sich in entsprechenden Funktionsträgern widerspiegeln (Bild 19.2). Der Werkstückträger bestimmt zusammen mit den Spann- und Indexiervorrichtungen wesentlich die Bearbeitungsgenauigkeit und Taktzeit in einer Anlage. Die Werkstückaufnahme soll sich als Lagesicherungselement oder als gesonderte Formauflage leicht wechseln lassen. Lauf- und Führungselemente stellen die Kontaktflächen zur Übertragung von Fortbewegungskräften (Reibpaarung) dar. Es können auch Führungskanten zum Einlauf in eine Arbeitsstation vorhanden sein, ebenso Nocken zum Schnelleinzug in die Station. Für Stopper (Bild 19.3) braucht man Anschlagkanten.

Werkstückträger müssen im Durchlauf um 90°oder 180° gewendet, ein- oder ausgeschleust sowie umgesetzt werden. Das Umsetzen auf z.B. Rücklauf- oder Nebenstrecken verläuft gewöhnlich in der Horizontalen, aber auch vertikales Umsetzen wird

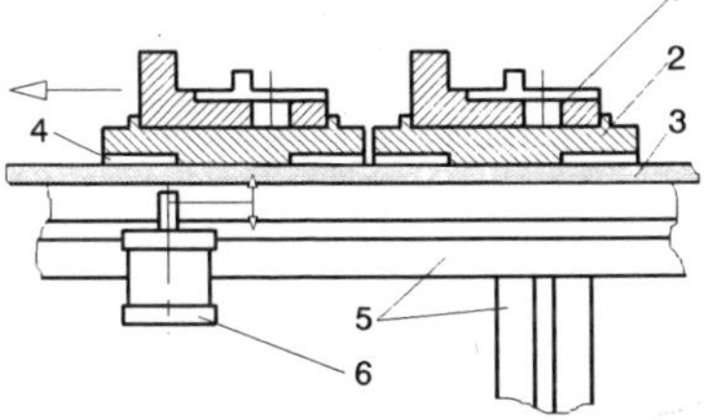

Bild 19.3: Stopper im Werkstückträgerfluß
1 Montagebasisteil, 2 Werkstückträger, 3 Doppelgurtförderer, 4 Nut, 5 Trägerprofil, 6 pneumatisch angetriebener Stopp-Bolzen

gebraucht. Bei diesen Vorgängen können die Werkstückträger während des Umlaufs die Orientierung wie eine Kompaßnadel beibehalten, oder sie bleiben stets längs zur Förderrichtung orientiert. Dementsprechend unterscheiden sich die Handlingsysteme (Bild 19.4). Die Beibehaltung einer Kompaßrichtung hat den Vorteil, daß bei einem Rechteckumlauf jede Seite der Baugruppe einmal nach außen zeigt und so für seitliche Montageopeationen besser zugänglich ist.

Immer wieder werden konstruktive Vereinfachungen vesucht. Ein Beispiel sind Schleppteller zum Umsetzen von Werkstückträgern auf eine Parallelstrecke. Je nach Ausführung können die Werkstückträger voll oder halb aufliegen. Bei Halbauflage ist für die nichtaufliegende Fläche rollende Reibung einzurichten. Steuersignale werden dazu nicht gebraucht. Die Bewegung des Drehtellers kann außerdem von der Hauptförderstrecke abgeleitet werden, so daß dafür ein gesonderter Antrieb entfallen kann. Bei kleinen leichten Werkstückträgern wird gelegentlich auf das Anheben beim Querhub verzichtet. In diesem Falle muß eine Führungsleiste vorhanden sein, die sich nach Beendigung des Querhubs absenkt und den Werkstückträger freigibt. Sonst kommt es zum Schräglauf. Für größere, schwere Werkstückträger sind Rollensätze mit treibender Motorrolle, die kompakt querverschiebbar aufgebaut sind, eine praktische Lösung. Zur Rückgabe der Werkstückträger auf die Parallelstrecke wird die Drehrichtung der Motorrollen umgepolt.

Einfache Lösungen aus neuerer Zeit sind auch bogenförmig geführte Rundriemen, auf denen der Werkstückträger aufliegt. Die Rundriemen laufen ständig. Völlig ohne bewegte Teile kommt man aus, wenn ein

Spurzapfen in eine Führungsnut einfährt und die Richtung vorgibt.

Regeln für Werkstückträger

1 Das Montagebasisteil soll uneingeschränkt zugänglich bleiben. Halte- und Codierelemente dürfen beim automatischen Greifen nicht stören. Zumindest sind die Kollisionsstellen zu überprüfen.

2 Die Gestaltung von Funktionselementen für das Stoppen, Indexieren, Führen und Ausheben hat Auswirkungen auf das Gesamtkonzept eines Transfersystems und die Ausführung des Werkstückträgers. Das gilt auch für die Auswahl eines modularen Systems.

3 Beachte, daß es Transfersysteme gibt, bei denen der Werkstückträger seine räumliche Orientierung in jedem Fall behält, und andere, bei denen sich die Ausrichtung längs zur Förderrichtung einstellt.

4 Indexierelemente (Positionierelemente) müssen verschleißfest (gehärtet) sein. Bei größeren Werkstückträgermassen kann Grob- und Feinpositionierung auf getrennte Elemente gelegt werden.

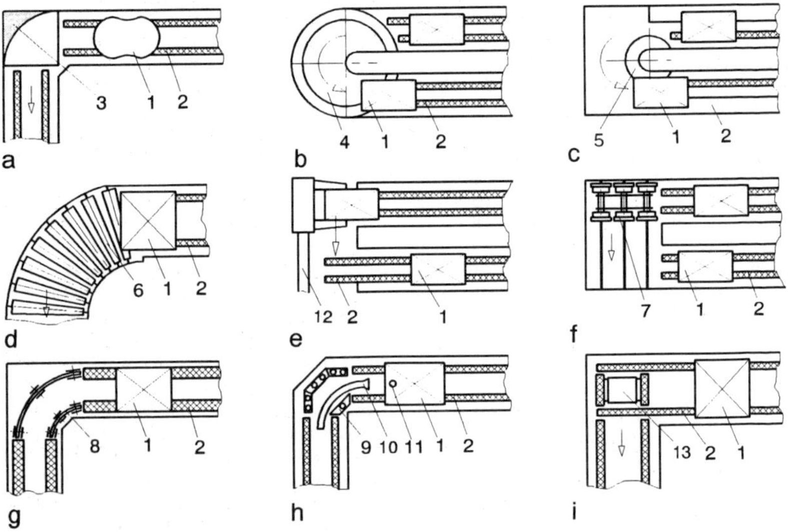

Bild 19.4: Transportlösungen für Werkstückträger (Auswahl); a) Führungsschablone, b) Vollschleppteller, c) Halbauflage-Schleppteller, d) Kegelrollenbogen, e) Querhub mit Greifersystem, f) Bordrollensatz mit Motorrollen, g) Rundriemenbogen, h) Nutkurvenführung, i) Hub-Querförderer, 1 Werkstückträger, 2 Gurtförderer, 3 Führungsschablone, 4 Drehteller, 5 Innenrand-Drehteller, 6 Kegelrolle, 7 Bordrolle, angetrieben, 8 Rundriemen, 9 Rollkugelstück, 10 Nutkurve, 11 Führungszapfen, untenliegend, 12 Schiebeeinrichtung, 13 Hub-Förder-Einheit

5 Sehr schnelles Umsetzen oder Einziehen in die Position erfordert formpaarige Kraftübertragung (Greifer, Schieber, Zugnocken) statt Reibpaarung (Gurtfördersysteme).

6 Anschlußelemente sollten am ansetzbaren Makromodul, z.B. einer Handmontagestation, installiert sein, damit nicht von vornherein Anschlußstellen am Hauptfördersystem festgelegt werden müssen.

7 Für Systeme mit Kurvenführung und Umlenkbögen sind aus Verschleißgründen Werkstückträger mit seitlichen Eck-Führungsrollen günstig.

8 Die eigentliche Werkstückaufnahme mit einer dem Basisteil angepaßten Form sollte mit Hilfe von einfachen Verbindungen schnell austauschbar sein. Eventuelles Spannen in der Station darf dabei nicht beeinträchtigt werden.

9 Der Werkstückträger soll möglichst massearm sein, aber trotzdem hohe Vertikalkräfte aufnehmen können. Es können auch Flächen vorbereitet sein, an denen in der Station externe Abstützelemente kontaktieren können.

10 Um unnötigen Aufwand zu umgehen, sollen Anforderungsbild und Leistungsdaten übereinstimmen, also Genauigkeitsklasse, Tragfähigkeit und die Baugröße beachten. Man braucht etwa dreimal soviel Werkstückträger wie Montagestationen vorhanden sind.

Selbstfahrende Werkstückträger

Erfordert eine Montagetechnologie die Frequentierung vieler Zielstellen in öfters wechselnder Reihenfolge, dann ist zu überlegen, ob man nicht Werkstückträger mit einem eigenen Antrieb einsetzt. Das betrifft vor allem die Montage von Produkten, die in vielen Varianten und in kleinen Losgrößen gefertigt werden. Es gibt Systeme, bei denen der Werkstückträger (Shuttle) auf zwei Fahrschienen rollt, aber auch Einschienen-Lösungen sind bekannt (Bild 19.5). Bei dieser Variante entnimmt ein eingebauter Gleichstrommotor (24 V) den Strom über Kontaktrollen von einem Stromschienenpaar. Es handelt sich

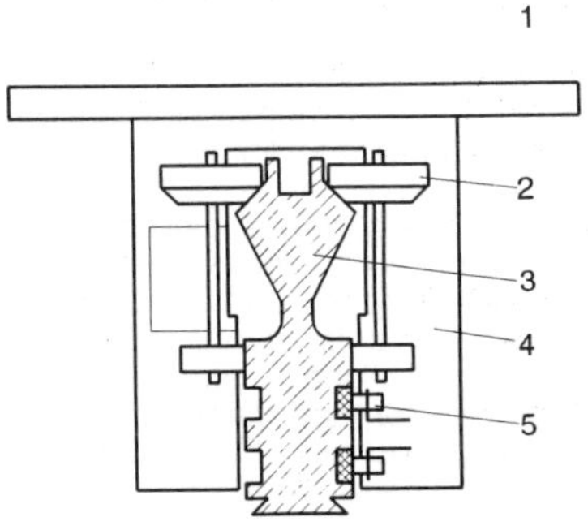

Bild 19.5: Selbstfahrender Werkstückträger (Montech)
1 Arbeitsplatte, 2 Reibrolle, 3 Schienenprofil, 4 Gehäuse mit Antriebsmotor und Elektronik, 5 Stromaufnehmer

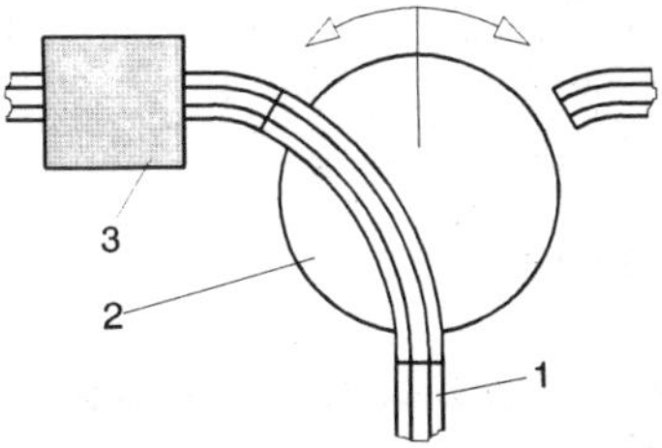

Bild 19.6: Weiche im Schienensystem
1 Schiene, 2 Drehmodul, 3 Werkstückträger

um einen Reibrollenantrieb. Abstandssensoren bewirken das selbsttätige Abbremsen und Halten vor Hindernissen oder vor vorausfahrenden Werkstückträgern. In der Arbeitsstation wird die Palette etwas angehoben und positioniert (Anhaltegenauigkeit des Shuttles: ±0,4 mm; Genauigkeit der Positioniereinrichtung: ±0,02 mm).

An Abzweigen für Bypass-Strecken sind Weichen in die Transportstrecke einzubauen. In Bild 19.6 ist eine Lösung für ein einspuriges System zu sehen. Die Weiche besteht lediglich aus einem runden Schienenstück, das von einem Drehmodul in die gewünschte Lage gedreht wird.

Selbstfahrende Werkstückträger können auch zur Bereitstellung von Montagekomponenten ausgenutzt werden. Damit ist dann ein großer Teil der logistischen Notwendigkeiten eines Montagesystems mit einheitlicher Technik, d.h. über ein Transportsystem, erfüllbar.

Da die Shuttles einen wesentlichen Teil der Anschaffungskosten ausmachen, wird man aus wirtschaftlichen Gründen als erstes versuchen, die Anzahl der Werkstückträger zu minimieren.

Zweischienige Systeme haben gegenüber den Einspur-Systemen folgende Vorteile: Die Arbeitsplatte des Werkstückträgers kann größer sein. Es können höhere Lasten aufgenommen werden. Das Kippmoment wird bei einseitiger Beladung besser abgefangen.

Werkstückträger aus Kunststoff

Palettenartige Werkstückmagazine werden ebenfalls als Werkstückträger bzw. Werkstückträger-Magazin bezeichnet. Sie dienen der Teilebereitstellung an Maschinen- und Montageplätzen. Vor allem durch Tiefziehen hergestellte und mit CNC-Maschinen nachbearbeitete Werkstückmagazine, oft auch als Trays bezeichnet, erlauben die preiswerte Ausbildung eines formenreichen Ablagerasters. Die Formnester werden der Werkstückgestalt angepaßt. Diese Werkstückträger sind leicht, maßhaltig herstellbar, ausreichend eigenstabil, vollständig recycelbar und in vielen Fällen sogar aus Regeneratmaterial zu machen. Es lassen sich auch alle Formelemente integrieren, die für das Führen des Werkstückträgers auf Rollengängen, das Fixieren in Bereitstellstationen und das Stapeln im Lager gebraucht werden. In Bild 19.7 wird das Formnest eines tiefgezogenen Werkstückträgers gezeigt. Die Form wurde so ausgeprägt, daß man sechs verschiedene Werkstücke nacheinander, teilweise auch gleichzeitig, magazinieren kann. Das wird erreicht durch:

- Ausbildung von mehrfach nutzbaren Formelementen in einer Ebene,

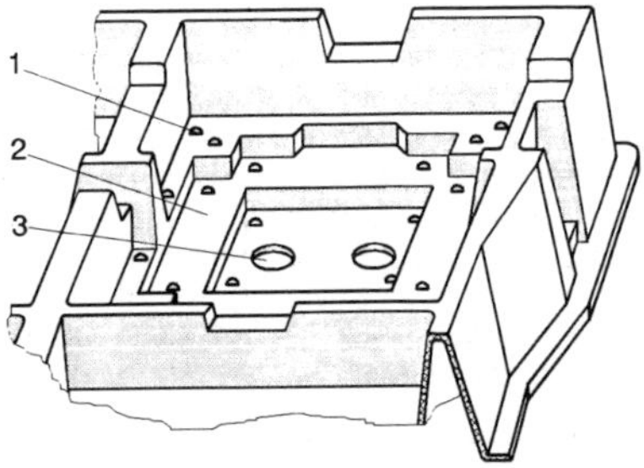

Bild 19.7: Tray aus tiefgezogenem Kunststoff (Teilansicht)
1 Auflagenoppen für Werkstück, 2 Speicherebene mit Formelementen, 3 Ausstoßeröffnung im Boden

■ Ausbildung von Formen in mehreren Ebenen und
■ Aufteilen von Ablageebenen in Teilflächen.

Damit wurde das an sich typische Einzweckmagazin zum Mehrzweck-Werkstückträger. Die Werkstücke liegen übrigens auf angeformten Noppen, damit sich keine Saugeffekte beim schnellen Entnehmen ergeben. Im Boden hat man Öffnungen eingebracht, die ein Ausheben der magazinierten Teile auch von unten gestatten. Ebenso sind Aussparungen vorzusehen (Greiffreiheit), die das manuelle oder maschinelle Greifen der Werkstücke erleichtern.

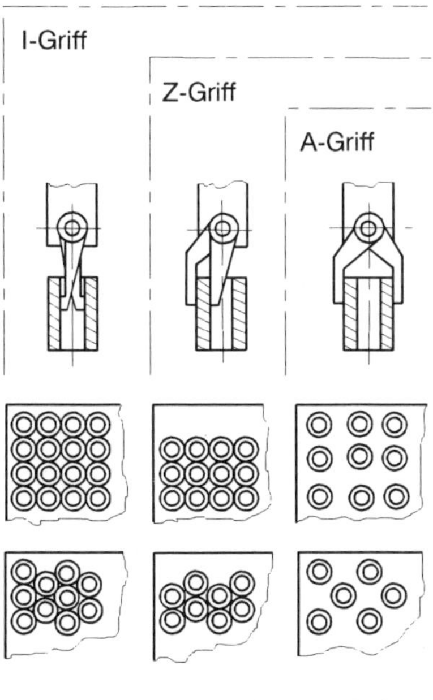

Bild 19.8: Zusammenhang zwischen Ablagemuster und Zugriffsart beim Abgreifen von Teilen
I-Griff Innengriff, Z-Griff Zwischengriff, A-Griff Außengriff

Beim Abarbeiten flächiger Bereitstellmuster von Werkstücken gibt es enge Beziehungen zum Greifvorgang. Nicht jeder Greifer kann jedes Muster auflösen, weil die Greiferfinger einen bestimmten Freiraum benötigen. Das ist bei der Planung von Ablagemustern und Auswahl von Werkstückträger-Magazinen zu beachten. Auch die Zugriffsart spielt eine Rolle. Es wird zwischen Innen-, Außen- sowie Zwischengriff unterschieden (Bild 19.8). Je nach Art des Greifers muß die Ordnung der Werkstücke so festgelegt werden, daß eine oder mehrere Werkstückseiten zugänglich sind. Das führt zu Greifabständen in einer oder in mehreren Achsen. Größte Speicherdichten sind erreichbar, wenn kein Greifabstand benötigt wird. Dann werden die Werkstücke innen aufgenommen oder mit einem Sauger- bzw. Magnetgreifer auf der Stirnfläche angepackt. Damit sind dann sämtliche Ablagemuster des Bildes 19.4 abarbeitbar. Zwischen- und Außengriff sind im Beispiel nur eingeschränkt verwendbar. Weitere Unterschiede ergeben sich, wenn Stirn- und Mantellagen von Teilen, versetzte Muster und mehrschichtige Ablage einbezogen werden.

In welchen Schritten sind Werkstückträger-Magazine auszuwählen?

1. Stufe
Die Präzisierung der Anforderungen; Produkt und Prozeß müssen vollständig bekannt sein. Randbedingungen sind nicht selten entscheidungsbestimmend.

2. Stufe
Einordnung in den Gesamtfluß; Es wird die Einbindung in logistische Konzepte vorgenommen. Dazu gehört die Bereitstell- und Übergabetechnik. Wichtig sind die gewünschte Werkstückorientierungen und die zum Einsatz kommende Handhabe- und Greiftechnik. Aus wirtschaftlicher

Sicht ist die Anzahl der vermutlich nötigen Magazine wichtig.

3. Stufe
Bestimmung wesentlicher konstruktiver Merkmale wie Abmessungen, Traglast, Art der Werkstückaufnahmen und Formelemente zur Handhabung der Magazine.

4. Stufe
Konstruktion nach Pflichtenheftvorgaben bzw. Einholen von Angeboten und Auswahl brauchbarer Lösungen.

Testfragen

1 Wie wirkt sich die Anzahl der Montagestationen bei fester Verkettung (Synchrontransfer) auf die Leistungsfähigkeit der Montagelinie aus?

2 Bei welchen Eckenlösungen des Bildes 19.4 behält der Werkstückträger seine Kompaßrichtung bei?

3 Welche technischen Details sollten Trays aufweisen, wenn sie automatisch be- und entladen werden sollen?

4 Was ist bei der Planung und Auswahl von Werkstückträger-Magazinen zu beachten?

5 Kann man die Achsenrichtung zu magazinierender Werkstücke frei wählen oder gibt es technische Zwänge?

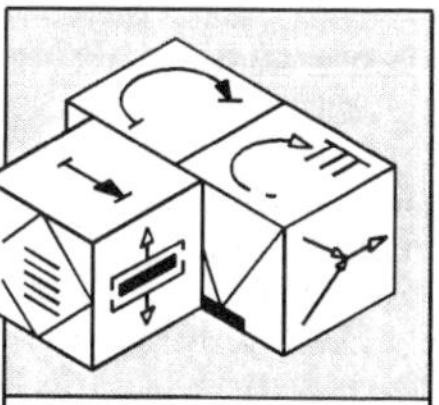

20

Ordnen aus dem Haufwerk

> Nur mit dem Unmöglichen als Ziel
> kommt man zum Möglichen.
> Miguel de Unamuno

Das Ordnen von Werkstücken ist in der automatisierten Fertigung einer der unangenehmesten Handhabevorgänge. Auch bei bester Fertigungsorganisation läßt er sich nicht völlig vermeiden, weil es Fertigungsvorgänge gibt, die zu neuer Unordnung führen, wie z.B. Trommelentgraten, oder weil die Aufrechterhaltung einer Ordnung schlicht und einfach teurer ist als ein erneutes Ordnen.

Die griechischen Naturphilosophen kamen einst auf die Idee, daß die Welt aus einem chaotischen Urzustand von selbst zu einem geordneten Zustand gefunden habe. Läßt sich etwa sogar eine Brücke zwischen Selbstorganisation und Evolution zum Ordnen von Teilen aus dem Haufwerk schlagen?

Ordnen als Handhabeoperation

Unter Ordnen verstehen die Fertigungstechniker einen Vorgang, bei dem körperliche Objekte aus einer beliebigen räumlichen Situation in eine bestimmte gewünschte Position und Orientierung gebracht werden. Um das zu erreichen, sind im allgemeinen sechs voneinander unabhängige Bewegungsfreiheiten erforderlich, von denen 3 für die Positionierung und 3 für die Orientierung benötigt werden.

Tatsächlich ist das Ordnen aber oft noch schwieriger, weil Werkstückachsen gerichtet sein können, d.h. bestimmte geometrische Merkmale sind asymmetrisch enthalten. Bei einer Kugel ist die Anzahl gerichteter Achsen Null oder Unendlich, bei einem regelmäßigen Polyeder mit n Flächen ist sie n. Zur Quantifizierung des Ordnens gibt es viele Kenngrössen [42 bis 44], wie z.B. Unordnungsgrad, Ordnungsgrad, -aufwand und Orientierungswahrscheinlichkeit. Nur die letztgenannte hat für die Auswahl und Dimensionierung von Ordnungseinrichtungen eine gewisse Bedeutung erlangt. Eine Soll-Lage soll zeitgünstig erreicht werden. Deshalb sollte eine Vorzugslage, die viele Werkstücke im Haufwerk ohnehin einnehmen, möglichst auch die Wunschlage sein. Gibt es keine Vorzugslage, dann ist zu überlegen, wie man mit möglichst wenigen Drehungen die Soll-Lage erreichen kann.

Ordnen: Ein Problem der Selbstorganisation?

In Einrichtungen zum Ordnen werden verschiedene physikalische Effekte, vor allem aber mechanische, elektromagnetische und fluidische Wirkungen genutzt, ohne daß es bisher gelungen wäre, den sehr unterschiedlichen Verfahren ein gemeinsames wissenschaftliches Fundament zuzuordnen.

Demgegenüber hat man für die Ordnungsvorgänge in der Natur viele Grundlagen zusammengetragen, die heute in das Wissenschaftsgebiet Synergetik münden, dessen Basis die Physik der Selbstorganisation und Evolution ist [45 bis 47]. Synergetische Systeme organisieren sich von selbst, indem sie verschiedene Ordnungszustände einer dynamischen Selektion unterwerfen. Welcher Ordnungszustand sich schließlich als Ergebnis einstellt, hängt allein von vielen mikroskopisch kleinen Schwankungen (Fluktuationen) ab, die aus der Sicht des Systems zufällig erfolgen, aus der Sicht der dynamischen Selektion jedoch notwendig sind. Die Notwendigkeit setzt sich folglich über den Zufall durch.

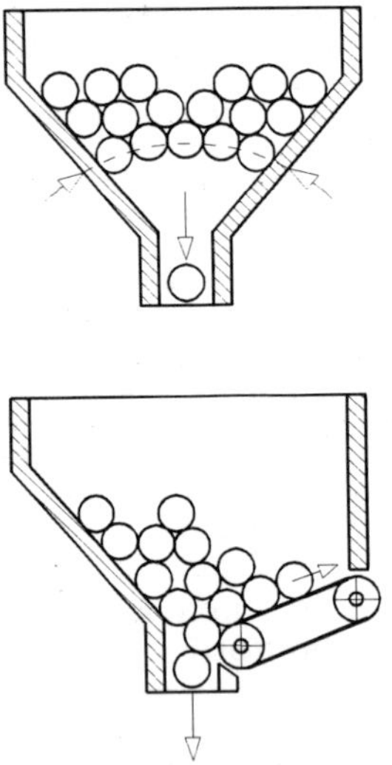

Bild 20.1: Bei einem Kräftegleichgewicht (oben) kommt jedwede Werkstückbewegung ins Stocken. Erst wenn das Gleichgewicht gestört wird, kommt wieder Bewegung in die gestapelten Rundstangen.

Danach gilt allgemein, d.h. sowohl im Anorganischen als auch im Organischen, daß die Triebkraft eines Systems in Richtung auf komplexere dynamische Strukturen aus dem steten Wechsel von Instabilität, Fluktuation und neuem stabilen Ordnungszustand resultiert. Die Fähigkeit zum Herausbilden von neuen Ordnungen (Strukturen) erfordert eine Verstärkung der Fluktuationen, was eine Instabilität voraussetzt. Stabilität unterdrückt dagegen die Wirkungen von Fluktuationen.

Betrachtet man z.B. das mechanische Ordnen von Werkstücken aus einem Haufwerk unter diesen Aspekten, d.h. als technischen Evolutionsprozeß, so zeigen sich in erster Näherung deutlich Analogien:

- Ordnen wird durch kleine Lageschwankungen (Fluktuationen) erreicht, die oft aus unterschiedlichen Reibungsverhältnissen resultieren.
- Die größtmögliche Ordnung stellt sich schrittweise in einem Zeit verbrauchenden Vorgang ein.
- Beim Ordnen wechseln sich stets stabile und instabile Zustände ab.
- Das Wechseln von einem Ordnungszustand in einen anderen erfordert Bewegung und ist damit an "Triebkräfte" gebunden.

Die Analogie zwischen Evolution der biologischen Arten und dem mechanischen Ordnen soll an einigen typischen Begriffen dargestellt werden.

Konkurrenz: In der Synergetik versteht man darunter den Wettstreit von Teilsystemen, die qualitativ gleiche aber quantitativ verschiedene Eigenschaften besitzen und auf ein gemeinsames Ziel zusteuern. Das Ziel ist aber nach den Spielregeln für das Gesamtsystem nur für eines oder einige Teilsysteme erreichbar. Konkurrenz ist meistens mit Selektion verbunden und erfordert Triebkräfte.

Beim Ordnen gleichartiger Werkstükke kann es zu ähnlichen Verhältnissen kommen. Werkstücke konkurrieren untereinander und wirken durch "Triebkräfte", z.B. die Schwerkraft, aufeinander ein. Bei gleich großen Kräften kommt es zum Stau oder z.B. zur gefürchteten Brückenbildung (Bild 20.1). Sorgt man für Kräfteungleichheit, z.B. durch Konzentrations-, Reibungs- und Bewegungsunterschiede, so ist die Einrichtung funktionsfähig. Dazu werden Orientierungselemente wie Richtkanten und -kräfte, z.B. ein Luftstrahl, eingebaut.

Selektion: Das ist eine spezielle Verhaltensform von Teilsystemen (Sorten) innerhalb von komplexen Systemen. Sie liegt vor, wenn durch das Bestehen von Konkurrenzsituationen zwischen prinzipiell existenzfähigen Teilsystemen ein Prozeß des Aussonderns einsetzt, der zum Verschwinden mindestens einer Klasse von Teilsystemen (Sorte) führt.

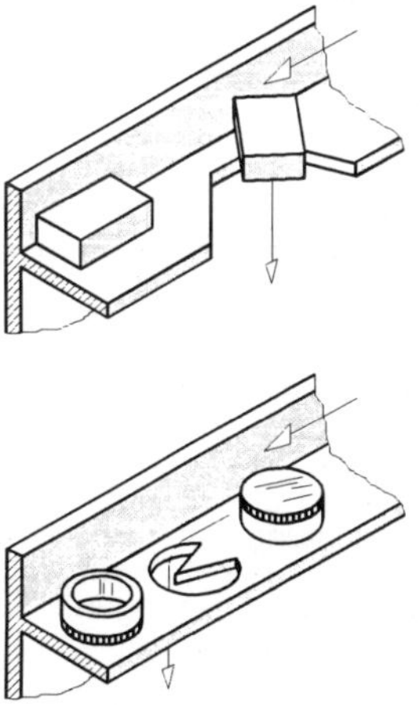

Bild 20.2: Im Schwingtopf lassen sich auf eine recht einfache Weise Werkstücke mit einer bestimmten Orientierung selektieren.

Sorten können auch als gleichartige Werkstücke in verschiedener Orientierung aufgefaßt werden. Typisch ist dies beim Ordnen durch Auslesen, d.h. zufällig richtig orientierte Teile können Ordnungsschikane passieren und die anderen werden in das Haufwerk zurückgeführt (Bild 20.2). Selektion ist typisch für das Ordnen im Vibrationswendelbunker.

Bistabilität/Multistabilität: Das ist die Fähigkeit eines Systems, bei fixierten Umweltbedingungen zwei oder mehr stabile stationäre Zustände einzunehmen. Der gerade vorliegende Zustand hängt von der Vorgeschichte ab. Durch spezielle Einwirkungen können Übergänge von einem stabilen stationären Zustand in einen anderen ausgelöst werden. Bi- oder Multistabilität verleihen einem System eine gewisse Variabilität des Verhaltens und sind weiterhin durch die Abhängigkeit von der Vorgeschichte auch eine Vorstufe von Gedächtnis.

Es gibt viele Werkstücke, die zwei oder mehr stabile Orientierungen einnehmen und durch gesteuertes Einbringen von Kräften (Richtkanten, -kräfte) umorientiert werden können. Als technische Nutzung dieser Eigenschaft wird in Bild 20.3 eine Ordnungseinrichtung gezeigt. Die Teile gelangen in eine Kammer, die sich je nach Erfordernis um eine oder mehrere Achsen dreht. Die Werkstücke kommen in eine neue stabile Lage (Orientierung). Die Drehungen erfolgen programmgesteuert, nachdem Sensoren die aktuelle Werkstückorientierung erkundet haben.

Mutation: Das ist ein zufälliges Produkt alternativer Möglichkeiten. Sie stellt eine Störung zuvor vorhandenen Gleichgewichts dar. Die Mutante führt zu einem Test des Systems auf

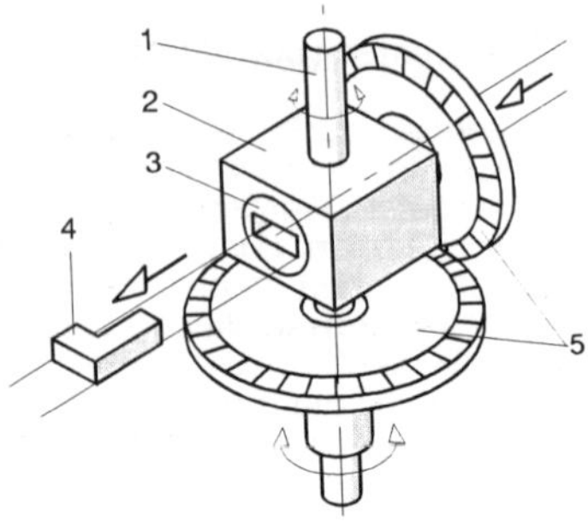

Bild 20.3: Prinzip einer Ordnungseinrichtung, die Werkstücke aus verschiedenen stabilen Lagen aufnimmt und dann in eine geplante Soll-Lage überführt.

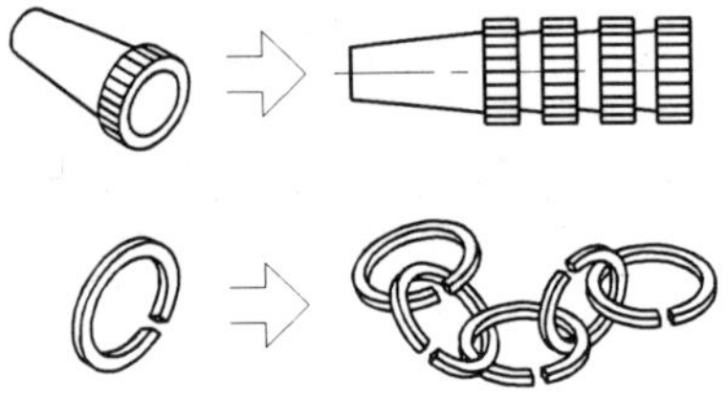

Bild 20.4: Wirrteile können sich von selbst im Haufwerk zu neuen Gebilden (Mutanten, rechts) zusammenballen.

Stabilität gegenüber dem Auftreten der neuen Sorte. Auch "Werkstück-Abarten" können als Mutanten begriffen werden, wenn sie gegenüber Solleigenschaften abweichen. Das sind Teile, die in der Form, Geometrie oder Abmessung Abnormitäten aufweisen (Bild 20.4). Dazu zählen Teile mit Grat, Reststücke, Anschnitte, ineinander verhakte, verschraubte und verklemmte Werkstücke, aber auch sogenannte "Falschteile", die in der aktuellen Werkstücksorte nichts zu suchen haben.

Bisher nur Philosophie

Es ist dem Techniker bisher kaum bewußt geworden, daß sich so "grosse" Entdeckungen wie die Selbstorganisation auch im kleinen zeigen können. Sogar Mutanten sind möglich, wenn man darunter solche Teile versteht, die sich selbständig dadurch verändern, daß sie sich z.B. im Haufwerk miteinander zu neuen Körpern mit anderen Verhaltenseigenschaften verbinden. Ganz sicher wird die weitere Erkundung der Natur auch zu neuen Denkansätzen führen, wie man technische Abläufe anders gestalten kann. Also: Es schadet nichts, an passender Stelle auch einmal philosophisch zu werden.

Testfragen

1 Welches physikalische Prinzip liegt dem mechanischen Ordnen durch Werkstückerkennung zugrunde?

2 Wie kann man aus Wirrteilen entstandene "Mutanten" verhindern?

3 Skizziere alle Werkstückorientierungen, in denen ein Werkstück die Ordnungseinrichtung nach Bild 20.3 verlassen kann, wenn zwei programmgesteuerte Drehungen C1 und C2 möglich sind!

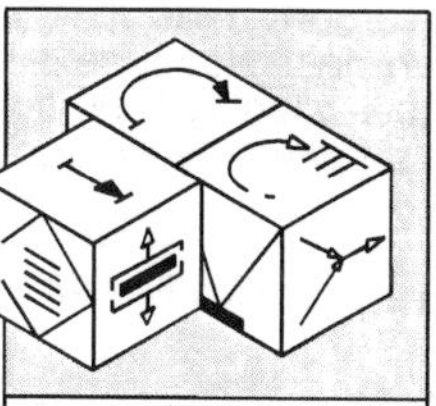

21

Ordnen - Das lästige Übel

Je üppiger die Pläne blühen,
um so verzwickter wird die Tat.
Man nimmt sich vor, sich zu bemühen,
und schließlich hat man den Salat.
Erich Kästner

Ordnen gehört zu den teuersten Handlingoperationen. Man kann es nicht so leicht loswerden. Auch wer da mit Strenge fordert, in der Fabrik nur noch geordnetes Gut zu akzeptieren, hat wohl nicht der Weisheit letzten Schluß. Die Praxis zeigt, daß es viele Fälle und Notwendigkeiten gibt, z.B. Chargenprozesse in der Warmbehandlung, bei denen ein Neuordnen wirtschaftlicher ist als die Sicherung einer Werkstückordnung durch evtl. komplizierte Magazinierhilfen. Das trifft ganz besonders auf Kleinteile zu. Der Vorgang "Ordnen" wird uns also noch eine Weile begleiten, selbst wenn wir uns befleissigen, einmal erreichte Ordnungen nicht wieder zu zerstören. Natürlich ist auch der andere Weg interessant, z.B. Drahtfedern nicht auf Vorrat zu winden, sondern in einer Federnwikkeleinheit "vor Ort" herzustellen. Das beschert uns den kleinstmöglichen Handhabungsaufwand überhaupt.

Wie kommt man zu geordneten Teilen ?

Ordnen nach der Außenform

Die meisten mechanisch wirkenden Vorrichtungen zum Ordnen nutzen Formelemente in der äußeren Kontur eines Werkstücks. Die Teile dürfen nicht zu groß und nicht zu schwer sein, denn das Grundprinzip besteht im fortwährenden Wechsel von stabilen und instabilen Zuständen, in dessen Verlauf sie sich an Kanten ausrichten [48, 49]. Typisch ist, daß ständig in das Haufwerk Energie eingebracht werden muß. Häufig werden Vibrationswendelbunker eingesetzt, die mit Schikanen ausgestattet sind. In Bild 21.1 wird eine Lösung gezeigt, bei der ein eigengesteuerter Abwurfhebel für "Ordnung" sorgt. Der Tasthebel schwingt ständig mit. Wird er durch ein Konturmerkmal gebremst, dann verlagert sich der Schwingbereich und der Abwurfhebel tritt in Aktion. Diese und ähnliche Lösungen sind aber meistens nicht flexibel.

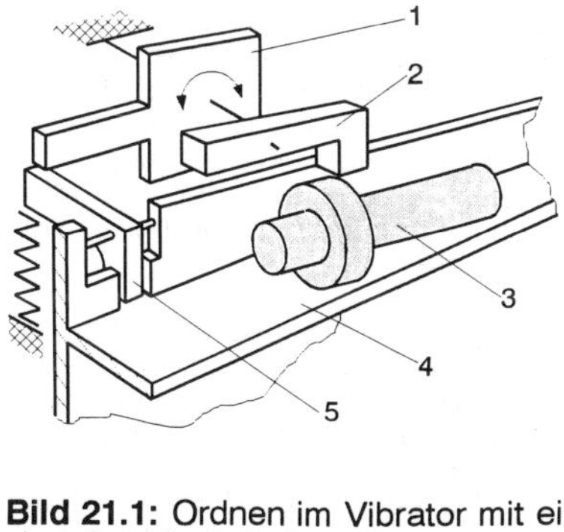

Bild 21.1: Ordnen im Vibrator mit einem Schwinghebelsystem
1 Übertragungshebel, 2 Tasthebel, 3 Werkstück, 4 Vibratorwendel, 5 Abwurfhebel

Wird Flexibilität gewünscht, kommt man meistens auf optische Verfahren der Objekterkennung. So kann z.B. mit einer Kamera vom Werkstück ein Schattenbild gewonnen und ausgewertet werden. Moderne Systeme dieser Art sind programmierbar, lassen sich mit Gutteilen anlernen und können sogar aus einem gemischten Haufwerk zugeführte Teile voneinander unterscheiden und in Sorten trennen. Der Aufwand ist zwar wesentlich größer als bei einfachen mechanischen Ordnern, dafür kann man aber wichtige Merkmale zusätzlich überprüfen und z.B. auch Toleranzgrenzen als Kriterium mit einbeziehen. Der Leistungsumfang liegt also deutlich über dem bloßen Ordnen.

Man muß aber keinesfalls sofort an Kamerasysteme denken. Oft genügen schon wenige Einzelpunktsensoren, um ein Werkstückmerkmal festzustellen.

Werkstücke mit einer Masse von mehreren Kilogramm kann man in eine Kammer bringen, die um mehrere Achsen drehbar ist (siehe Bild 20.3). Welche Drehungen nun auszuführen sind, muß aber erst ermittelt werden. Dazu enthält die Kammer an ausgewählten Punkten Sensoren, um die aktuelle Raumlage festzustellen. Es zeigt sich jedoch, daß gerade bei größeren Teilen eine gestapelte Bereitstellung günstiger ist, vor allem auch wegen des geringeren Transportraums.

Eher zu den "exotischen" Verfahren zählen solche, die den Widerstand eines Teiles in einer Strömung (Luft, Öl) ausnutzen. Hier kann man zwei Arbeitsprinzipe unterscheiden. Solche, die ein vorgeordnetes Teil umdrehen, wenn es mit der strömungsungünstigen Seite voran ankommt und solche, bei denen Teile in einem Bunker durch einen Druckölstoß hochgewirbelt werden. Teile in Vorzugslage werden dann von einem in Strahlrichtung liegenden Trichter aufgefangen und sind damit geordnet.

Ordnen nach inneren Merkmalen

Formelemente im Innern eines Werkstücks lassen sich nicht gut auswerten. Deshalb soll man an solchen Teilen zusätzliche Kennungen in der Außenkontur anbringen, die nur zur Unterstützung des Ordnens dienen. Das geht allerdings nicht immer. Dann müssen Verfahren eingesetzt werden, die auch innere Merkmale detektieren können. So kann man Beta-Strahlen anwenden, bei denen sich der Strahlenschutz relativ einfach realisieren läßt. Die ausgesendeten Strahlen werden mit einem Zählrohr registriert. Es lassen sich sogar Teile im Innern eines anderen Teils kontrollieren. Die Bewertung eines solchen Kontrollvorgangs geschieht nach einer für den jeweiligen Fall typischen Schwächungsfunktion

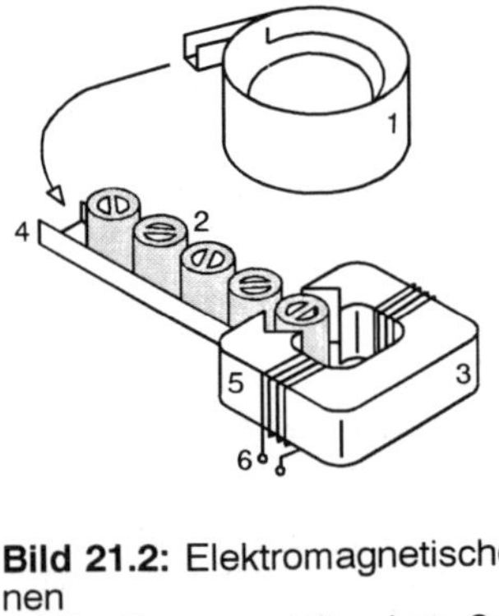

Bild 21.2: Elektromagnetisches Ordnen
1 Vibrationswendelbunker, 2 zu ordnende Werkstücke, 3 Magnetsystem, 4 Zuführrinne, 5 geformter Polschuh, 6 Spulenanschluß

der Strahlung. Kenngröße ist also die Strahlungsintensität in Impulsen je Sekunde, die beim Vorbeiwandern eines Werkstücks vom Strahlenrelais angezeigt wird. Die Direktstrahlung hat bei Beta-Strahlen eine Reichweite von 4 bis 5 m, beim Reflexionsprinzip kann der Abstand 0,2 bis 0,4 m betragen.

Ein interessantes Verfahren wurde vor einigen Jahren in Lettland entwickelt. Es werden elektromagnetische Wirkungen ausgenutzt [50]. Die Werkstücke müssen metallisch sein (Stahl, Messing, Aluminium, Silber u.a.). Bei Teileabmessungen im Bereich von 10 x 10 x 2,5 mm kommt man auf Leistungen bis zu 400 Stück/min. Das Verfahren arbeitet berührungslos (Bild 21.2). Die Teile gelangen in ein elektromagnetisches Feld. Dabei werden im Innern der Teile Ströme induziert, die in Wechselwirkung mit dem magnetischen Feld Kräfte entstehen lassen. Diese Kräfte sind jedoch unterschiedlich groß, weil der zu ordnende Körper asymmetrisch ist. Deshalb soll er ja geordnet werden. Die Kräfte rufen Drehmomente hervor, die die Werkstücke in eine stets gleiche Orientierung drehen. Einige typische Werkstücke für dieses Verfahren zeigt das Bild 21.3. Die Polschuhform richtet sich nach der Werkstückform. Sie kann z.B. pyramidal (Ordnen von Winkeln), schneidenartig (Ordnen von Scheiben) und prismatisch sein. Das Wirkprinzip funktioniert interessanterweise auch, wenn man Werkstücke hat, die aus verschiedenen Werkstoffen (Bimetall-Teile) zusammengesetzt sind. Die elektrodynamischen Kräfte werden dann gleichermaßen wirksam. Die Parameter des elektromagnetischen Feldes liegen bei der Induktion bei 0,1 bis 1,0 T, bei der Frequenz bei 50 bis 50000 Hz und bei der Wirkleistung zwischen 0,1 bis 1,5 kW. Das Ordnen selbst dauert 0,1 bis 0,2 s, bei etwas größeren Teilen braucht man 0,6 bis 1,2 s. Das Vorordnen der Teile zum Werkstückstrang kann auf einfache Weise durch einen Vibrationswendelförderer erfolgen.

Ordnen durch Greifen

Das Greifen aus dem Haufwerk ist schwierig, hat aber den großen Vorzug,daß die Teile in Ruhe verbleiben können. Die Werkstücke werden schichtenweise von oben abgetragen. Dazu braucht man aber Kenntnisse über das zu greifende Teil. Deshalb müssen Winkel- und Tiefeninformationen mit Sensoren erfaßt und zu einer Greifanweisung verarbeitet werden. Bis sich ein geeignetes Teil gefunden hat, muß der Greifer in einer Warteposition verbleiben oder eine Suchbahn abfahren, wenn die Sensoren im Greifer integriert sind (Bild 21.4). Verfahren dieser Art befinden sich aber noch im Experimentierstadium, zumindest, wenn man von beliebig geformten Werkstücken ausgeht.

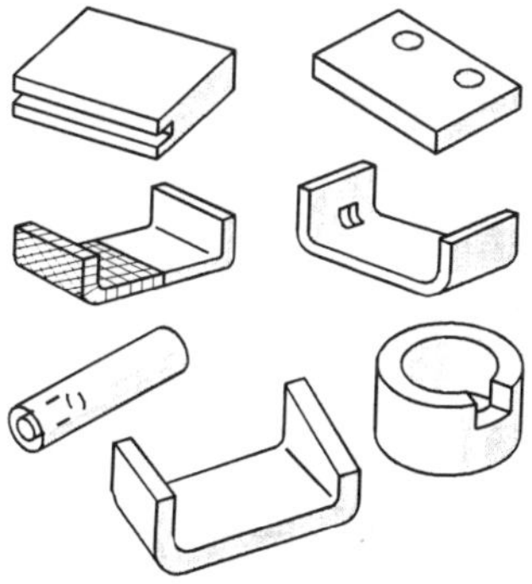

Bild 21.3: Beispielwerkstücke, die sich für das elektromagnetische Ordnen gut eignen.

Statt "Griff in die Kiste" kann aber auch der "Griff auf den Tisch" angestrebt werden. Das Arbeitsgut läßt sich relativ einfach aus dem gebunkerten in den ebenflächigen Zustand überführen. Damit braucht man aber keine Tiefeninformationen mehr. Die Szene wird mit einer Kamera aufgenommen, dann lokalisiert man ein geeignetes Werkstück per Software und löst einen Greifvorgang aus. Teile in Falschlage wandern wieder zurück in den Bunker. Mit Systemen dieser Art hat man schon gute Erfahrungen gemacht. Software gewinnt somit auch beim Ordnen immer mehr an Bedeutung. Bei Umstellung auf ein anderes Werkstück müssen nur noch Greifer und Programme gewechselt werden.

Regeln zum Ordnen

1 Ordnen macht ein Werkstück nicht wertvoller. Man untersucht zuerst alle Möglichkeiten, um es zu vermeiden.

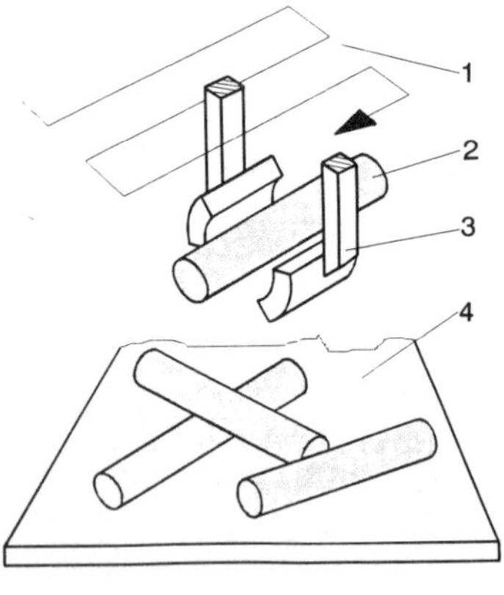

Bild 21.4: Situation beim Greifen aus dem Haufwerk
1 Suchbahn, 2 Werkstück, 3 Greiferbacken, 4 ungeordneter Vorrat

2 Auch teilgeordnetes Bereitstellen von Werkstücken kann sehr hilfreich sein. Die verbleibende Unordnung wird dann in der Maschine beseitigt. Das läßt sich oft einfach realisieren.

3 Deutliche Ordnungsmerkmale am Teil erleichtern das Ordnen, das Kontrollieren und erhöhen die Sicherheit eines Orientierungsverfahrens.

4 Aktive Verfahren, die jedes Teil in die richtige Orientierung bringen, sind leistungsfähiger als passive Verfahren, die nur zufällige Richtiglagen aussondern.

5 Ordnen ist bei den meisten Verfahren ein stochastischer Prozeß. Deshalb sind unmittelbar danach Zwischenpuffer vorzusehen, um Leistungsschwankungen zu überbrükken.

6 Ordnen kann schon bei kleinen Schwankungen der Werkstückparameter ins Stocken geraten. Störungen in der Ordnungseinrichtung sollen sich deshalb leicht und schnell beheben lassen. Es gibt auch Möglichkeiten der Selbstentstörung.

7 Die Teile sollen beim Ordnen geschont werden. Auch Werkstücke, die zufällig mehrfach umlaufen, ehe sie in einen geordneten Zustand gelangen, dürfen keine Abriebspuren aufweisen.

8 Flexibles Ordnen führt häufig zum Einsatz von Bildverarbeitungssystemen. Damit lassen sich meistens noch andere Werkstückparameter überprüfen.

9 Falschteile, Reststücke oder auch schadhafte Teile sollen nach Möglichkeit erkannt und automatisch ausgesondert werden, ohne Störungen auszulösen.

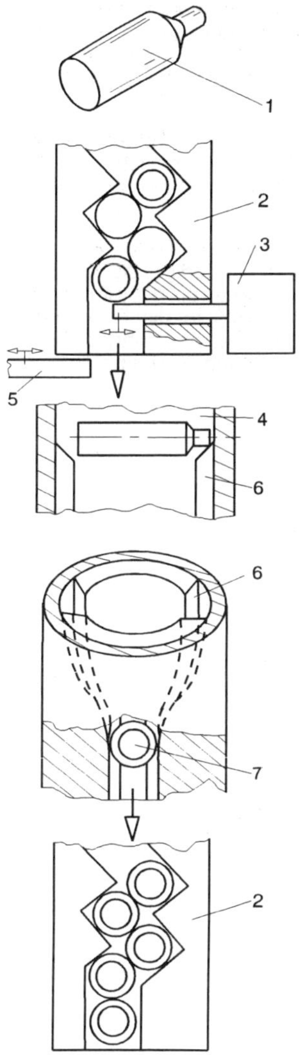

Bild 21.5: Ordnen von abgesetzten Hülsen im Stufenmagazin
1 Werkstück, 2 Stufenmagazin, 3 Zuteiler, 4 Ordnungskanal, 5 Zuteilschieber, 6 gewendelte Führungsnut, 7 geordnetes Teil

10 Bei einigen Verfahren hängt die Leistung u.a. auch vom Bunkerfüllstand ab. Deshalb soll man ausreichende Leistungsreserven einplanen.

Ordnen von abgesetzten Hülsen

Es ist oft einfacher, ein Magazin mit nur teilgeordneten Werkstücken zu befüllen und den Entzug des noch verbleibenden unerwünschten Freiheitsgrades der Maschine zu übertragen. Das gilt besonders dann, wenn das Magazin noch von Hand aufgefüllt wird. Dieser Weg soll am Beispiel des Ordnens von abgesetzten Hülsen, Kunststoff-Flaschen u.ä. gezeigt werden. Es sind prinzipiell zwei Wege beschreitbar:

- Die zwangsweise Werkstückbewegung und die
- freie Werkstückbewegung.

Bei der zwangsweisen Bewegung der Werkstücke gelangen diese in Schwenksegmente. Unter Ausnutzung der Formunterschiede an den Enden des Werkstücks erfährt dieses eine Drehung oder nicht. Die Zapfenform wird dabei rein mechanisch abgetastet. Eine Signalverarbeitung ist nicht erforderlich [16].

In Bild 21.5 wird nun eine Lösung mit freier Werkstückbearbeitung gezeigt. Ein Zuteiler garantiert, daß die Teile einzeln fallen. Dann folgt die Wendestrecke mit gegenüberliegenden Nuten, die sich bis zum Ausgang um 90° verwinden. Der verjüngte Teil des Werkstücks ragt beim Fallen entweder in die rechte oder linke Nut.
Dadurch wird jedes Werkstück um 90° gedreht, entweder im Uhrzeigersinn oder entgegen dazu. Zum Schluß werden die Teile wieder im Stufenmagazin gesammelt und ste-

hen einer Beschickungs- oder Montageeinrichtung zur Verfügung.

Testfragen

1 Welche Ordnungsverfahren kann man anwenden, um Werkstücke mit innerer Asymmetrie zu ordnen?

2 Ordnen ist meistens ein stochastischer Prozeß (Zufallsprozeß). Was kann man tun, um trotzdem eine determinierte Teilebereitstellung zu sichern?

3 Welche Informationen müssen bereitgestellt werden, damit ein Robotergreifer durch einen gezielten Griff in die ungeordnete Menge ein Werkstück aufnehmen kann?

4 Das Ordnen von Teilen während des Fallens ist technisch sehr einfach realisierbar. Gibt es auch Nachteile?

5 Das Ordnen von Teilen wird oft in Einrichtungen erledigt, die den Freiheitsgrad in mehreren Stufen verringern. Beim Griff in die Kiste ordnet man in einer Aktion. Wann ist das eine oder das andere zu empfehlen?

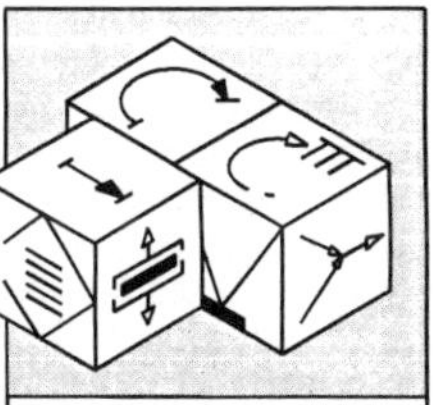

22

Handhabung aus dem Baukasten

Praxis ohne Theorie ist blind.
Theorie ohne Praxis ist unfruchtbar.
John D. Bernal

Um Gegenstände prozeßgerecht zu handhaben, müssen Bewegungen im Raum organisiert werden. Dafür gibt es zwei prinzipielle Möglichkeiten: Ein mehrgliedriger Arm bewegt das Objekt in einer einzigen dreidimensionalen Bewegung (Kompaktroboter) oder man löst die räumliche Bahn in einfache Bewegungen in einer Ebene durch Hintereinanderschaltung von Bewegungsmodulen auf (Baukastengerät). Gute Baukastensysteme sind heute ziemlich ausgereift und ein vielfach gepriesener Weg, um Handlingaufgaben zu bewältigen. Wird es dazu kommen, daß wir in Zukunft alles aus dem Baukasten gestalten ?

Pro und Kontra

Die Baukastentechnik ist ein bewährtes Konstruktionsprinzip, bei dem aus einem Vorrat erprobter Komponenten durch Kombination Einrichtungen unterschiedlicher Struktur geschaffen werden können. Die technischen Gesichtspunkte zur Gestaltung von Komponenten lassen sich durch solche Begriffe wie Funktion, Kombination, Größe, Rangordnung und Toleranz erfassen [51]. Die Gesamtfunktion ist hierbei in immer wiederkehrende Grundfunktionen, in koppelnde Hilfsfunktionen, in ergänzende und erweiternde Sonderfunktionen, in Anpaßfunktionen und in auftragsspezifische Funktionen gegliedert. Die den Funktionen zugeordneten Funktionsträger heißen Bausteine des Systems.

Neben der Gliederungstiefe spielen vor allem die Schnittstellen eine große Rolle. Hier darf man nicht allein an den geometrischen Anschluß denken. Das Bild 22.1 nennt ganz allgemein weitere Koppelbereiche.

Rein theoretisch ist denkbar, für jede Handlingaufgabe auch eine Lösung aus dem Baukasten zu entwerfen. Dazu müßte das Sortiment der Baukasteneinheiten ausreichend groß, in

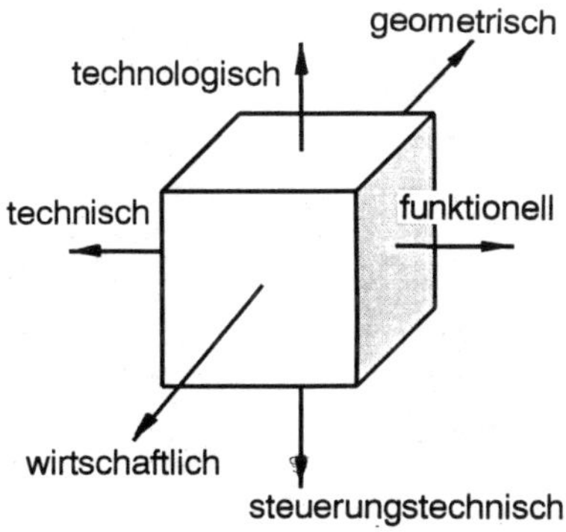

Bild 22.1: Kompatibilitäts-Bereiche von Elementen eines Baukastensystems

vielen Varianten lieferbar und auch nach Bau- und Belastungsgrößen wohlgestuft angelegt sein. Das ist aber nicht wirtschaftlich machbar. Vielmehr spielt die Anwendungshäufigkeit einzelner Bausteine die entscheidende Rolle. Ohne nennenswerte Serienfertigung und der damit verbundenen Preiswürdigkeit bleiben Bausteine uninteressant. Baukästen werden deshalb auf ein relativ eng begrenztes Einsatzfeld zugeschnitten, z.B. für Montagesysteme.

Komplexe Montageanlagen, insbesondere für kleinere Baugruppen, kann man recht erfolgreich aus Baukästen zusammensetzen. Man kann auf ausgereifte und erprobte Komponenten zurückgreifen und damit auch in der Angebotsphase Voraussagen zur Funktionszuverlässigkeit wagen.

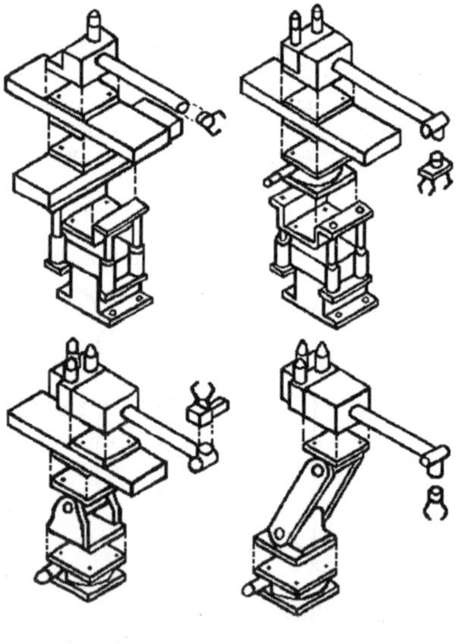

Bild 22.2: Beispiel für die Kombination von Dreh-, Schwenk-, Linear- und Greifeinheiten zu modularen Handhabungseinrichtungen

In Bild 22.2 wird ein Beispiel für ein Baukastensystem vorgestellt, bestehend aus Dreh-, Schwenk-, Linear- und Greifereinheiten. Durch ständige Ergänzung der Baukästen, z.B. um automatische Lötaggregate oder integrierbare Federnwickeleinheiten, wird der Anteil an speziellen bzw. werkstückgebundenen Elementen immer kleiner. In der Montageautomatisierung kann man Baukastensysteme inzwischen als unverzichtbar ansehen. Um komplexe Anlagen geschickt zu konfigurieren, bedarf es hochwertiger Engineering-Leistung.

Vergleicht man Kompakt- mit Baukastenroboter, dann schneiden die Baukastengeräte in einfachen Anwendungen besser ab, weil sie in ihrer kinematischen Auslegung genau auf die Aufgabe zugeschnitten werden können. Für einfaches Handling ist ein x-achsiger Gelenkroboter mit ausgefeiltem Elektronik-Background unangemessen, weil nicht genutzte Universalität immer eine Verlustquelle darstellt. Das Achsen-Preis-Kinematik-Problem würde sich natürlich nicht stellen, gelänge es, ausreichend billige Kompaktroboter herzustellen.

Man muß aber auch technische Unterschiede beachten, wie z.B. die Struktur von Mehrantriebssystemen. Die Antriebe können parallel oder seriell in Bezug zum Gestell angeordnet sein. Bei Baukastensystemen wird aus konstruktiven Gründen in der Regel die serielle Anordnung bevorzugt. Das bedeutet, daß alle hinter dem Gestell liegenden Antriebssysteme mitbewegt werden müssen (Bild 22.3). Das muß natürlich auch bei der Dimensionierung der Armsegmente beachtet werden. Damit unterscheidet sich das dynamische Verhalten gegenüber den Kompaktrobotern. Diese können mit zentralen Antrieben ausgestattet werden. Die Bewegungen leitet man dann über

Zugmittel-, Räder- oder Koppelgetriebe an die entfernten Glieder eines Gelenkarmes. Das wird vor allem bei speziellen Robotern, die z.B. Farbspritzen oder Schweißen, ausgenutzt. Inzwischen gibt es aber auch Anbieter, die zweiachsige Baukastenlösungen vorstellen, bei denen die NC-Antriebe gestellfest angeordnet sind und die Bewegungen über Getriebeglieder weitergeleitet werden. Das reduziert die bewegten Massen erheblich und macht die Bewegungseinheiten schnell [9].

Ob Baukasten- oder Kompaktgeräte einzusetzen sind, ist keine Frage der Weltanschauung. Der erfahrene Planer stellt heute ohnehin den Roboter nicht unbedingt in den Vordergrund. Entscheidend ist, wie eine vorliegende technische Aufgabe auf möglichst wirtschaftliche Art gelöst werden kann. Danach werden die technischen Mittel fixiert.

Problemfeld Maschinenbeschickung

Die Anwendung von Baukastenkomponenten für die Maschinenbeschikkung unterscheidet sich gegenüber der Montage. In der Montagetechnik schließen die Baukästen das Arbeitssystem mit ein. Dafür sind Baukastenelemente im Angebot, wie Kurzhubeinheiten, Preßeinheiten, Ständer, Winkel usw. Oft verschmilzt das Arbeitssystem sogar mit dem Zuführsystem, wenn z.B. Schraub- oder Einlegeoperationen zu bewältigen sind. Eine Montagestation wird somit funktionell und in den Koppelbedingungen gestaltet. Das ist bei der Beschickung von Werkzeugmaschinen anders. Das Arbeitssystem ist hier nicht mehr gestaltbar und muß vom Automatisierer in großer Vielfalt hingenommen werden. Oft genug werden vom Hersteller der Maschinen auch die Anschlußflächen vergessen, über die ein Handlinggerät aus Komponenten angefügt werden könnte. Daraus erklärt sich auch die übergroße Zahl unterschiedlicher individueller Beschickungslösungen. Wünschenswert wäre eine deutliche, möglichst genormte Vorgabe eines Handhabungskanals von außen bis zur Wirkstelle und vorbereitete Anschlußflächen. Bisher sind die Werkzeugmaschinen wie folgt beschickbar: Von vorn 100 %, von oben 70 %, von rechts 42 %, von hinten 16 % und nur von vorn 16 %. Das Bild 22.4 zeigt einige Anbaulösungen bei Nutzung verschiedener Stützebenen am Arbeitssystem.

Ein weiterer Unterschied zur Montage besteht darin, daß meistens Doppelgreifer gewünscht werden. Damit

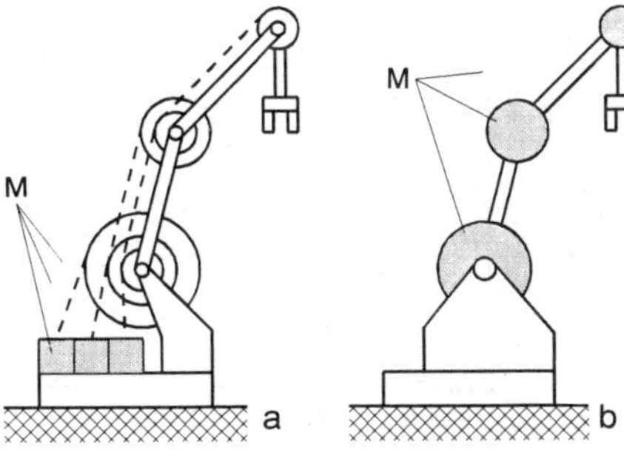

Bild 22.3: Struktur von Mehrantriebssystemen; a) zentrale Antriebe, b) dezentrale Antriebe, M Antrieb (Motor + Getriebe)

kann ein Handhabungszyklus der beiden erforderlichen (Rohteil-, Fertigteilhandling) parallel zur Hauptzeit der Maschine gelegt werden. Hieraus ergibt sich eine günstigere Span-zu-Span-Zeit.

In der Maschinenbeschickung sind die Automatisierungsmöglichkeiten noch nicht ausgeschöpft. Trotz oft schlechter Anschlußbedingungen dürften Baukastenelemente gute Anwendungschancen haben [52].

Kombinieren im Baukasten

Ein Baukasten ist eine Sammlung einer gewissen Anzahl verschiedener Elemente (Bausteine), aus welchen sich verschiedene Erzeugnisse zusammensetzen lassen. Der Name ist vom Kinderspielzeug-Baukasten abgeleitet. Die Zusammensetzung der Bausteine kann dabei auf unterschiedliche Weise festgelegt sein. Oft ist auch die Kombination mit anderen Strukturierungsprinzipien günstig, so z.B. die reihengestufte Herausbildung von Modulen. In Bild 22.5 wird schematisch gezeigt, wie man Produktvarianten aus Baugruppen, Großbaugruppen wie z.B. Tische und Portale, sowie Spezialkomponenten (Nicht-Bausteine) gestalten kann. Der Trend zur industriellen Rationalisierung und Automatisierung brachte auch Baukastensysteme zur Handhabungstechnik für die Montage- und Fertigungstechnik hervor. Durch einen vorteilhaften funktionsorientierten Auflösungsgrad (ein Maßstab dafür, wieviele Bausteine verschiedener Rangordnung in einem Gegenstand ineinander verschachtelt sind), kann man die einzelnen Bausteine in großen Serien auf modernem Maschinenpark preisgünstig herstellen.

Ein Dutzend Kenngrößen

Baukastensysteme können an Hand einiger Kenngrößen bzw. Aussagen charakterisiert und miteinander verglichen werden. Vor allem aber wird sie der Nutzer dem eigenen Anforderungsbild gegenüberstellen. Im Abgleich geht es aber nicht so sehr darum, die jeweils erreichbaren Maximalwerte herauszufinden, sondern es geht um ein Optimum. Eine Optimierung ist aber immer mit Kompromissen verbunden. Jeder Nutzer muß also die Kenngrößen nach seinen Bedingungen wichten, weshalb sich ein Preis-Leistungs-Verhältnis

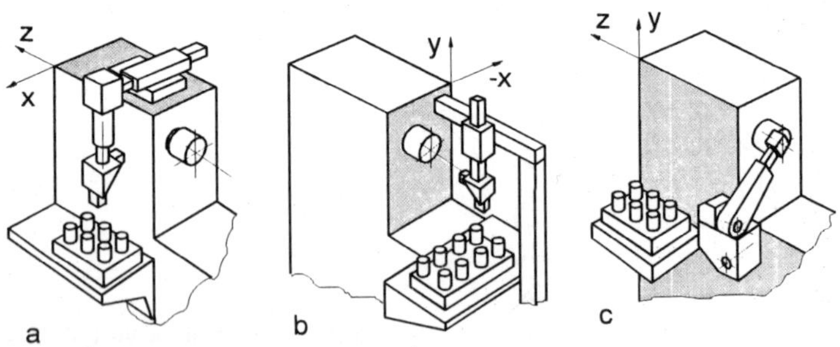

Bild 22.4: Beschickungseinrichtung aus Baukastenelementen; a) DSS/D-Struktur (D=Drehen, S=Schieben), b) SS/D-Struktur, c) DD/S-Struktur

für jeden Anwender etwas anders darstellt.

Und das interessiert den Anwender von Baukasten-Einheiten:

1 Welcher Funktionsinhalt (Anzahl, Auflösungstiefe, Gliederung in Funktionseinheiten, Flexibilität) wird geboten?

2 Welche Bewegungsdaten (Wege bzw. Winkel, Geschwindigkeit oder Kadenz, Beschleunigung, Wegschrittauflösung und Zwischenpositionen) werden realisiert?

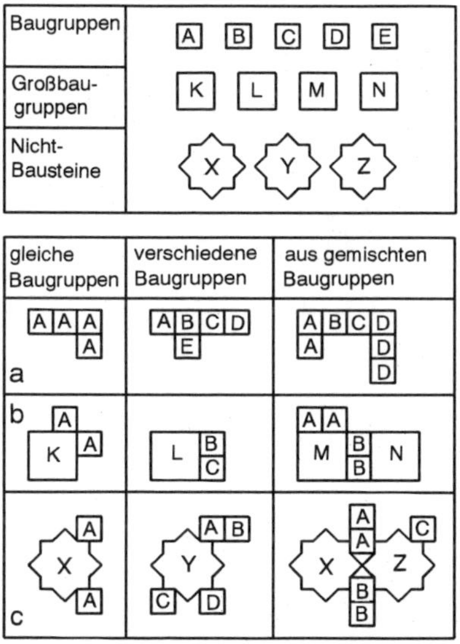

Bild 22.5: Produktvarianten aus dem Baukasten
a) ohne Verwendung einer Großbaugruppe, b) mit Großbaugruppe als Basis, c) mit Spezialeinheiten als Basis, A-E Baugruppen, K-N Großbaugruppen, X-Z Nicht-Bausteine

3 Welche Belastungsdaten (Nutzlast, Steifigkeit, Durchbiegung und Umgebungseinflüsse) kennzeichnen die Einheit?

4 Welche Arbeitsgenauigkeit (Bewegungsfehler, Spiele, Wiederholgenauigkeit, Bahntreue) kann man erwarten?

5 Welche Bewegungskultur (Endlagendämpfung, Schwingungsverhalten, Laufruhe, Geräuschpegel) kennzeichnet den Modul?

6 Welche Einstellbarkeit (Einstell-/Umstellaufwand, stufenlos, gestuft, Zugänglichkeit) ist vorgesehen?

7 Genügen die Nutzungsdaten (Lebensdauer, Zuverlässigkeit, Drifterscheinungen, Falschbedienungsschutz, Verbräuche) den Ansprüchen?

8 Ist die Kombinierbarkeit (logische und physikalische Verträglichkeit, Einbaulagen, Adapter, Zubehör, Planungshilfen) komfortabel?

9 Welche Abmessungen und Verhältniszahlen (Baubreite, Verhältnis von Baugröße zu Bewegungsdaten, Verhältnis von Masse zur maximalen Nutzlast) charakterisieren die Einheit?

10 Wie ist die Einbindung in Energie- und Steuersysteme (Schnittstellen, Quittungssignale, Programmierbarkeit, verteilte Intelligenz, Codierung und Identifikation, Integration von Versorgungssystemen) technisch gelöst?

11 Reicht die Sicherheit (Verhalten bei Not-Aus, Überlastungsschutz, Überlastbarkeit, Quetsch- und Scherstellen, Schutzelemente, Abschrankungen) aus?

12 Entspricht die Ästhetik (Formgestaltung, Übersichtlichkeit, klare funktionelle Gliederung, verdeckte Kabelführung statt Kabelsalat) modernen Ansprüchen?

Testfragen

1 Welche Eigenschaften kennzeichnen die Verwendbarkeit von Baukastenkomponenten?

2 Welche Konzepte sind bei Mehrantriebssystemen prinzipiell realisierbar? Nenne Vor- und Nachteile der Antriebskonzepte!

3 Beschreibe den Bewegungsablauf einer Maschinenbeschickung nach Bild 22.4, wenn ein Doppelgreifer eingesetzt wird!

4 Versuche an Hand eines marktgängigen Baukastensystems für Handhabungseinrichtungen die Baueinheiten in einem Baumusterplan unterzubringen. Ein Baumusterplan zeigt nur die charakteristischen Kombinationsmöglichkeiten in einer sinnvollen Auswahl aus der möglichen, großen Vielzahl der Kombinationen.

5 Beim Aufbau komplexer Anlagen aus dem Baukasten genügt es nicht, nur die mechanischen Schnittstellen zu bewerten. Welche Kompatibilitätsbereiche sind außerdem wichtig?

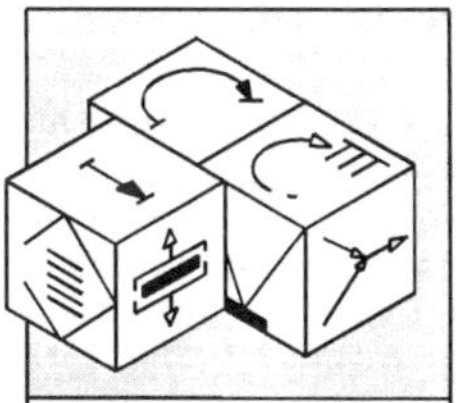
23

Magazinieren in Werkstückaufnahmen

Der Urquell aller technischen Errungenschaften ist die Neugier und der Spieltrieb des bastelnden und grübelnden Forschers und nicht minder die konstruktive Phantasie des technischen Erfinders...
Albert Einstein

Die Zeiten sind vorbei, da man in den Firmen bei der Werkstückbereitstellung alle erdenklichen Varianten zwischen totalem Chaos und penibler Ordnung vorfand. Im Zwang betrieblicher Kostengesetze wird geordnetes greifgerechtes Bereitstellen bevorzugt, weil sich nur dann einfache zweckmäßige Bewegungszyklen für Handhabungsautomaten ergeben. Die Teilebereitstellung auf transportablen Werkstückträgern ist deshalb im Vormarsch. Natürlich hat das alte gute Förderband nicht ausgedient. Doch je mehr in kleineren Losen gefertigt wird, desto aktueller ist die Bereitstellung auf Flachpaletten geworden. Sie lassen sich auch gut in vorhandene Materialflußsysteme einbinden. Selbst die Vorstellungen von der windschiefen, klapprigen Palette aus alten Tagen sind passè. Marktführende Firmen bieten heute in vorzüglicher Ausstattung und Qualität Werkstückträger an, die schon durch ihr Outfit den Nutzer zu sorgsamen Umgang mahnen. Flachpaletten bzw. Stapelflachpaletten haben einen Hauch von Präzision abbekommen und das als Folge industrieller Automatisierung. Neben der Stütz- und Tragfunktion geht es natürlich um die Lagesicherung der Werkstücke. Es werden Werkstückaufnahmen gebraucht. Was unterscheidet sie ? Sollen sie klobig oder filigran, fest integriert oder wechselbar sein ?

Das Prinzip

Werkstückaufnahmen, auch als Lagesicherungselemente bezeichnet, sind Mittel, um Werkstücke in bestimmten Lagen (Position, Orientierung) auf Speicherflächen (Flachpaletten, Scheibenspeicher sowie Bänder und Ketten) sicher und genau, aber greifgerecht, zu halten. Nach dem physikalischen Prinzip sind dafür grundsätzlich folgende Möglichkeiten gegeben [1]:

■ Formpaarung
Dazu gehören alle Elemente, die das Werkstück an der Innen- oder Aussenform in der Bewegung begrenzen. Die Formelemente weisen auf irgendeine Art ein Stück Gegenkante zum Werkstück auf. Der überwiegende Teil der Werkstückaufnahmen beruht auf der Formpaarung. Übrigens kann man dieses Prinzip auch umkehren, d.h. nicht die Aufnahmeelemente werden in ihrer Form auf das Werkstück abgestimmt, sondern die Werkstücke werden vereinheitlicht. Dieses macht natürlich nur Sinn, wenn es durch vorübergehendes Ankleben eines Handhabeadapters geschieht, der nach Durchlauf aller Arbeitsstationen wieder entfernt wird. Etwas ähnliches sind Hilfspaletten, die man zeitweilig an unförmige Teile anschraubt und die später wieder abgenommen werden.

■ Kraftpaarung
Nur in sehr einfachen Fällen, wie z.B. bei sanft taktenden Scheibenspeichern, genügt allein die Reibungskraft. Meistens sind Federkräfte und Magnethaftkräfte im Spiel, in seltenen Fällen auch Saugluft. Das Halten mit Kräften führt immer zu "Abreißkräften", die von der abgreifenden Handhabungseinrichtung zusätzlich aufgebracht werden müssen, es sei denn, die Kraftwirkung läßt sich abschalten. Dafür ist aber eine gewisse Sicherheit gegen das Wegspringen von gespeicherten Teilen bei Stößen gegeben, wie sie z.B. bei Not-Halt von Transportfahrzeugen auftreten können.

■ Stoffpaarung
Dieses Prinzip wird nur selten angewendet und beruht im wesentlichen auf der Verwendung von Haftschichten. Diese Art und alle Formen, bei denen auch Kraftfelder genutzt werden, haben den Vorzug, daß der Freiraum um das Werkstück nicht eingeschränkt wird. Nachteilig ist bei Haftschichten ihre Standfestigkeit, wenn Schmutzpartikel, Fett und Öl übertragen werden [53].

Es ist aber nicht nur der physikalische Effekt, der Werkstückaufnahmen unterscheidet. Die Funktionsweise kann sich auch unterschiedlich auf den Bereitstellfehler auswirken. Deshalb werden in Bild 23.1 typische Funktionsweisen unterschieden und zwar danach, wie sie eine Soll-Lage (Position und Orientierung) bewahren.
In gewöhnlichen Aufnahmen haben die Werkstücke in mehreren Achsen Spiel. Neben Herstellungstoleranzen und Abstellfehlern des Speichers vor Ort vergrößert dieses Spiel grundsätzlich den Bereitstellfehler um den Betrag δs. Verschleißerscheinungen an den Körperkanten kommen im Laufe der Zeit hinzu. Diese Aufnahmen sind in der Regel sehr einfach und billig. Das Bild 23.2 zeigt einige Ausführungsbeispiele. Um Flexibilitätsanforderungen entgegenzukommen, können Teile der Aufnahme stufenlos einstellbar oder rastbar ausgeführt sein.

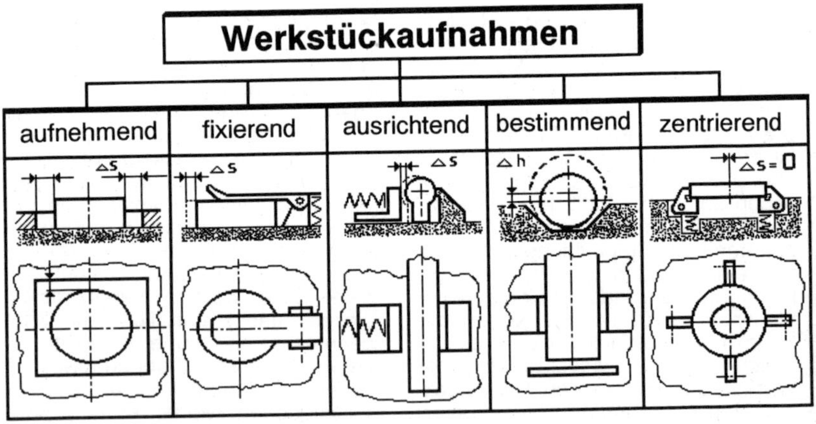

Bild 23.1: Eigenschaften von Werkstückaufnahmen bezüglich ihrer Positionierung (s, h Spiel)

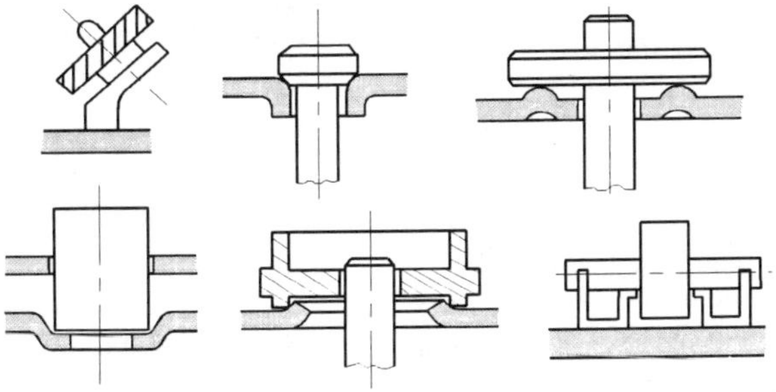

Bild 23.2: Konstruktive Ausbildung von Werkstückaufnahmen für typische Werkstückformen

Bei fixierenden Aufnahmen braucht man krafterzeugende Elemente, die das Werkstück halten. Meistens sind das gefederte Klemmen. Hier besteht die Eigenheit, daß der Fehler δs am vorhergehenden Arbeitsplatz, also beim Auflegen des Teils, eingebracht wurde. Der Fehler wird in dieser Größe bewahrt. Das betrifft auch alle magnetisch haltenden Flächen.

Bei ausrichtenden Elementen kann man von einer festen unveränderbaren Bezugskante ausgehen, gegen die jedes Werkstück ausgerichtet wird. Werkstücktoleranzen werden aber nicht vermittelt, sondern führen zu einer Mittenverschiebung δs.

Das ist bei prismatischen Werkstückaufnahmen anders. Hier kann die Achsmitte garantiert werden. Bei verschiedenen Durchmessern gibt es geringe Abweichungen δh, die sich beim Greifen leicht ausgleichen lassen. Diese Aufnahmen kann man als bestimmende Elemente bezeichnen.

Die zentrierenden Teileaufnahmen schließlich besitzen meistens bewegliche Elemente, die die Werkstücke stets auf eine Achsmitte ausrichten. Alle noch im Moment des Auflegens vorhandenen Positionsfehler werden aufgehoben. Die Achsmitte stimmt immer mit der bekannten Mitte des Speicherplatzes überein.

Flexible Werkstückaufnahmen können werkstückanpaßbar und selbstanpassend sein. Damit sind Verstellelemente gemeint, die in einer oder in mehreren Achsen wirken können. Meistens kann nur auf die Werkstückgröße reagiert werden. Selbstanpassende Aufnahmen reagieren auf Größe und Form. Sie können reversibel oder irreversibel sein. Erstere betreffen Speicherplätze in Form von Lamellen, Stiftfeldern, federnden Ringen oder plastischen nicht aushärtenden Massen [2] [3]. Irreversible Elemente sind meistens aushärtbare Kunststoffe, die die Form vom Werkstück übernehmen. Ein Beispiel sind tiefgezogene Flachpaletten aus PVC-Folie, die durch Vakuumabformung vom realen Werkstück oder ganzer Werkstückgruppen entstanden sind [54].

Regeln für Werkstückaufnahmen

1 Die Werkstückaufnahmen müssen eine solche Genauigkeit garantieren, die das sichere Abgreifen der Teile ermöglicht.

2 Der Zugriff zum Teil soll ohne Umwege und ohne Berührung mit Bestandteilen eines Werkstückträgers oder anderen Werkstücken möglich sein. Es darf kein Spezialgreifer notwendig werden.

3 Die durch die Werkstückaufnahme vorgegebene Werkstücklage soll der Lage beim Montieren oder der Beschickungslage entsprechen.

4 Bei starrem Greifer sollen die Teile in der Werkstückaufnahme eine Mindestbeweglichkeit haben, damit der Roboterarm im Moment des Greifens nicht infolge Positionsdifferenzen überlastet wird.

5 Werkstückaufnahmen sollen möglichst für mehrere Werkstückformen und -arten tauglich sein.

6 Art und Anordnung der Werkstückaufnahmen sollen die Fläche des Werkstückträgers bestmöglichst ausnutzen.

7 Werkstückaufnahmen sollen unempfindlich gegenüber Spänen, Abrieb und Schmutz sein. Sie dürfen keine toten Winkel bilden, die eine Säuberung behindern.

8 Die Funktion einer Werkstückaufnahme ist nicht nur am Einzelplatz zu prüfen, sondern die Produktion als Ganzes zu sehen. Dazu gehören auch Funktionen der Qualitätsprüfung, der Zwischenlagerung und der Nutzung an anderen Arbeitsstellen.

9 Auch wenn der Werkstückträger für automatische Prozesse ausgelegt wurde, muß manuelles Beschicken und Entnehmen gefahrlos möglich sein.

10 Die Anordnung der Werkstückaufnahmen und ihre Ausführung soll so sein, daß eine rasche visuelle Kontrolle des Speicherinhalts möglich ist.

Die Anwendung

Die Anwendungen und Ausführungen sind so verschieden wie die Werkstücke, die Handhabungs- und Greiftechnik und die Prozesse, die automatisch versorgt werden. Die Werkstücke lassen sich oft achsparallel und axial speichern, einzeln und mehrlagig. Man wird die Orientierung des Werkstücks in der Regel so wählen, wie sie in der Arbeitsposition gebraucht wird, um zusätzliche Greifer-Gelenkdrehungen beim Beschicken zu erübrigen.

Eine Frage der wirtschaftlichen Herstellung und Nutzung ist die nach einer Spezial- oder Umrüstpalette. Das zeigt Bild 23.3. Man kann die Aus-

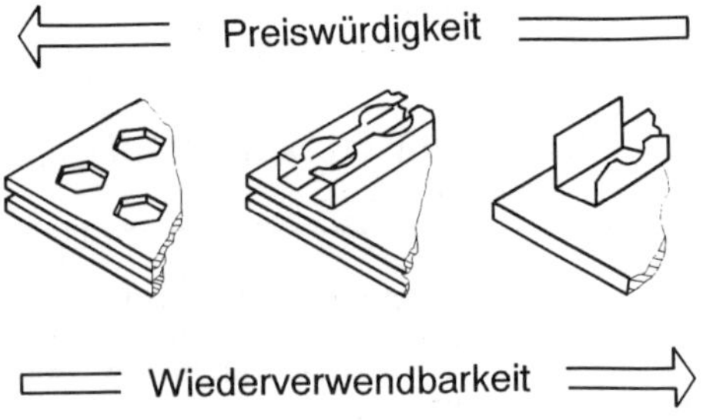

Bild 23.3: Gestaltung von Werkstückaufnahmen; links: die Aufnahme von Transportlosen; mitte: eine Gruppenaufnahme und rechts die Einzelaufnahme

rüstung mit Werkstückaufnahmen vorsehen, bei denen mehrere Elemente einen Speicherplatz bilden oder solche bei denen unter Umständen ein einziges Bauteil (Palettenboden) die Sicherung für ein gesamtes Transportlos abgibt. Diese Lösung wird gegenwärtig bevorzugt, weil die Automatisierung immer zuerst dort angewendet wird, wo die größeren Stückzahlen vorliegen. Das wird sich zu immer kleineren Stückzahlen hin verschieben. Damit nicht genug.

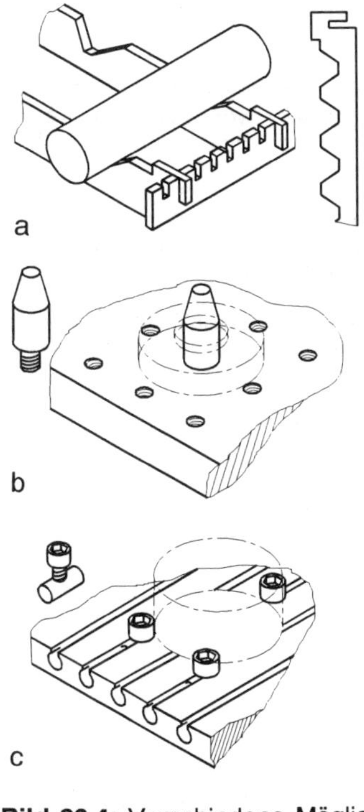

Bild 23.4: Verschiedene Möglichkeiten zum Gestalten von Werkstückaufnahmen
a) Rastschienensystem nach dem Prinzip der Eierkisten, b) Bohrungs-System, c) Nutplatten-System

Philosophien wie Just-in-time gehen davon aus, daß man nur immer gerade das bereitstellt, was im Moment gebraucht wird und zwar mengen- und sortimentsbezogen. Die Transportlose werden sich möglicherweise verkleinern (Kleinstlose) und der Wunsch nach Mischbelegungen wird aktuell, d.h. dann sind Werkstücke verschiedener Sortimente auf einem Werkstückträger.

In vielen Fällen genügen Werkstückaufnahmen, die nur die Position gewährleisten, nicht aber die Orientierung. Typische Gestaltungsbeispiele zeigt das Bild 23.4. Beim Beschicken einer Räummaschine ist es meistens unwichtig, wie Zahn und Zahnlücke eines Stirnrades zum Spannmittel ausgerichtet sind. In der Montage ist das anders. Hier kann es notwendig sein, auch Verdrehsicherungen unter Ausnutzung von Formmerkmalen vorzusehen. Dazu zeigt Bild 23.5 ein Ausführungsbeispiel für Zahnräder.

Bei mehrlagiger Speicherung von mittleren Teilen kann man oft nur die unterste Schicht mit praktisch sinnvollen Werkstückaufnahmen sichern. Für das was darüberliegt, lassen sich zwei Varianten nennen:

- Die obere Fläche der Werkstücke ist so ausgebildet, daß die Form gleichzeitig als Werkstückaufnahme für ein darüberliegendes Teil dient. Ein Beispiel sind Eimerverpackungen, deren Oberseite randstabilisiert ist und als Aufnahme für den Boden des nächsten Eimers dienen.
- Es werden Werkstückaufnahmen als Losteile verwendet, sogenannte Zwischenlagen, die Formelemente nach oben und unten enthalten können, und die auf die unterste Schicht aufgelegt werden.

Automatisches Handhaben dieser Zwischenlagen ist aber ein ernsthaftes Hindernis und wird gern vermieden. Meistens wird dafür ein Extragreifer benötigt.

Für den Anwender ist auch wichtig, welche Hilfsmittel für eine Ausrüstung von Werkstückträgern mit Werkstückaufnahmen zur Verfügung stehen. Das können Einrichteschablonen sein, Plätze zum Ausmessen und Montagehilfsmittel. Für die Zukunft wird man auch an automatische Stationen zur Ausrüstung von Werkstückträgern für die flexible Fertigung denken müssen. Das ist sicherlich nur mit neuen Befestigungssystemen wirtschaftlich möglich. Ein solcher Ablauf hätte die Charakteristik einer automatischen Demontage-Montage-Station.

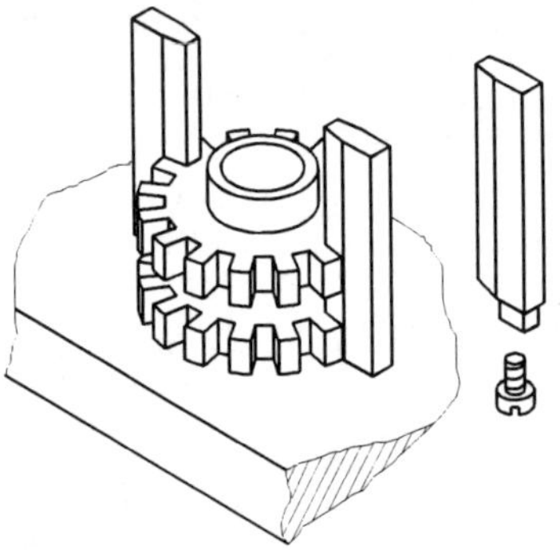

Bild 23.5: Werkstückaufnahme für Zahnräder unter Verwendung von Magazinschienen zur Verdrehsicherung

Testfragen

1 Mit welchen Positionierfehlern muß man rechnen, wenn Werkstücke in Werkstückaufnahmen bereitgestellt werden?

2 Was versteht man unter form-, kraft- und stoffpaarigem Lagesichern von Werkstücken?

3 Nenne die prinzipiellen Gestaltungsmöglichkeiten von Werkstückaufnahmen!

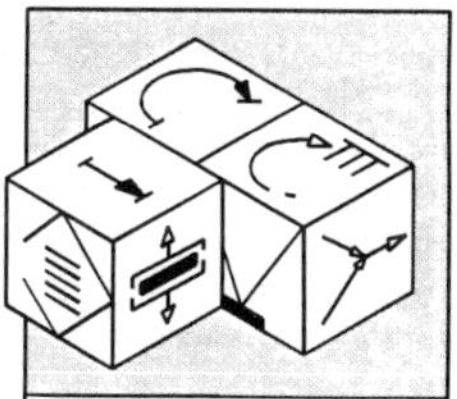

24

Handhaben nicht formstabiler Teile

Maschinen werden innerhalb der nächsten
zwanzig Jahre dazu imstande sein,
jede Arbeit zu übernehmen,
die auch der Mensch ausführen kann.
Herbert Simon (1965)

"Niemand kann auf einen Baum steigen, der keine Äste hat", so heißt ein Sprichwort. Das galt lange Zeit im übertragenen Sinne auch für das automatische Handling biegeschlaffer Werkstücke. Der manuelle Arbeitsumfang ist meist unverhältnismäßig hoch, vergleicht man ihn mit anderen Montagetätigkeiten. Daraus ergibt sich ein beachtliches Rationalisierungspotential. Doch ganz allmählich kommt Bewegung in dieses schwierige Gebiet, d.h. es wachsen Äste. Heute geht es allerdings nicht mehr allein um die herkömmlichen Bauteile, wie O-Ringe, Schläuche und elektrische Leitungssätze, sondern im Zusammenhang mit der Schaffung neuer Verbundstrukturen auch um das Handhaben von Vliesen, Rovings (Stränge von Glasfasern) und Tapes (Halbzeuge in Bandform). Die Aufgabe wird sich also dank innovativer neuer Werkstoffe keineswegs einschränken. Doch vorläufig haben wir noch im traditionellen Sortiment unsere Probleme.

Die Forminstabilen

Zu diesen ebenso verflixten wie unverzichtbaren Bauteilen gehören jene, die schon bei geringen Kräften ihre Ausgangsform verlassen oder gar bereits unter eigener Schwerkraftwirkung die Form ihrer Unterlage annehmen. Das sind z.B. Kabel, Dichtringe, O-Ringe, Riemen, Bänder, Bälge, Membranen, Schläuche, Matten, Dichtungsprofile, Folien, technische Textilien und auch Karlsbader Obladen während ihrer Herstellung. Sowohl automatisches Zuführen, wie auch Greifen und Montage, sind mit vielfältigen Problemen umgeben. Beim Montieren können keine großen Kräfte übertragen werden, was zum Versagen von passiven Ausgleichsmechanismen führen kann, weil sich keine ausreichend großen Querkräfte ausbilden. Beim Greifen z.B. großflächiger Gebilde verbleibt meistens nur das Prinzip der Kraftfelder, in der Regel als Saugluftfeld. Normale Vakuumsaugnäpfe sind allerdings für forminstabiles Gut, wie z.B. Dichtfolien, untauglich. Die Verformung wird örtlich so stark, daß es zur lokalen Abdichtung im Saugelement und damit zum Versagen des Greifers kommt (Bild 24.1). Deshalb hat man in [55] dafür Niederdruck-Flächensauger vorgeschlagen. Die aktive "greifende" Fläche kann eine Lochplatte sein. Auch ein Schaumblock mit geeigneter Porösität und seitlicher Abdeckung, um einen Leckluftеinbruch zu vermeiden, ist geeignet.

Maßnahmen zur Verbesserung der Handhabbarkeit können sein:

■ Montagegerechte Gestaltung; Schlauchstücke sowie Faltenbälge können z.B. Randversteifungen erhalten [56], Kabel und Leitungen können durch feste Komponenten ersetzt werden, z.B. Leiterzüge auf Hartpapier. Mitunter lassen sich Dichtungen durch vor Ort aufgetragene Dichtklebemittel (flüssige Dichtung) ersetzen.

■ Zeitweilige Versteifung; Möglichkeiten bestehen in der starken Unterkühlung oder im vorübergehenden Verbinden mit absteifenden Hilfsmitteln. Beides sind zusätzliche Vorgänge und werden kaum genutzt.

■ Anwendung flächenwirksamer Aufnahmemittel; Infrage kommen Saugluftfelder, auch in Kombination mit dem aerodynamischen Paradoxon, Nadelgreifer mit Mikronadelfeldern, elektrostatisches Haften und Anfrieren an Kühlbleche, die gleichzeitig als Halteelement (Greifer) dienen.

Für viele Teile, insbesondere genormte, muß man mit den Gegebenheiten auskommen. Umso erstaunlicher ist bereits Erreichtes, z.B. die vollautomatische Kabelkonfektionierung 16-adriger Kabel mit beidseitigem Stecker mit einer Leistung von zwei Kabeln in einer Minute, das freiprogrammierbare Legen von Kabelbäumen, Abdichten von Lampengehäusen durch formfreie Schäumung und automatisches Montieren von O-Ringen, Flachdichtungen und Dichtfolien. Für elektrische Leitungssätze (Kabelbäume) in kleinen Stückzahlen denkt man sogar an eine Kombination mit CAD. Der Stromlaufplan wird rechnergestützt entworfen, der Kabelbaum gestaltet und der Verlegeprozeß simuliert. Dann folgen das automatische Herstellen des Kabelbaums und die Montage von Steckverbindern.

Ideen für die O-Ring Montage

Im folgenden soll auf einige Entwicklungen hingewiesen werden, die in [57 bis 59] dokumentiert sind. Bearbeitet wurde automatisches Handhaben bzw. Fügen von Faltenbälgen, Gleit-, Stütz- und O-Ringen. Besonders schwierig ist das Fügen innenliegender kleiner O-Ringe, die besonders häufig vorkommen. Das liegt an folgenden Dingen:

■ Es dürfen bei der Montage keine Verletzungen der Ring-Oberflächen vorkommen, weil diese dann ihre Funktion versagen.

■ Der Ring ist immer größer als die Bohrung. Er muß deshalb in der Fügephase vorübergehend in der Außenform verkleinert werden.

■ Die Oberfläche kann geölt oder gepudert sein, was das automatische Zuführen erschweren kann.

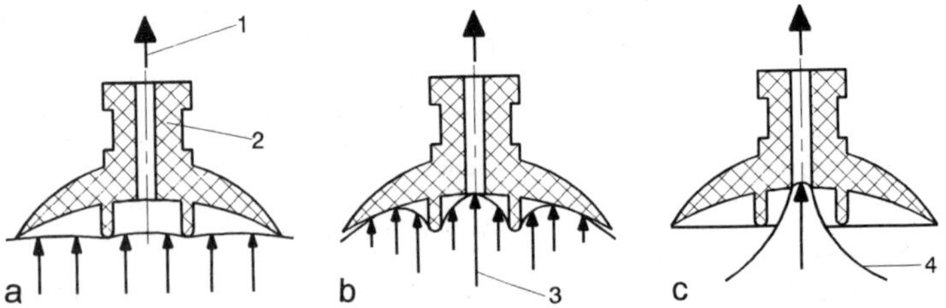

Bild 24.1: Versagen von Saugnäpfen bei forminstabilen Greifobjekten; a) Ansaugphase, b) Ausbildung einer inneren Abdichtung, c) Versagen, 1 Vakuum, 2 Saugnapf, 3 Ansaugkraft, 4 Greifobjekt, Folie

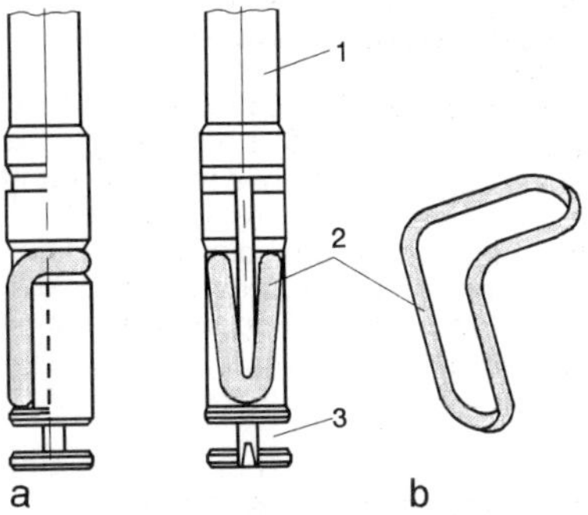

Bild 24.2: O-Ring-Montagegreifer für kleine innenliegende Ringe
a) Greiferausführung, b) zur L-Form gebogener Ring, 1 Montagegreifer, 2 O-Ring, 3 wahlweise nutzbare zweite Aufnahmenut für Ringe, die dicht an der Oberfläche sitzen

■ Das Fügen soll möglichst von einer Seite aus erfolgen können, d.h ohne Gegenwerkzeuge.

Für die zeitweilige Verkleinerung der Außenkontur der O-Ringe sind folgende Möglichkeiten bekannt:

■ Verändern zu einem nierenförmigen Gebilde,
■ Einbeulen zu einer achtähnlichen Form und
■ Zusammendrücken zu einem elliptischen Ring.

In Bild 24.2b wird eine neue Form gezeigt, die L-Form-Variante. Das Bild 24.2a zeigt zwei Ansichten des dazugehörigen Greifers. Die Montage läuft folgendermaßen ab: Der Greifer fährt in den aufzunehmenden Ring, der in einer Bereitstellstation liegt, und zieht ihn in eine langgestreckte Form. Dann wird das Aufnahmeoberteil des Greifers gegenüber dem Unterteil bewegt, so daß der O-Ring nunmehr L-förmig im Greifer sitzt. Die Montage geschieht mit umgekehrtem Ritual, wenn der Greifer bis auf Einbautiefe in das Werkstück eingetaucht ist [60]. Die kleinste Ringgröße, die so montiert werden kann, liegt bei

$$d_1 = 3 \cdot d_2$$

Es bedeuten:
d_1 Ringinnendurchmesser
d_2 Schnurstärke.

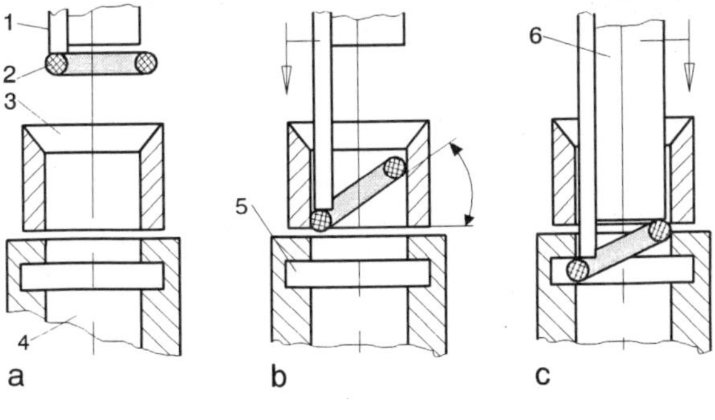

Bild 24.3: O-Ring-Fügen nach dem Ellipsenkonzept; a) Ring gegriffen, b) Ring einziehen mit Verformung des Ringes zur Ellipse, c) Nachschieben bis zum Einschnappen in die Nut, 1 Greifer (Vakuum, 2 O-Ring, 3 zentrierende und führende Aufsatzhülse, 4 Montagebasisteil, 5 Montagenut, 6 Schieber

Für größere innenliegende O-Ringe wurde ein Montagegreifer entwickelt, der auf der Ellipsenform des Ringes während der Montagephase beruht. Die elliptische Gestalt des Ringes ergibt sich, wenn der Ring gegriffen und durch eine Aufsatzhülse gezogen wird, weil er im Durchmesser größer als die Hülsenbohrung ist (Bild 24.3). Dann wird bis zur Nuthöhe vorgefahren und mit einem greiferintegriertem Schieber nachgeschoben, so daß der Ring unverdrillt in die Nut springt. Der Schräglagewinkel des Ringes in der Hülse beträgt dabei etwa 15° bis 35°.

Außenliegende O-Ringe lassen sich etwas besser montieren. Der Ring muß in diesem Fall geweitet werden, damit er über das Wellenstück gebracht werden kann. Das läßt sich auch durch folgende Verfahren erreichen:

- Vergrößern des Durchmessers mit Hilfe einer konischen Hülse und
- Weiten durch am Umfang verteilte bewegliche Finger.

Das dann nachfolgende Fügen kann durch schrittweises Einschnappen erfolgen, ähnlich der Autoreifenmontage, oder durch gleichzeitiges Einbringen am ganzen Umfang. Auch hierfür hat man Greifer und Bereitstelltechnologien entwickelt.

Inzwischen wird auch experimentiert, um Gleit-, Abstreif- und O-Ring als Dichtungsverbund in einem Vorgang zu montieren. Man rechnet hier mit Montagezeiten um die 5 s. Hinzu kommen noch die Zeitanteile für das Aufnehmen des Fügeteilverbundes von etwa 4 s.

Was soll man nun bei solchen Entwicklungen der Industrie raten ?

"Man muß den Mund aufmachen, wenn Brei angeboten wird" (Sprichwort).

Testfragen

1 Wie kann man flexible Folien mit Saugluft greifen?

2 Durch welche Maßnahmen kann man nicht formstabile Gegenstände handhabbarer machen?

3 Welche Probleme bestehen beim Fügen von O-Ringen, insbesondere wenn die Ringe in Bohrungen einzubauen sind?

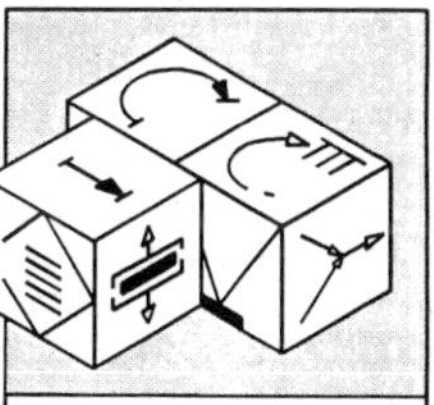

25

Reflexionen zum Vereinzeln

> Bei jedem Kunstwerk, groß und klein, bis ins kleinste kommt alles auf die Konzeption an.
> Johann Wolfgang von Goethe

Henry Ford hielt viel von maschineller Arbeit. Um zu sparen, ersetzte er in seiner Gießerei geschulte Kernmacher und die Gießer weitgehend durch Ungelernte. Das war ziemlich riskant. Doch heute, 80 Jahre später, steckt tatsächlich viel Können in der Maschine selbst. Das betrifft den Hauptprozeß, die eigentliche Be- oder Verarbeitung, aber auch Hilfsvorgänge, wie das Handhaben. Ein fast stets erforderlicher Vorgang ist das Zuteilen von Werkstücken, meistens ein "Vereinzeln" aus einer Gruppe von Teilen. Der Mensch macht das mit "links". Doch wie packt es die Maschine ?

Einzeln oder im Paket

Für einige Handhabungsvorgänge gibt es eine Vorbedingung: Die Werkstücke müssen einzeln laufen. Das betrifft Vorgänge wie das Ordnen, das Abzweigen und vor allem das Eingeben (Verschieben) in eine Spannstelle. In seltenen Fällen müssen auch mal mehrere Werkstücke gleichzeitig behandelt werden, sozusagen im "Paket".

In der VDI-Richtlinie 2860 wird definiert, was mit Zuteilen gemeint ist. Es ist das Herstellen von Teilmengen in gewünschter Größe bzw. Anzahl und das Bewegen dieser n-Werkstücke zu einer geplanten Zielposition. Es sind folgende Begriffe im Umlauf:

- Abteilen = Bilden einer Teilmenge,
- Zuteilen = Abteilen + Weitergeben zum Zielort,
- Vereinzeln = Abteilen bzw. Zuteilen eines einzigen Teils,
- Portionieren = Synonym für Abteilen,
- Dosieren = Abteilen bzw. Zuteilen formloser Stoffe und
- Vorschub = Zuteilen von Band- und Streifenmaterial.

Für gleit- und rollfähige massive Werkstücke gibt es viele Lösungen,

Element	Prinzip	Bewegung
Rückhalter	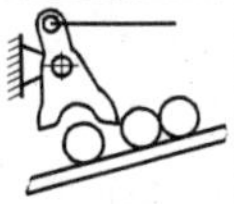	
Schieber	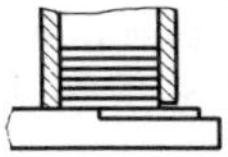	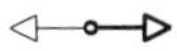
Greifer	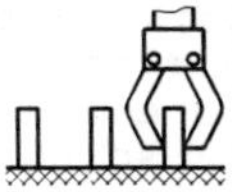	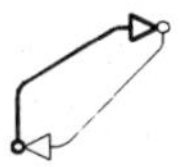

Bild 25.1: Arbeitsprinzipe der Zuteiler

die weitgehend problemlos anwendbar sind. Haften die Teile leicht aneinander, wie Bleche, Pappen und Dichtungen, muß nachgeprüft werden, ob auch tatsächlich vereinzelt wurde. Dafür werden z.B. Doppelblechkontrollen in der Blechbearbeitung und Doppellagenprüfungen in der Buchbindereitechnik vorgenommen. Das bereitet oft mehr Schwierigkeiten als das eigentliche Abteilen. In solchen Fällen sind klärende Vorversuche sinnvoll, ehe man sich für ein bestimmtes Abteilprinzip entscheidet. Das betrifft auch Teile, die sich ineinandersetzen, wie z.B. kegelige Kappen [16].

Zum Arbeitsprinzip

Es gibt nur drei Prinzipe, wie in Bild 25.1 zu sehen ist. Rückhalter bzw. Sperren geben ein Werkstück frei, indem sie den Rest des Werkstückstranges zurückhalten. Beim Abschieben vom Stapel können Oberflächen zerkratzt werden, wenn der gesamte Magazininhalt auf dem untersten Teil lastet. Das wird besser, wenn das obere Teil abgeschoben oder abgehoben wird. Das erfordert aber eine zusätzliche Hubachse. Für größere und schwerere Teile bietet das Greifen als Arbeitsprinzip Vorteile, z.B. sind wesentlich größere Geschwindigkeiten erreichbar. Alle drei Prinzipe sind grundsätzlich auch für die Mehrfachzuteilung geeignet. Beim Greifen sind mehrere Greifelemente parallel einzusetzen.

In der Kombination mit Sichtsystemen haben sich inzwischen auch Lösungen bewährt, bei denen Ordnen und Zuteilen zu einem Vorgang verschmelzen. Ein solches Beispiel ist das visionsgestützte Greifen von Teilen aus der ungeordneten Menge, insbesondere als "Griff vom Tisch bzw. Band". Ein Ausnahmefall wäre auch, wenn man im Strang vorliegende und bereits richtig orientierte Teile durch eine punktuelle Geschwindigkeitserhöhung "auseinanderzieht". Dann sind die Bedingungen der Einzellage auch erfüllt. Das kann man u.a. auch im Vibrationswendelförderer z.B. durch Variation der Wendelsteigung erreichen.

Da die Zuteilerkonstruktionen Werkstückform und -größe berücksichtigen müssen, ist es meistens um die Flexibilität schlecht bestellt. In Bild 25.2 wird ein Schieberzuteiler gezeigt, der recht einfach auf verschiedene Stangendurchmesser eingestellt werden kann.

Ein anderes Problem sind Stöße im Werkstückstrang, die ihre Ursache im plötzlichen Öffnen und Schließen oder im Bewegen von Schiebern haben. Man versucht deshalb "weiche" Übergänge im Bewegungsablauf zu erreichen. Dazu kann man Schrägkanalschieber oder spiralige Rotoren

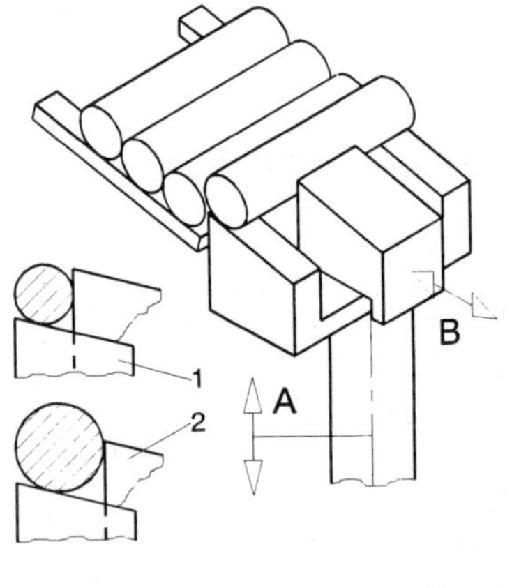

Bild 25.2: Zuteiler mit Anschlageinstellung
A Hubbewegung des Zuteilschiebers, B Bewegung zur Anschlagverstellung

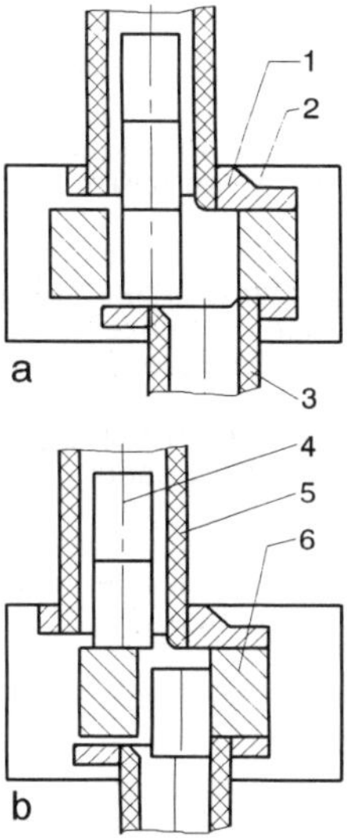

Bild 25.3: Zuteiler mit allmählichem, sanften Nachrücken der magazinierten Werkstücke

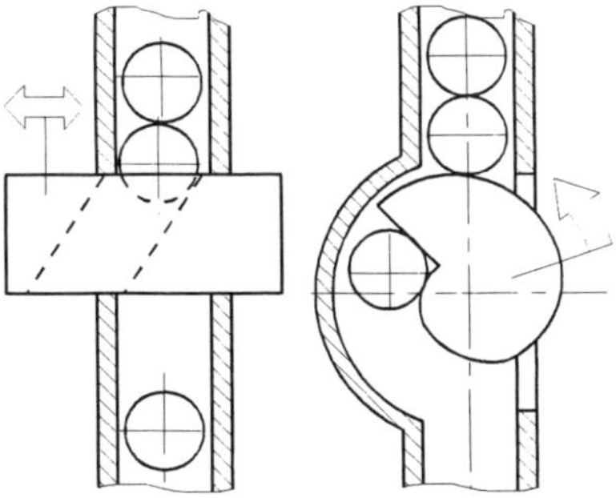

Bild 25.4: Parallelbackengreifer als Zuteiler
a) Greiferbacken geöffnet, b) Greiferbacken geschlossen, 1 Anschlußstück für Zuführschlauch, 2 Greifergehäuse, 3 Abführschlauch, 4 Werkstück, 5 Zuführschlauch, 6 Greiferbacken

einsetzen, wie es Bild 25.3 zeigt [61]. Mitunter gelingt es, bereits erprobte Komponenten aus der Handhabungstechnik zum Zuteiler umzufunktionieren. Für die Adaption eines Parallelbackengreifers enthält das Bild 25.4 einen Vorschlag. Es müssen lediglich Anschlußstücke für den Zuführschlauch hergestellt werden bzw. Aufsatzstücke für die Greiferbacken, um eine Anpassung an die Werkstücklänge zu erreichen.

In der Kleinteilmontage kann man sehr verschiedene Zuteiler finden, die meistens bestimmte Werkstückdetails ausnutzen. So ergeben sich oft auch günstige Kombinationen, z.B. Eingeben und Zuteilen, und auch zweckvolle kinematische Lösungen [9].

Regeln für das Zuteilen

1 Das Werkstück soll den Zuteiler möglichst stoßfrei passieren. Beachte die Bewegungsgesetze des Antriebs.

2 Beim Zuteilen dünner flächiger Teile kann eine Kontrolle auf Dopplung notwendig werden.

3 Ein Zuteiler soll einen wenigstens kleinen Umstellbereich aufweisen.

4 Abteiler bzw. Zuteiler sollen gegenüber den kleinen Schwankungen von Werkstückparametern (Grat, Toleranzen, Fett u.ä.) unempfindlich sein.

5 Der Zuteiler soll kontrollierbar sein, d.h. er muß für Funktionskontrollen zumindest vorbereitet sein.

6 Nutze bei der Gestaltung von Rückhaltern Werkstückdetails konsequent aus. Wenn möglich, sollten Werkstücke zuteilgerecht gestaltet sein.

7 Werkstücke, die sich ineinandersetzen, können schlecht zugeteilt werden. Man braucht dann zusätzliche Abdrückelemente.

8 Im Zuteiler nachrückende Teile sollen am Schwerpunkt anschlagen, damit keine Drehmomente entstehen, die das Teil zu drehen versuchen.

9 Einrichtungen zum Dosieren sind eine Welt für sich. Dosiert wird vor allem nach Masse und Volumen.

10 Rückhalter, die die stromaufwärts liegenden Werkstücke durch Klemmkraft halten, sind für empfindliche und dünnwandige Teile ungeeignet.

Testfragen

1 Welche Arbeitsprinzipe sind für die Bewältigung des Vereinzelns verwendbar?

2 Welche inhaltlichen Unterschiede bestehen zwischen Vereinzeln, Zuteilen, Abteilen und Dosieren?

3 Welche Vorteile hat ein Schrägkanalschieber in der Verwendung als Zuteiler?

4 Läßt sich ein mechanischer Backengreifer als Zuteiler herrichten?

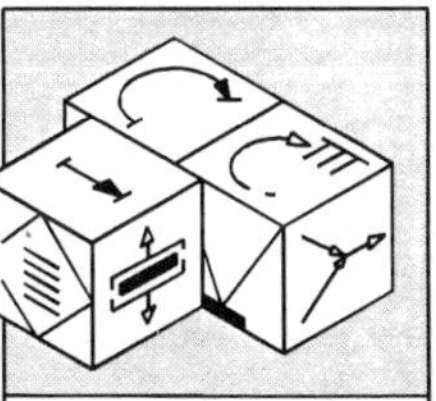

26

Mengen verändern durch Zuteiler

Alle Dinge sind unendlich vielzählig und unendlich klein.
In jedem ist ein Teilchen eines jeden enthalten.
Anaxagoras

Der Mensch kann im "blinden Griff" ungeordnete Werkstücke aus der Kiste entnehmen. Das macht er "mit links", d.h. es bereitet ihm keine bewußten Schwierigkeiten. Wir wissen, daß dabei ein aufeinander abgestimmtes Zusammenspiel von Hand, Auge und Tastsinn vorliegt und oft ein Bewegungsautomatismus eingeübt wird, der dann als manueller Ablauf kaum noch Möglichkeiten einer weiteren Optimierung enthält.

In der automatisierten Produktion müssen solche Vorgänge selbsttätig ablaufen. Fehlzyklen dürfen nicht passieren. Als Funktionsträger sind in der Werkstückhandhabung dafür die Zuteiler zuständig. Wie kommt man durch Zuteilen zu den gewünschten Werkstückmengen?

Zuteilen als Funktion

Die Gedanken zum Zuteilen sollen noch etwas vertieft werden. Zuteilen enthält das Abteilen oder Abmessen einer definierten Gutmenge. Dafür steht innerhalb eines Arbeitszyklus eine bestimmte Zeit zur Verfügung, die immer kleiner wird, je mehr die Leistungen in der Produktion ansteigen. Der dem Zuteilen übergeordnete Begriff heißt übrigens "Mengen verändern".

Als technische Verfahren für das Abteilen sind in Gebrauch:

- Der direkte Massevergleich durch Wiegen,
- Abgrenzen eines definierten Volumens und
- Zählen einer Menge.

Der Massevergleich und das Abteilen von Volumeneinheiten betreffen im allgemeinen Flüssigkeiten, leichtfließende Schüttgüter und auch faserig-voluminöse Güter. Hierfür wird auch der Begriff Dosieren verwendet.

Stückgut wird meistens vereinzelt, d.h. es wird ein einziges Teil durch Veränderung seiner Position von einer Werkstückmenge (-schlange) separiert. Die erforderlichen Bewegungen können durch freie Massenkräfte oder durch Fremdkraft geschehen. Freie Bewegungen sind einfach realisierbar, hängen aber stark vom Reibungskoeffizienten ab, von dem wir wissen, daß er starken Schwankungen unterliegen kann, wie beim Menschen der Blutdruck. Freies Bewegen erfordert auch einen Höhenunterschied für das Weitergeben. Mit Fremdkraft erwirktes Zuteilen setzt eine gesteuerte Bewegung voraus. Das Abteilen von Stückgut kann vom Strang (Linie) sowie aus der flächig oder räumlich verteilten regelmäßigen oder auch unregelmäßigen Menge (Haufwerk) erfolgen, z.B. mit einem Schöpfdorn. Eine häufig vorkommende Situation ist der Werkstückstrang ohne Lücken zwischen den einzelnen Teilen [10, 61 bis 63].

Vielfältige technische Mittel

Beim Entwurf von Zuteilern sind für die konstruktive Auslegung verschiedene Faktoren zu beachten. Diese sind:

- Eigenschaften und Verhalten der Werkstücke,
- Achslage und Stapelung der Teile im Magazin,
- Teilung (Abstand) der Werkstücke vor und nach dem Zuteilen,
- Anzahl der zuzuteilenden Werkstücke,

Bewegungsverlauf		Ikone	Rundteil	Flachteil
Translation	geradlinige Bewegung in einer Richtung		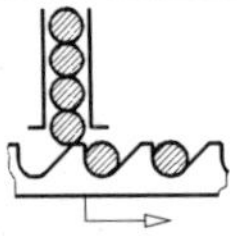	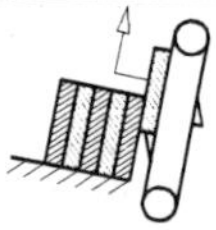
	gradlinige Bewegung in beiden Richtungen		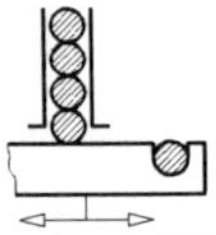	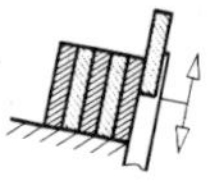
	unterbrochene geradlinige Bewegung		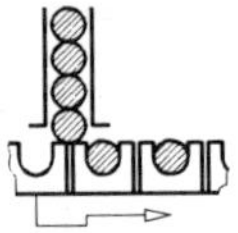	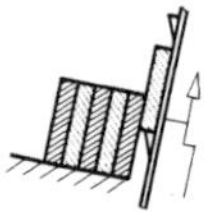
Rotation	Drehbewegung in einer Richtung		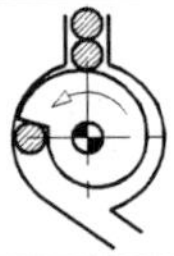	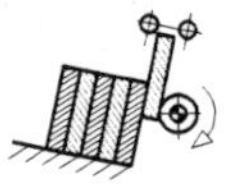
	Drehbewegung in beiden Richtungen		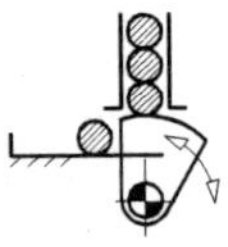	
	unterbrochene Drehbewegung		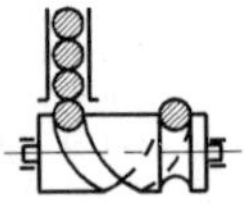	

Bild 26.1: Gliederung der Zuteiler nach dem Verlauf der Bewegung des aktiven Elements

■ Taktzeit bzw. zu fertigende Stückzahl je Zeiteinheit,
■ Größe und Zugänglichkeit des freien Raums und
■ Bewegungsverlauf der aktiven Elemente des Zuteilers.

Die Bewegungen des Zuteilelements können kontinuierlich, intermittierend (zeitweilig aussetzend) und alternierend (zwischen den Positionen pendelnd) sein. Das Bild 26.1 zeigt eine dementsprechende Gliederung der Zuteiler. Außerdem sind Prinziplösungen für Rund- und Flachteile angegeben. Die aktiven Elemente können dabei translatorische oder rotatorische Bewegungen ausführen, d.h. Gerad- oder Kreisschieber sein. Ein Schwenkhebel als Zuteiler arbeitet demnach kreisförmig alternierend. Mit Rückhaltesperren werden Leistungen bis etwa 30 Stück je Minute erreicht, Schieber für Flachteile schaffen bis 100 Zuteilzyklen je Minute. Mit Greifern kommt man auf höchstens 10 bis 15 Vereinzelungen in der Minute.

Nun noch etwas zur Bewegungskultur. Die Realisierung der Zuteilbewegungen kann nach verschiedenen Bewegungsgesetzen erfolgen. Das aktive Element kann seine Aktionen stoßartig, stoßfrei mit Ruck sowie ruck- und stoßfrei beginnen oder beenden. Die Verläufe von Weg s, Geschwindigkeit v und Beschleunigung a über die Zeit t gehen aus Bild 26.2 hervor. Es gibt damit bei vielen Zuteilern eine 1. und 2. funktionelle Stoßstelle, in der dem Teil eine positive bzw. negative Beschleunigung erteilt werden muß. Diese Kräfte beanspruchen das Zuteilobjekt, aber auch die Bauelemente des Zuteilers. Günstig sind solche Mechanismen, deren Bewegung als einfache harmonische Sinuslinie oder Sinuslinie nach Bestehorn verläuft. Bei Greifern kann der Bewegungsverlauf durch steuerungsmäßige Mittel (Robotersteuerung) beeinflußt werden. Gelegentlich wird auch das Mehrfachzuteilen benötigt, um gleichzeitig mehreren Montage- oder Spannstellen Teile zuzuführen. Sie können zeitlich parallel, aber auch seriell arbeiten. Serielle Arbeitsweise bedeutet, daß das dem Abteilen folgende Weitergabeelement innerhalb der Beschikkungszeit in einer bestimmten Folge

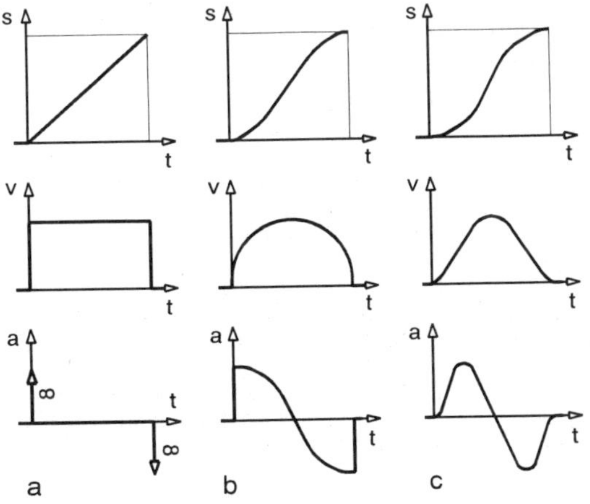

Bild 26.2: Mögliche Bewegungsabläufe beim Zuteilen
a) Stoß am Anfang und Ende einer Bewegung, b) stoßfreier, aber nicht ruckfreier Ablauf, c) stoß- und ruckfreier Ablauf; a Beschleunigung, s Weg, t Zeit, v Geschwindigkeit

mit Zielstellen verbunden wird. Dieses Verfahren ist natürlich wesentlich langsamer. Neben der Zuverlässigkeit kann die Flexibilität der Zuteiler eine Rolle spielen. Bei Schiebern und Sperren bedeutet dies eine Stellmöglichkeit für Abstände, die Werkstückabmessungen entsprechen, und zwar jenen, die als "Zählgröße" dienen. Besteht die Sperre als Lichtschranke, z.B. in Verbindung mit einem Bandförderer, dann ist eine recht einfache "Objektanpassung" (Größenanpassung) möglich. Greifer und vor allem Kraftfelder sind flexibler als Schieber und Sperren.

Und was noch zu beachten ist

Für den Konstrukteur ist es immer schwierig, alle Randbedingungen exakt zu erfassen. Deshalb sollen noch einige Hinweise folgen.

■ Beim Freigeben von Sperren müssen die Werkstücke meist von selbst zu einer sicheren Eigenbewegung kommen. Leichte Teile können kleben bleiben, z.B. elektrostatisch aufgeladene Kunststoffteile.
■ Das Herausschieben von Teilen, die in einem Schachtmagazin zuunterst liegen, kann zu Oberflächenschäden führen, wenn Schneidgrat z.B. auf farbbehandelten Flächen reibt. Besser ist, solche Teile von oben abzugreifen. Bei nachgiebigen Teilen, z.B. Rundringen, spielt natürlich auch die Schiebefestigkeit eine Rolle und erfordert mitunter besondere Abläufe.
■ Das Weitergeben zu einer Zielposition wird oft durch Schwerkraft gesichert. Der Eigenlauf der Teile muß deshalb richtungsstabil sein. Zu bedenken ist weiterhin, daß eine zeitliche Beeinflussung bei freier Bewegung schlecht möglich ist. Sind Zeiten exakt einzuhalten, dann müssen Zwangsführungen vorgesehen werden. Einrichtungen für erzwungene Bewegungen sind aber verschleißempfindlich und erfordern stets einen größeren konstruktiven Aufwand als solche für freie Bewegungen.
■ Schieberzuteiler erfordern schiebefähiges Arbeitsgut. Unterschnittene Teile lassen sich nicht vom Stapel schieben. Es werden dann zusätzliche, steuerbare Rückhalteelemente nötig.
■ Bei z.B. pinzettenartigen Zuteilern für lange, dünne Teile ist nicht garantiert, daß der Zuteilvorgang jedesmal funktioniert. In diesen Fällen sind Zuteiler redundant auszubilden, d.h. Parallelschaltung mehrerer Zuteiler.
■ Der Aufbau des Zuteilers sollte baukastenartig sein und Umbaumöglichkeiten offenlassen. Die Beherrschung der funktionellen Schnittstellen muß gegeben sein. Dies ist immer in Verbindung mit dem Arbeitsgut zu sehen.
■ Die konstruktive Ausführung soll den zu übertragenden Kräften angemessen sein. Ein Überlastschutz bei Fehlfunktionen ist immer angebracht. Schließlich müssen die Zuteilleistung und -genauigkeit den Anforderungen genügen.

Testfragen

1 Was verstehen Sie unter kontinuierlich, alternierend und intermittierend arbeitenden Zuteilern?

2 Welche Faktoren beeinflussen maßgeblich die konstruktive Auslegung eines Zuteilers?

3 Was ist bei der Festlegung einer Bewegungscharakteristik für Zuteiler zu beachten?

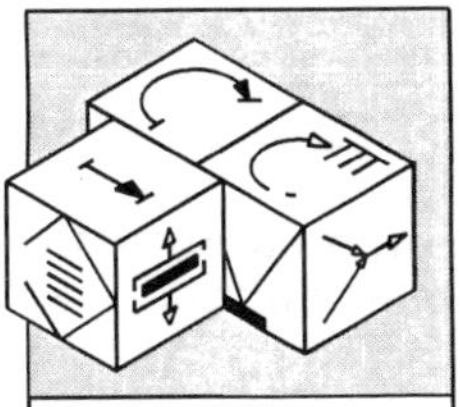

27

Automatisieren mit Palettenwechslern

Verstand besteht nicht nur im Wissen,
sondern auch in der Fähigkeit,
das Wissen in der Tat anzuwenden.
Aristoteles

Besonders in der Montageautomatisierung stellt die geordnete Bereitstellung von Montageteilen einen bedeutsamen Kostenfaktor dar. Je mehr Teile zuzuführen sind, umso größer werden technischer und finanzieller Aufwand, aber auch die Möglichkeit, durch geschickte handhabungstechnische Lösungen Projektkosten zu senken. Ein Weg besteht im Einsatz modularer Palettiertechnik. Die einzelnen Funktionen sind dabei so auf die Funktionsträger verteilt, daß verschiedenen Nutzeranforderungen durch Kombination von Baugruppen entsprochen werden kann. Damit haben Inhouse-Automatisierer wie Systemlieferanten gute Möglichkeiten, eine Startlösung aufzubauen und diese später stufenweise aufzurüsten.

Werkstückpräsentation in Flachpaletten

Viele Kleinteile wird man auch in Zukunft erst "vor Ort" in den geordneten Zustand bringen, weil es dafür bewährte Zuführsysteme gibt [16]. Bauteile und Baugruppen mittlerer Größe und Masse sowie solche hoher Empfindlichkeit stellt man dagegen immer häufiger in Werkstückträgern bereit. Das schont die Teile, erhöht die Prozeßsicherheit und erleichtert die Einbindung in durchgängige Transportketten. Handlingaufgaben müssen auch systemübergreifend minimiert werden [64, 65]. Werkstückpaletten und Kleinladungsträger verschiedener Systeme steigen deshalb immer mehr in der Gunst der Anwender.

Bei der Bewertung von Bereitstellkonzepten darf man allerdings nicht allein vom logistischen Aspekt ausgehen. Die Überlegungen müssen von einer prozeßgünstigen Bereitstell-Lage des Teils, der Kinematik der Handhabungseinrichtung und den Greifbedingungen ausgehen. Da spielen zulässige Greifstellen, Greif-

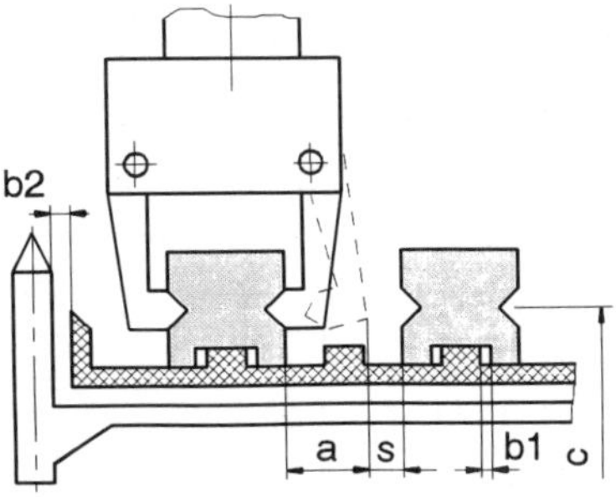

Bild 27.1: Typische Situation beim formpaarigen Greifen von Werkstükken
a Werkstückmindestabstand, b1 und b2 Spiele und Positionsstreubreiten, c Abgreifhöhe, s Sicherheitsabstand

freiheit und Bewegungsverlauf eine große Rolle. Das zeigt Bild 27.1. Beim dargestellten formpaarigen Griff werden z.B. alle Positionsfehler in Bezug zum Arbeitspunkt des Greifers durch mechanische Ausrichtwirkung aufgehoben. Bei einem Magnet- oder Saugergreifer jedoch nicht.

Auch Ablagemuster und Greifprinzip müssen zusammenpassen. Das Bild 27.2 zeigt einige typische Ablagemuster. Für die Steuerungstechnik ist wichtig, ob stets gleiche Positionen anzufahren sind oder ob das Grundraster variabel ist. Hieraus ergibt sich auch die Frage, welcher Freiheitsgrad sollte der Handhabungseinrichtung zugeordnet werden und welche Beweglichkeit ist von der Peripherie aufzubringen. Wird von einem stets gleichen Ablageraster ausgegangen, ist das für die Steuerung vorteilhaft. Strebt man eine maximale Auslastung der Speicherfläche an, wie es vor allem bei der Belegung von Transportpaletten ratsam ist, dann kann es zu komplizierten Ablagemustern kommen. Der technisch anspruchvollste Fall liegt vor, wenn man unterschiedliche Teile auf einem Werkstückträger unterbringt ("Vielfaltspeicherung") und außerdem ein variables Ablagemuster nutzt.

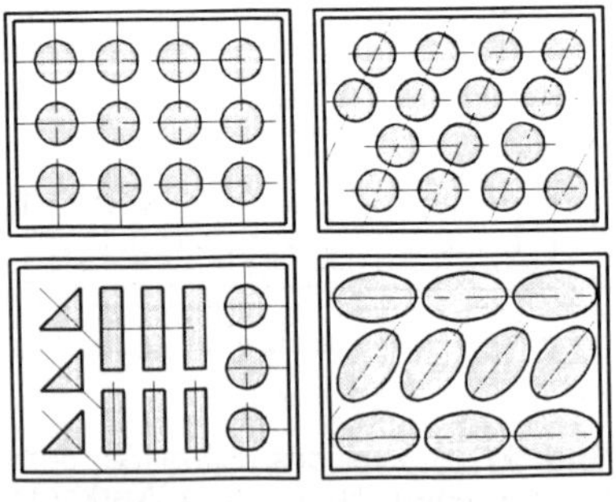

Bild 27.2: Einige Ablagemuster als Beispiel. Die Teile können in orthogonalen, triagonalen und ungleichmäßigen Mustern abgelegt sein.

Anforderungen an automatische Magaziniertechnik

Der Einsatz automatischer Palettenwechselsysteme ist mit dem Übergang vom "Allerweltsbehälter" zum systemtauglichen Werkstückträger verbunden. Daraus leiten sich einige wichtige Anforderungen ab, die aus Gründen der Funktionssicherheit und der Wirtschaftlichkeit zu beachten sind. Das sind:

- Ein vertretbarer Positionierfehler (Durchbiegung der Speicherfläche, Anschlaggenauigkeit),
- Anpaßbarkeit an unterschiedliche Werkstückformen (Flexibilität),
- gute Ausnutzung der Speicherfläche (Speicherdichte und Wechselfrequenz),
- Reaktion auf Fehlbelegungen von Speicherplätzen (Leerzyklus, Störung),
- Identifikation der Speicherinhalte (maschinenlesbare Datenträger) für die Steuerung und Transportstromverfolgung,
- Kompatibilität zu schon vorhandenen Förder- und Transportsystemen (Stapelfähigkeit, Rollfähigkeit, Anschluß an übergeordnete Systeme),
- Verwendbarkeit über mehrere Prozeßstufen hinweg (Reinigungsfähigkeit),
- hohe Belastbarkeit,
- geringer Umstellaufwand (Wechsel von Werkstückaufnahmen) und
- kleine Wechselzeit einer Palette bzw. eines Palettenstapels.

Die Forderungen sind im Detail zu quantifizieren und gegebenenfalls noch zu erweitern. Soll z.B. eine Kontrolle der Mengen durch Wiegen durchgeführt werden, dann müssen

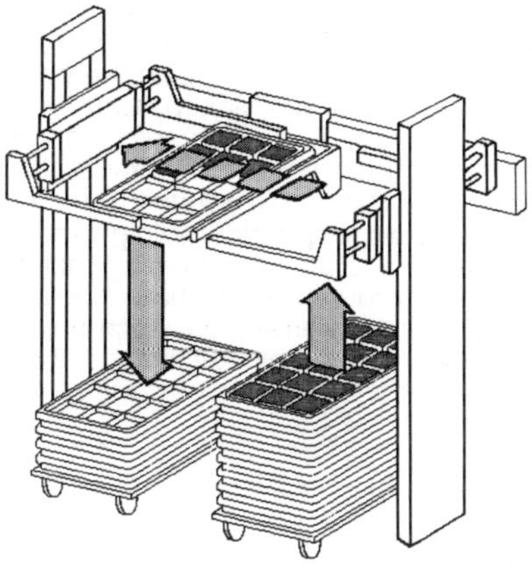

Bild 27.3: Palettierstation, bestehend aus den Modulen Eingangs- und Ausgangsbox, Abstapel-, Aufstapel- sowie Horizontalmodul (Grässlin)

die Werkstückträger immer gleiche Masse aufweisen.

Besonders bei kurzzyklischen Arbeitsprozessen kann die Wechselzeit die Arbeitsleistung eines System begrenzen. Hier muß überlegt werden, ob eine doppelte Bereitstellstation, die im Wechsel genutzt wird, das Problem löst. Es gibt aber auch Palettierstationen, die auf kurze Handlingzeiten optimiert wurden. Dazu zeigt Bild 27.3 ein Beispiel. Palettenwechselzeiten von 5 s erreicht man hier durch Aufteilung der erforderlichen Aktionen auf getrennte Funktionsträger. Die Funktionen Abheben der Palette vom Stapel, horizontales Vertakten und Ablegen der abgearbeiteten Palette werden von einzeln angetriebenen Bewegungsmodulen ausgeführt. Dadurch können Handlingoperationen zeitlich parallel ablaufen [66, 67].

Palettenwechsler als Systembestandteil

Automatischer Palettenwechsel verfolgt das Ziel, ein produzierendes System im Werkstückfluß zeitweilig autonom zu machen. Das erfordert neben der unerläßlichen automatischen Werkstückhandhabung auch selbsttätiges Manipulieren der Werkstückträger. Diese können als Transporteinheit in folgenden Formen vorliegen:

- Freistehender Stapel mit gegenseitiger Zentrierung der Werkstückträger,
- geführter Stapel mit außenbegrenzenden Elementen, wie z.B. Winkelschienen, zu einer Ladungssicherung beim Transport und
- magazinierte Paletten in einer Transportbox, wobei jede Palette ihr eigenes Magazinfach hat.

Für alle Arten wurden inzwischen mehr oder weniger autarke Palettenwechsler entwickelt. Man kann in Systeme unterscheiden, die die Werkstücke in stets gleicher Abnahmehöhe anbieten und solche mit variabler Höhe (Bild 27.4). Bei ersteren wird die erforderliche Beweglichkeit peripher aufgebracht, bei letzteren muß die Handhabungseinrichtung entsprechend beweglich sein. Beim Einsatz eines universellen Industrieroboters kann dieser z.B. die Handhabung der Werkstücke vornehmen, aber auch leere Werkstückträger an einer Tragestange anfassen und beiseite stellen. Die Peripherie bleibt in diesem Fall völlig passiv.

Für Montagelinien kann ein "Serviermodul" genau das Richtige sein. Als Transporteinheit sind hier manuell verfahrbare Wagen vorgesehen, die in vielen Fällen eine "vernünftige" Technisierungsstufe darstellen. Das ist besonders dann sinnvoll, wenn automatisierte Inseln zu verketten sind und eine vollautomatische Anlieferung noch nicht lohnt.

Zu unterscheiden ist außerdem, ob das "Servieren" in einer einzigen Bereitstellposition der Palette erfolgt oder ob ein sogenanntes "Vertakten" stattfindet. Beim Vertakten rückt die Palette um eine Zeilenbreite weiter. Das hat zur Folge, daß Flächenmuster z.B. von einem Linienportal aufgelöst werden können. Oft kann dadurch das Handlingsystem auf einfache Linearmodule reduziert werden. Für diese Art der Abarbeitung von Paletten gibt es auch verschiedene Ausführungen von Förderbandsystemen, bei denen die Werkstückträger nicht gestapelt, sondern linig aufgereiht sind. Das zeilenweise Takten kann man durch einstellbare Nocken relativ einfach erreichen. Auch pneumatische Lineareinheiten mit Zwischenanschlägen sind geeignet.

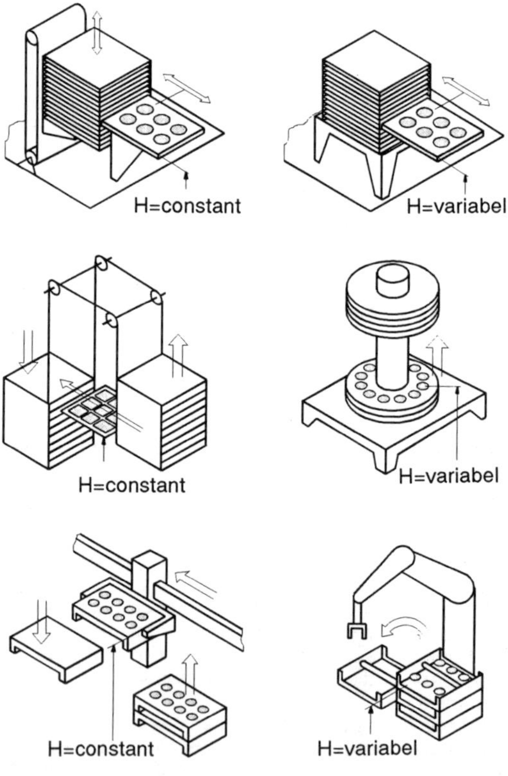

Bild 27.4: Technische Lösungen zur Palettenhandhabung mit konstanter oder variabler, stapelabhängiger Abnahmehöhe

Palettenhandling mit Schwenk

Für die Palettenhandhabung gibt es verschiedene Module, wobei die meisten im kartesischen System arbeiten. Man kann aber für den typischen Bewegungsablauf

- Palette vom Stapel abheben,
- Werkstücke günstig präsentieren,
- Palette auf Leerstapel absetzen

auch schwenkende Handlinggeräte verwenden. In Bild 27.5 wird eine Ausführung gezeigt. Es genügt eine einzige NC-Drehachse (AC-Motor mit Inkrementalgeber), um den gesamten Stapel abzuarbeiten. Das Führungsgetriebe ist mechanisch so verkoppelt, daß sich gerades Abheben und Absetzen trotz Drehantrieb ergibt. In der Überkopfstellung wird die Palette abgearbeitet. Der Motor ist stationär angeordnet. Ein Palettenwechsel liegt unter 7 Sekunden. Die Steuerung kann auch von der Handhabungseinrichtung aus erfolgen, wenn dort noch ein freier Einschub für einen Achssteuermodul vorhanden ist.

Checkliste für die Palettenauswahl

1 Welche Tragfähigkeit wird benötigt?

2 Welche Genauigkeitsansprüche werden gestellt?

3 Welche Gesamtmasse (Palette mit allen Ausrüstungsteilen) ist zulässig?

4 Welche Abmessungen (Standard-, Automobilbau- sowie Sonderabmessungen) sind vorzusehen?

5 Soll die Palette stapelbar sein?

6 Sollen die Werkstückaufnahmen einstellbar (gestuft, stufenlos) sein?

7 Welche Umrüstzeit ist akzeptabel?

8 Sind Tragegriffe, Anschlagnocken u.a. Ergänzungsteile notwendig ?

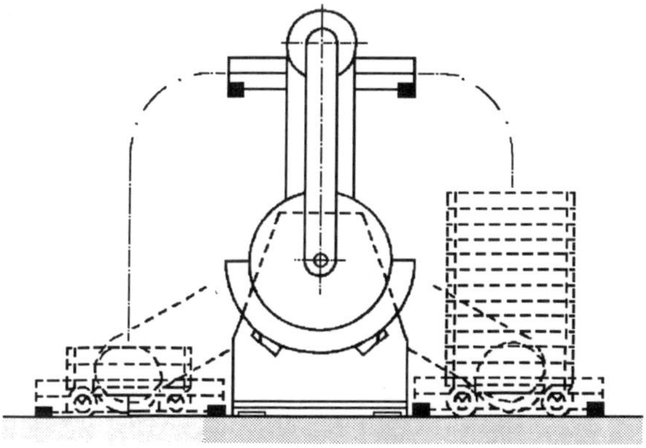

Bild 27.5: Palettenpräsentierer für Stapelpaletten bis 600 x 800 mm (Felsomat)

9 Welche Speicherlage (abhängig von Handhabungs- und Spannsystem) ist vorzusehen?

10 Sollen die Teile in der Palette Spiel haben oder gleicht der Greifer Positionsfehler aus?

11 Soll die Palette auch für das Reinigen von Werkstücken in der Palette verwendet werden?

12 Wird die Palette in automatischen Transport-, Umsetz- und Magaziniersystemen verwendet?

13 Besteht Freizügigkeit bezüglich des Magaziniermusters oder sind Vorgaben zu beachten?

14 Welche Nutzungsdauer (zulässiger Verschleißgrad) wird für Palette und Werkstückaufnahmen erwartet?

15 Sind die Werkstücke empfindlich und deshalb geschützt auf Einzelspeicherplätzen unterzubringen?

16 Müssen die Speicherplätze automatisch und/oder manuell gut erreichbar sein?

17 Sind maschinell lesbare Informationen mitzuführen?

18 Müssen die Werkstückaufnahmen rasch wechselbar sein?

19 Sind unterschiedliche Teile (Vielfaltspeicherung) auf einer Palette unterzubringen?

20 Sind Hilfsmittel (Einrichtestation) für die Montage und das evtl. Vermessen von Werkstückaufnahmen erforderlich bzw. empfehlenswert?

Testfragen

1 Wie wirken sich unterschiedliche Ablagemuster von Werkstücken auf Steuerungskomfort und Freiheitsgrad der Handhabungseinrichtung aus?

2 Skizzieren Sie einige technische Prinziplösungen zur Werkstückbereitstellung mit Flachpaletten!

3 Welche Vorteile sehen Sie bei einer schwenkenden Palettenhandhabungseinrichtung im Vergleich zu linear operierenden Systemen?

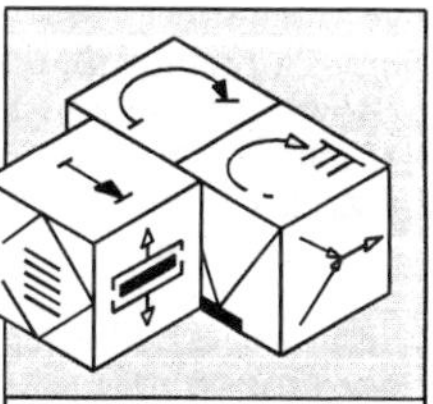

28

Weitergeben in der Handhabungstechnik

Das Wissen um die Wirkung hängt ab
vom Wissen um die Ursachen
und birgt letzteres in sich.
Baruch Spinoza

Fertigen und Montieren an ein und derselben Stelle ist zwar ein alter Traum der Fertigungstechniker, aber nur in einfachen Fällen erreichbar und bisher nur bei großräumigen schweren Produkten sinnvoll. Normalerweise wandern die Arbeitsgegenstände unentwegt von Station zu Station und im Durchschnitt sind es 10 Arbeitsvorgänge. Die Funktionsglieder, die diese Wanderung ermöglichen, bezeichnen wir im weitesten Sinne als Weitergabeeinrichtungen. Das Arsenal reicht vom bekannten Förderband bis zum luftgelagerten Palettensystem mit elektrischem Linearmotorantrieb. Der Funktion des Verbindens geschuldet, spricht man auch vom Verkettungsmittel. Doch das Weitergeben hat viele Gesichter und ist oft mehr als nur bloßer Ortswechsel.

Weitergeben als Verlustgeschäft

Das Weitergeben ist in der Handhabungstechnik der Fluß von Werkstücken oder Werkstückträgern vom Ort A zum Ort B, ohne beabsichtigte Veränderungen am Objekt. Weitergeben macht ein Produkt nicht wertvoller und ist demnach unfreiwilliger Aufwand [3]. Er muß aus technischen Gründen solange getragen werden, bis es gelingt, anstelle verketteter Einzelmaschinen Komplexstrukturen zu schaffen, die sich u.a. durch einen minimierten Bewegungsaufwand auszeichnen (Bild 28.1). Wird für ein höheres System (Komplexstruktur) eine Eigenschaft festgelegt, bedingt das bestimmte Funktionen im untergeordneten System (Handhabungssystem), weil Funktion und Eigenschaft eine Einheit bilden. Während bisher die Orientierung von Werkstücken auf dem Verkettungsmittel vorrangig durch Lagesicherungs- und Leitelemente gewährleistet wird, ist abzusehen, daß man in Komplexstrukturen mehr auf das definierte Greifen und Absetzen orientieren wird. Es ist schneller und positionsgenauer ausführbar und erübrigt daher Zusatzeinrichtungen zur Herstellung einer exakten Position. Schließen wir die allseits geläufigen Forderungen nach Flexibilität mit ein, entstehen hieraus z.B. auch neue Anforderungen an vielseitige technische Hände.

Ebenso wie in der Fördertechnik unter dem Leitgedanken "Materialfluß ist Kapitalfluß" optimiert wird, ist auch bei Maschinen-Verkettungen aus ganzheitlicher Sicht der Bewegungsaufwand zu senken. Dazu zählen:

- Überprüfung der Maschinenaufstellung und gegebenenfalls Veränderung ihrer Anordnung,

■ Übergabestellen automatisieren und zur autonomen Station machen,
■ unvermeidbare Förderstrecken zusätzlich nutzen, z.B. für Drehoperationen, Oberflächeninspektion, Reinigung, Trockenvorgänge, Ausschleusen fehlerhafter oder überzähliger Teile u.a.
■ Überlagerung des Weitergebens mit Grundoperationen, wie z.B. das Ankleben von Furnierstreifen an Schmalflächen von Platten oder das Anbringen von Etiketten.

Weitergeben als technische Funktion

Weitergeben orientiert sich an den Bedingungen Orientierungsgrad vor

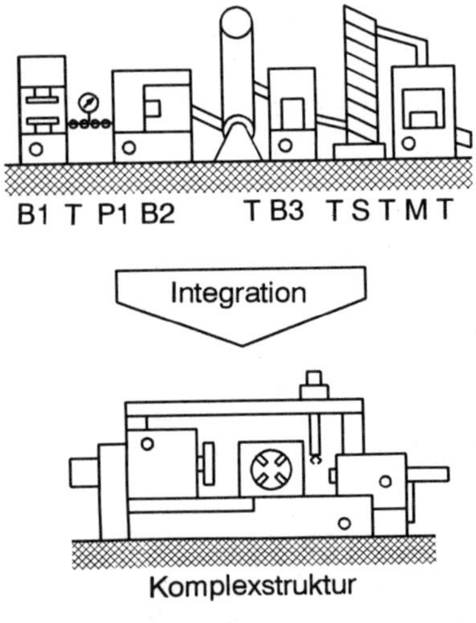

Bild 28.1: Von der Arbeitslinie aus verketteten Einzelmaschinen zu einer Komplexstruktur
B Bearbeitung, M Montage, P Prüfoperation, T Transport S Speicherung

und nach dem Weitergeben, Weg-Zeit-Verlauf, Bewegungsverhalten des Werkstücks, Bewegungsrichtungen und Sonderfunktionen. Einige Beispiele und Varianten sind in Bild 28.2 enthalten.

In modernen Systemen ist Weitergeben oft von Vorgängen der Betriebsdatenerfassung oder Zustandskontrolle begleitet. Das betrifft besonders das möglichst berührungslose Abfragen codierter Informationen an Werkstückträgern oder Systempaletten, z.B. in der flexiblen Montage. Hier ist auf die erforderliche Zugänglichkeit und die oft nur kleinen zulässigen Abstände zwischen Sender und Empfänger zu achten.
Alle Verkettungsmittel, die auf der Basis von Schienen, Bändern, Hubbalken, Schritthubwerken usw. arbeiten, taugen nur für die geradlinige Weitergabe. Oft ist Weitergeben aber gleichzeitig auch eine Richtungsänderung. Das kann zwei Ursachen haben:

■ räumliche Gegebenheiten; eine Umorientierung der Werkstücke ist dabei nicht erwünscht und
■ prozeßbedingtes Umorientieren, d.h. Werkstückseiten in Förderrichtung werden nach außen gebracht, um sie besser zugänglich zu machen.

Ein Umorientieren liegt auch vor, wenn Dreh-, Wende- und Schwenkvorrichtungen eingegliedert werden. Die meisten dieser Einrichtungen sind selbst aktiv, d.h. die Operation wird auf ein Steuersignal hin kraftbetätigt ausgeführt. Eine Kombination mit Aufschließen bzw. Auseinanderziehen von Werkstücken wird nötig, wenn dieses nachfolgende Handhabungs- oder Arbeitsoperationen erfordern. So kann z.B. zwischen den Werkstücken ein Greifzwischenraum erforderlich werden, um die Teile automatisch abgreifen zu können. Das Rückführen von Werkstücken wird notwendig, wenn Arbeitsoperationen am gleichen Grundwerkstück wiederholt werden sollen, z.B. Abtrennen von Leisten von einem Brett. Verschiedene Einrichtungen ändern trotz Rückführung die Werkstückorientierung nicht, andere vertauschen hierbei die Seiten, was zu beachten ist. In der flexiblen Fertigung wird stärker als bisher das Abzweigen an verschiedene Zielstellen benötigt. Dazu gibt es unterschiedliche Mechanismen, die entweder von einer zentralen Steuerung aus zur rechten Zeit ein Schaltsignal empfangen oder das Schalten erfolgt nach vorangegangenem Lesen und Auswerten mitgeführter Informationen, z.B. mit Hilfe codierter Werkstückträger. Als technische Lösung kommen Weichen, Abweiser, Kipper, heb- und senkbare Querförderer u.a. infrage. Auch prozeßbedingte Zwischenspeicherplätze können solche Zielstellen sein. Es setzen sich immer mehr Lösungen durch, bei denen der Rechner ein Abbild des Prozesses führt und so den Standort der verschiedenen Werkstückträger im System kennt. In diesen Fällen müssen Geber in der Weitergabestrecke vorhanden sein, die nach Verzweigungen im System aktuelle Durchlaufsignale abgeben. In besonderen Fällen kann es nützlich sein, daß während des Weitergebens Werkstückträger mit Energie versorgt werden, z.B. um montierte Baugruppen oder Produkte auf Speicherstrecken bereits zum Probelauf zu bringen. Dann sind die Weitergabestrecken zusätzlich mit Stromschienen und die Werkstückträger mit Schleifkontakten auszustatten. Dieses trifft auch zu,

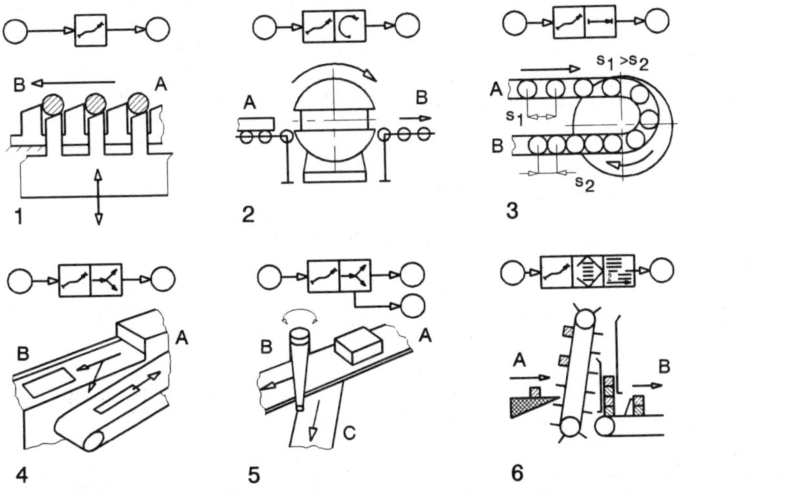

Bild 28.2: Weitergeben in Beispielen und Varianten; 1 geradliniges Weitergeben mit Hubrechen, 2 Weitergeben und Drehen, 3 Weitergeben mit Aufschließen, 4 Weitergeben mit teilweisem Rückführen von Reststücken, 5 Weitergeben und Verteilen an Zielstellen, 6 Weitergeben mit Zwischenpufferung, A Beginnpunkt der Ortsveränderung, B und C Zielpunkte

wenn es sich um Werkstückträger mit einem eigenen Antrieb handelt. Das Weitergeben mit Zwischenspeicherung kommt öfters vor, besonders dann, wenn die Ausbreitung von Störungen auf intakte Arbeitsstationen verhindert werden soll. Wird eine Zwischenspeicherung als Stapel vorgenommen, so ist zu bedenken, daß dieser auch wieder aufgelöst werden muß und sich dabei die Werkstückreihenfolge umkehren kann. Für Werkstückschlangen gilt, daß sie nur dann im Störungsfall zur Entkopplung beitragen, wenn die einzelnen Werkstücke innerhalb einer Taktzeit auch aufschließen können. Taktet das Verkettungsmittel im Rhythmus der Arbeitsstationen, dann ist ein Aufschließen nicht möglich und der Effekt der Pufferwirkung entfällt.

Regeln für das Weitergeben

1 Weitergabeeinrichtungen sollten möglichst ohne zusätzliche Überwachungseinrichtungen überlastungssicher sein.

2 Die Werkstückordnung sollte auf unkomplizierte Art erhalten werden. Andere Objektformen sollten ohne große Umstellung oder Umbau zulässig sein.

3 Die mechanischen, energetischen und informationstechnischen Schnittstellen sollen üblichen Normen entsprechen bzw. dazu kompatibel sein.

4 Die Werkstücke sollen aufschliessen können. Eigene Werkstückplätze auf dem Verkettungsmittel sind nur dann vorzusehen, wenn empfindliche Objekte weiterzugeben sind.

5 Einzelne Werkstücke sollten auch außerhalb eines Werkstückverbunds problemlos die Weitergabestrecke durchlaufen können.

6 Eine eventuelle nachträgliche Ergänzung des Weitergebens mit Nebenfunktionen sollte möglich sein. In diesem Falle sind vorbereitete Anbauflächen ein Vorteil.

7 Bei Förderbändern kann die Übergabestelle an der Umlenkrolle Probleme bereiten. Dann können Bänder mit rollender Messerkante vorgesehen werden.

8 Bei Richtungsänderungen oder auch Steigungen sind Mehrrichtungsketten und Bänder mit Mitnehmern (Antirutschprofil) vorzusehen.

9 Bei Förderbändern kann die Reibung an Seitenkanten zu unerwünschten Orientierungsänderungen von Objekten führen. Bänder mit Nocken oder mitlaufender Kante beheben diesen Mangel.

10 Weitergabeeinrichtungen sollten eine puffernde Wirkung haben und nicht nur bloßes Verkettungsmittel sein.

Testfragen

1 Welche Lösungsansätze wären tauglich, um das Weitergeben einzusparen, mindestens aber deutlich einzuschränken?

2 Definieren Sie die Handhabungsoperation Weitergeben!

3 Bloßes Weitergeben ist selten. Welche Funktionen können dem Weitergeben überlagert sein?

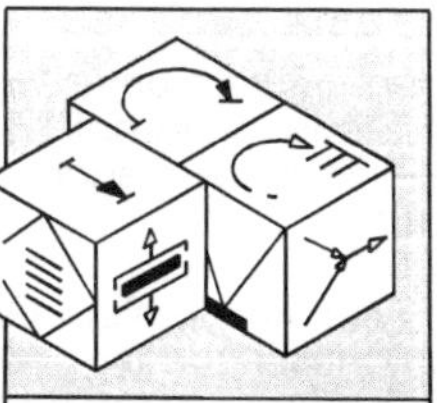

29

Pneumatik in der Handhabungstechnik

Nur nicht den Mut verlieren;
sollte es mit dieser Erfindung nichts werden,
so wird es eben etwas anderes!
Margaret Watt an ihren Mann James

Die Pneumatik feierte bereits im 3. Jahrhundert vor unserer Zeitrechnung erste Triumphe. Als Begründer gilt Ktesibios, ein Zeitgenosse von Archimedes, der in Alexandria lebte und wirkte. In Europa hat man sich aber erst seit dem 13. Jh. mit der Fluidtechnik näher befaßt, nachdem Herons Buch "Pneumatica" in Sizilien ins Lateinische übertragen wurde. Allerdings ging es damals vor allem um "Automaten" für Kultzwecke und Theatermaschinen und dazu zählt moderne Produktionsautomatik wohl nicht. Da mag nun die Frage berechtigt sein, ob denn nach so langer Zeit das Pneumatische für die moderne Handhabungstechnik noch interessant genug sei.

Bestechend einfach

Pneumatik hat sich in der Handhabungstechnik und Automatisierung der Fertigungsmittel einen festen Platz erobert. Wird sie richtig eingesetzt, dann gibt es überhaupt keine Gründe, den Wert pneumatischer Wirksysteme zu bezweifeln. Vielmehr werden diese konsequent weiterentwickelt, verfeinert, miniaturisiert und nun auch mit Mikroelektronik kombiniert. In vielen Fällen besticht ja gerade die Einfachheit pneumatischer Lösungen, die mit anderen Komponenten bei vergleichbarem Aufwand oft nicht erreichbar ist. Als Beispiel soll das Ordnen von Dosendeckeln dienen (Bild 29.1). Das Trennen nach "Boden oben" und "Boden unten" geschieht allein durch einen gerichteten Luftstrahl [16]. Die Vorrichtung enthält kein einziges mechanisch bewegtes Teil. Ähnlich verhält es sich mit dem in Bild 29.2 dargestellten Zuführkanal. Es werden Hülsen mit Boden zugeführt. Um die Bahnneigung gering zu halten, treibt man die leichten Teile im Kanal durch einen Luftstrahl an. Doch was geschieht bei einem Werkstückstau, wenn die Arbeitsmaschine momentan gestört ist? Die Düse wurde so angeordnet, daß das letzte im Stau befindliche Werkstück als Prallplatte wirkt und den Strahl ablenkt. Alle folgenden Teile werden nun in den seitlichen Ausweichkanal gelenkt. Oder: Luftgleitrinnen heben Reibungswiderstände beim Gleiten fast völlig auf, so daß Rinnenneigungen von nur 1° bis 3° völlig genügen, um Teile durch Schwerkraft in Bewegung zu versetzen. Der Reibungskoeffizient liegt bei $\mu < 0{,}0025$. Montageplattformen mit Luftfilmgleitern schweben auf einem Luftpolster, wobei sich ein Gleitspalt von 0,05 bis 0,1 mm ausbildet. Je nach Auslegung können so Massen von vielen Tonnen getragen werden. Allerdings sollen beim Bewegen der schwebenden Plattformen die Unebenheiten des Fußbodens kleiner als 3 mm/m sein.

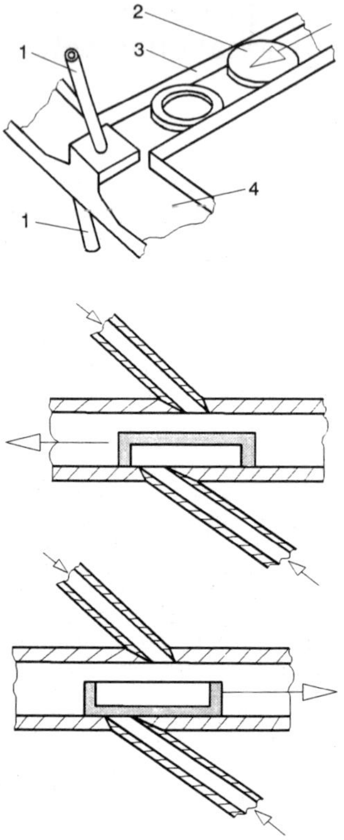

Bild 29.1: Ordnen von Dosendekkeln mittels Luftstrahl
1 Luftdüse, 2 Werkstück, 3 Rinnenführung, 4 Sortenkanal für geordnete Teile

Zuverlässig und robust

Pneumatische Stellantriebe, ob drehend oder schiebend, genügen in der Handhabungstechnik in vielen Fällen den Anforderungen völlig, vor allem bei der Bewältigung von Pick-and-Place-Aufgaben. In ihrer einfachsten Form wird gegen Endanschläge gefahren, oftmals unter Hinzuziehung von Stoßdämpfern. Dabei erreichte Positionierfehler liegen sicher unter 0,1 mm.

Das Einhalten von konstanten Geschwindigkeiten, insbesondere bei wechselnder Belastung, und das genaue Anfahren von beliebigen Positionen, können mit den Mitteln der konventionellen Pneumatik wegen vieler Eigenschaften des Druckmediums "Luft" allerdings nicht erreicht werden. Hier setzen nun neuere Entwicklungen an, die zur Servopneumatik geführt haben. Es ist heute möglich, trotz vieler Nichtlinearitäten und Unstetigkeiten, die einem pneumatischen Kreislauf eigen sind, einen pneumatischen Antrieb mit Hilfe intelligenter elektronischer Signalkreise und schneller Servo- bzw. Proportionalventile so zu stimulieren, daß er allen Unwägbarkeiten zum Trotz ganz exakt positioniert. Frei-

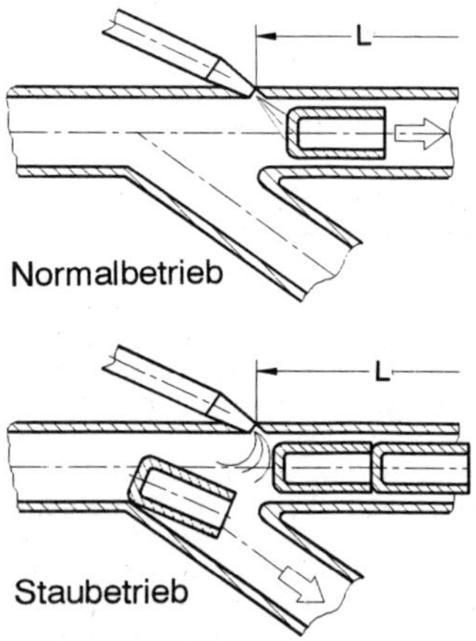

Bild 29.2: Ausschleusen überzähliger Werkstücke durch pneumatische Selbststeuerung

programmierbare Positioniersysteme hat man noch vor wenigen Jahren der Pneumatik nicht zugetraut. Das Bild 29.3 zeigt einen solchen Positionierantrieb im Schema. Diese Einheit besteht jeweils für die Bewegung in einer Achse aus einem Achsregler, einem Servoventil, dem Pneumatikantrieb und einem Wegmeßsystem mit Rückmeldung an den Rechner. Dieser stellt praktisch das Herzstück des Positioniersystems dar. Bei Erreichen der gewünschten Position kann außerdem eine pneumatische Bremse per Signal einfallen. Es ist deutlich erkennbar, wie sich die Maßnahmen von der Energieseite zur Signalseite verlagert haben [68]. Aus den Wegdaten, die ein z.B. inkrementales Wegmeßsystem liefert, werden durch Differenzieren

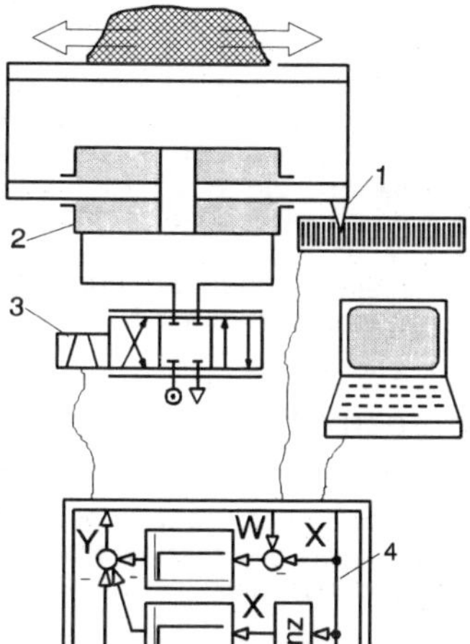

Bild 29.3: Servopneumatischer Positionierantrieb
1 Wegmeßsystem, 2 Arbeitszylinder, 3 Servoventil, 4 Regelrechner

die Zustandsgrößen Geschwindigkeit und Beschleunigung generiert und unter Berücksichtigung weiterer Faktoren wird dann das Stellsignal an das Servoventil ausgegeben. An Funktion und Genauigkeit solcher Ventile werden hohe Ansprüche gestellt und an den Preis auch. Untersuchungen haben auch gezeigt, daß mit elektrischen Schrittmotoren betriebene NC-Linearachsen bei gleicher Wiederholgenauigkeit und gleichen Verfahrwegen höhere Zykluszeiten als servopneumatische Linearantriebe benötigen [69]. Pneumatik ist eben schnell.

Vielseitige Greiftechnik

Mehr als die Hälfte aller eingesetzten Greifer besitzt pneumatische Antriebe oder nutzt direkt fluidische Effekte beim Greifen. Auch hier ist der technisch unproblematische Umgang mit Luft für preiswürdige Lösungen ausschlaggebend. Man setzt sowohl Druckluft als auch Saugluft ein. Das Bild 29.4 zeigt einige Beispiele für Greifer, die sich wiederum dadurch auszeichnen, daß sie kein einziges mechanisch bewegtes Bauteil enthalten [32]. Was nicht vorhanden ist, kann bekanntlich auch nicht verschleißen und ausfallen. Jede eingesparte Störungsquelle erhöht somit die Zuverlässigkeit eines Systems. Im Falle des Greifers für Unterlegscheiben bewirkt der Strahldruck das Halten des Werkstücks. Bei den pneumatischen Beugefingern, das sind aus einem Stück bestehende elastische Hohlkörper, werden ungleiche Elastizitäten im Finger in eine Krümmbewegung umgesetzt. Besonders für empfindliche Werkstükke, z.B. Siliziumscheiben, ist der Greifer gedacht, der das aerodynamische Paradoxon ausnutzt. Ausströmende Luft erzeugt im Spalt zwischen Greiferplatte und Werkstück einen Unterdruck. Die Wirkung ist bei diesen Greifern punktuell bzw. auf kleine Flächen begrenzt. Interessant ist deshalb auch die Kombination von physikalischen Effekten. So lassen sich große Papierscheiben greifen, indem man sie in der Mitte mit einem Saugergreifer anfaßt, zusätzlich aber gemäß aerodynamischem Paradoxon Druckluft zwischen Deckplatte und Papierscheibe abbläst. Die Papierscheibe oder auch Folienstücke werden auf diese Weise gleichmäßig und ganzflächig gehalten.

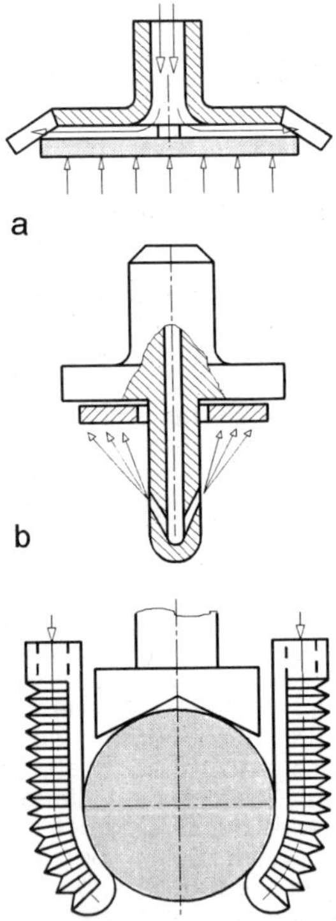

Bild 29.4: Greifer, die mit Druckluft arbeiten
a) Scheibengreifer auf der Basis des aerodynamischen Paradoxons, b) Luftstrahlgreifer für Unterlegscheiben, c) pneumatische Beugefinger

Mittlerweile werden aber auch saugende Flächengreifer, z.B. in Form poröser Platten, angewendet, um empfindliches und/oder flexibles Gut aufzunehmen. Dazu zählen z.B. Bildröhren, Bowlingkugeln, Platten mit geringer Biegefestigkeit, Folienstükke, Matten zur Körperschalldämmung, vorgefertigte Laminate (Prepregs), Textilien, Teppiche [70]. Da die Wirkfläche eines solchen Greifsystems groß ist, kommt man mit geringem Unterdruck aus. Beim "normalen" Saugergreifer ist das umgekehrt: Kleine Wirkfläche und großer Unterdruck. Die Handhabungsmassen liegen beim Flächensauggreifer zwischen 1,5 und 100 N und die Greifzeiten zwischen 0,1 und 1 s [71]. Flächig greifen ist allerdings auch mit spinnenbeinig verteilt angebrachten Saugern gut möglich. Dafür gibt es inzwischen sogar Baukastensysteme, die auch Elemente für einen Schnellwechsel enthalten. Diese Greifer werden vor allem in der Blechteilehandhabung und Verpackungstechnik eingesetzt.

Testfragen

1 Was bedeutet "servopneumatisch"? Erklären Sie das Wirkprinzip einer servopneumatischen Lineareinheit!

2 Welche physikalisch-pneumatischen Wirkungen kann man für die konstruktive Gestaltung von Kleinteilegreifern ausnutzen?

3 Welche Voraussetzungen muß ein Werkstück mitbringen, damit man es pneumatisch ordnen kann?

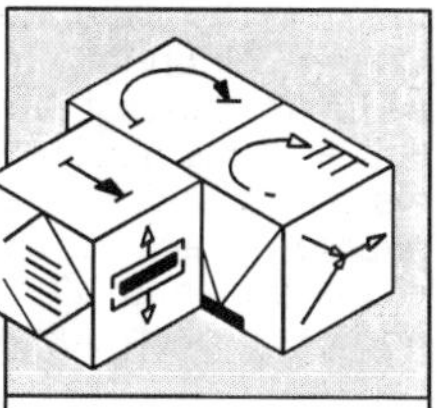

Ärgernis Brückenbildung

Ein Experte ist jemand, der nicht denken muß.
Er weiß.
Frank Lloyd Wright

"Nimm Di nix vör, denn sleiht Di nix fehl!", so der wohlmeinende Ratschlag des niederdeutschen Fritz Reuter. Doch damit ist uns wenig geholfen. In der Automatisierung muß man sich eben immer wieder Neues vornehmen und die Handhabetechnik ist dazu eine Herausforderung.

Bei der Werkstückbereitstellung von Schüttgut aus Auslaufbehältern und von Stückgut aus Stapelmagazinen kann es aber Probleme geben. Da hat schon so mancher die böse Überraschung erlebt: Es läuft nicht! Das Arbeitsgut bildet nach kurzer Zeit kuppelartige Gewölbe über der Auslaufstelle aus. Der Werkstückfluß kommt ins Stocken. Das muß aber nicht hingenommen werden - es gibt Lösungen [10, 16].

Der Bierfaß-Versuch

Natürlich interessiert, warum sich Werkstücke im Verband so eigenartig verhalten. Stapelt man 3 Fässer gemäß Bild 30.1, so rollen sie nicht weg. Woran mag das liegen? Man kann Gleichungen für das Gleichgewicht der Kräfte F_i aufstellen und daraus die Bedingung für das Abgleiten der Fässer herleiten. Etwas umgeformt ergibt sich:

$\mu_2 < 0{,}577 - 3\,\mu_1.$

Entscheidend sind also die Reibungskoeffizienten von Faß zu Faß (μ_2) und von Faß zu Boden (μ_1). Ähnliche Zusammenhänge für die Brückenbildung liegen offenbar beim Ausfließen von Schüttgut aus Bunkern vor. Die Ausbildung von Stützgewölben hängt wohl in erster Linie von folgenden Faktoren ab:

- Gleitwiderstand zwischen Speichergut und Bunkerwand,
- Neigung der Bunkerwände bzw. Behälterform,
- Querschnitt und Größe der Auslauföffnung,
- Form und Verhakungsneigung des Gutes,
- innere Reibung des Schüttgutes, auch Feuchtigkeit,

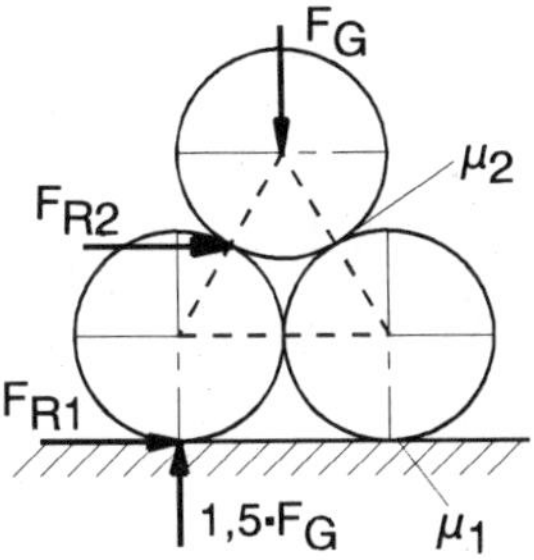

Bild 30.1: Unter welcher Bedingung rollen die Fässer auseinander?

■ Korn- bzw. Gutgröße und
■ Größenverhältnis zwischen Auslauföffnung und Gutgröße.

Für rieselfähiges Arbeitsgut ergibt sich (nach Dubach) ein besseres Auslaufverhalten, wenn die Bunkerform und die Trichterinnenwände so ausgeführt werden, daß sich die zur Verstopfung führenden Stützgewölbe als Flächen mit negativer Gaußscher Krümmung (-G) ergeben. Das ist der innere Teil eines Torus (Rundring). Man weiß auch aus Beobachtungen an Seifenhäuten (Theorie der Oberflächenspannung), daß die Spannungen in der Haut größer sind, wenn die Krümmung größer ist. Daher zerreißt die Haut, analog der Hüllfläche, bei negativer Krümmung schneller als bei positiver Krümmung. Bei der Lösung nach Bild 30.2 werden vorteilhafte Bedingungen durch unterschiedliche Reibungsverhältnisse erreicht. Am feststehenden Innenrohr wird abwärts gerichtete Luft eingeblasen, so daß das Fließgut innen schneller läuft als an der Bunkerwand. Senkrecht vibrierende Innenrohre bringen ähnliche Ergebnisse. Ein anderer Weg besteht darin, sich bildende Stützgewölbe immer wieder

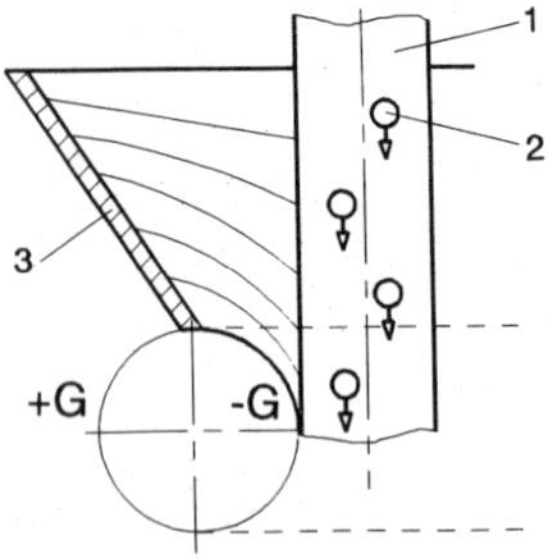

Bild 30.2: Bunkertrichter mit Innenkörper
1 Innenrohr, 2 nach unten gerichtete Druckluftbohrung, 3 Bunkerwand

zu stören, indem man in die tragende Schicht Bewegungen einbringt. In Bild 30.3 wird ein Bunker gezeigt, bei dem man ein Stück Kette rotieren läßt. Der Flugkreis läßt sich über die Drehzahl zur Variablen machen. Es gibt auch Bunker, bei denen im Zentrum eine Kette von oben nach unten ständig umläuft.

Für Bunker ohne irgendwelche Innenkörper ist folgendes zu empfehlen:

■ Rundtrichter sollen gegenüberliegende Streifen oder 90°-Sektoren mit verschiedenen Reibungswerten erhalten.
■ Bei Rechteckbunkern sollen zwei gegenüberliegende Wände einen anderen Reibungskoeffizienten als die zwei anderen bekommen.

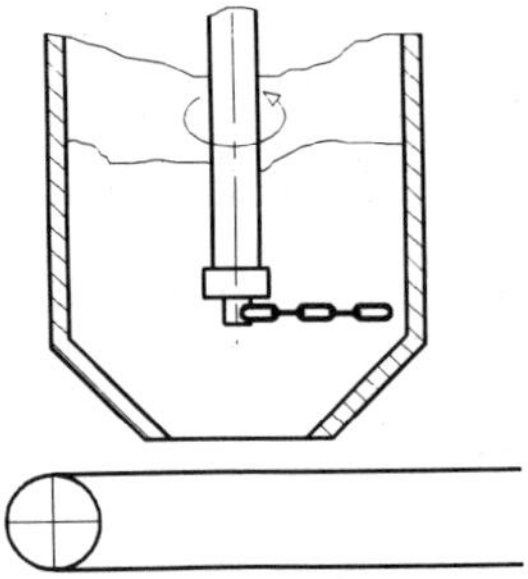

Bild 30.3: Auslaufgestaltung mit rotierendem Kettenstück

Stapelmagazine mit Know-how

Erinnern wir uns an den Bierfaß-Versuch, dann kommt die Situation den Verhältnissen in einem Stapelmagazin auch optisch ziemlich nahe. Die meisten Lösungen sind auch hier darauf gerichtet, die Ausbildung von Stützgewölben durch Vibration, Rüttler, aufblasbare Bunker-Gummiwände, Schwinghebel, Gegenlaufbänder oder andere Bewegungselemente zu stören. In Bild 30.4 wird ein Stapelmagazin vorgestellt, das sich durch folgende Merkmale auszeichnet:

- Die Magazinwände sind weitgehend senkrecht gestaltet.
- Die Neigung am Boden wurde auf den kleinstmöglichen Winkel reduziert.
- Die Auslaufstelle wird gegen das darüberliegende Speichergut (Gewichtskräfte) durch ein überhängendes Bodenstück geschützt.
- Die linke Bunkerwand wird gerüttelt.
- Die beiden Magazinwände sind um ein Vielfaches des Werkstückdurchmessers d voneinander entfernt (> 5d).
- Die Bunkerwände sind poliert, der Reibungskoeffizient ist klein.

Bei einem Stapelmagazin mit zweibahniger Werkstückausgabe kann man im Bereich der Brückenbildung Bewegungselemente einbauen, wie es Bild 30.5 zeigt. Das können gerippte Rundkörper oder auch Formstücke sein. Sie rotieren jedoch nicht, sondern bewegen sich rhythmisch vor und zurück. Das genügt, um einen gleichmäßigen Auslauf zu erreichen. Sinngemäß trifft das bisher Gesagte auch zu, wenn Werkstücke waagerecht auf einem Förderband stehend in einen keilförmigen Auslauf gebracht werden sollen. Auch hier kommt es nach kurzem Lauf zur Brückenbildung. Bei der in Bild 30.6 vorgestellten Konstruktion hat man deshalb ein gegenläufiges Förderband vorgesehen. Es entfernt fortwährend Werkstücke, z.B. Porzellankörper, aus dem Staubereich, so daß Stützgewölbe keinen Halt mehr finden. Oft lassen sich auch gänzlich andere Magazinlösungen finden, bei denen es prinzipbedingt keine Brükkenbildung geben kann. Im Zweifels-

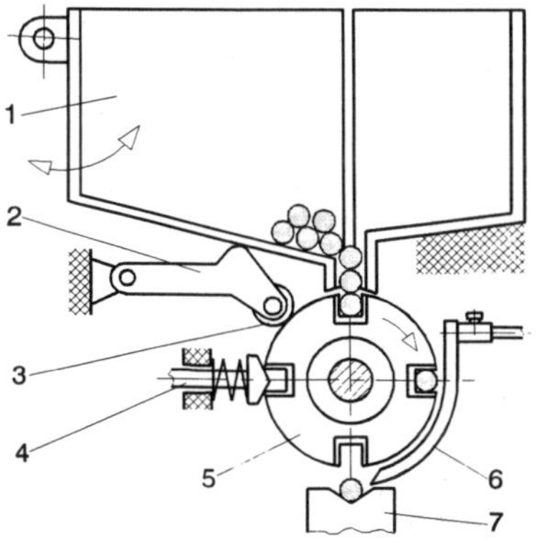

Bild 30.4: Zuführen aus einem Stapelmagazin
1 bewegliche Magazinhälfte, 2 Hebelrüttler, 3 Kugellager als Rolle, 4 Rastbolzen, 5 Rotorzuteiler, 6 Deckblech, 7 Werkstückausgabe

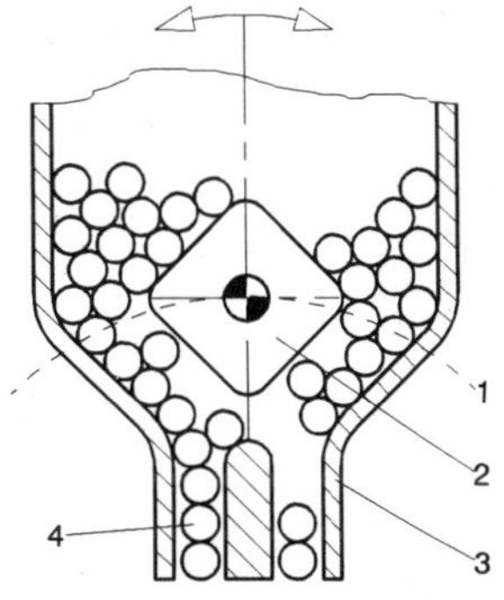

Bild 30.5: Stapelmagazin
1 vermutliche Zone der Brückenbildung, 2 Formkörper mit intermittierender Bewegung, 3 Stapelmagazin, 4 Auslaufkanal

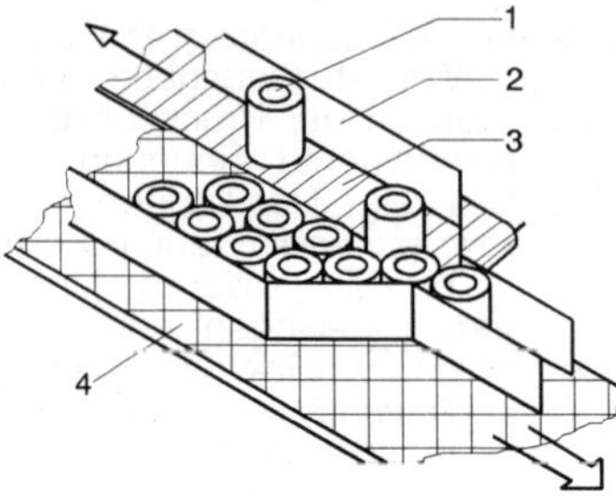

Bild 30.6: Zuführeinrichtung für Porzellankörper

1 Werkstück, 2 Leitkante, 3 Gegenförderband, 4 Förderband

fall ist es immer ratsam, abklärende Versuche zum Werkstückverhalten durchzuführen und zwar mit Originalwerkstücken. Bereits kleine Veränderungen in der Oberflächenbeschaffenheit können das Nachgleitverhalten verändern.

Und nun mit Fritz Reuter der Weisheit letzter Schluß: "Nimm Di was vör, aewer studir dat vörher mit Wollust."

Testfragen

1 Welche Ursachen führen zur Brükkenbildung und was kann man dagegen tun?

2 Was muß man bei Stapelmagazinen besonders beachten, damit der Auslauf ungestört vor sich geht?

3 Stelle die Kräftegleichungen für die in Bild 30.1 gezeigte Situation auf und leite die angegebene Ungleichung her!

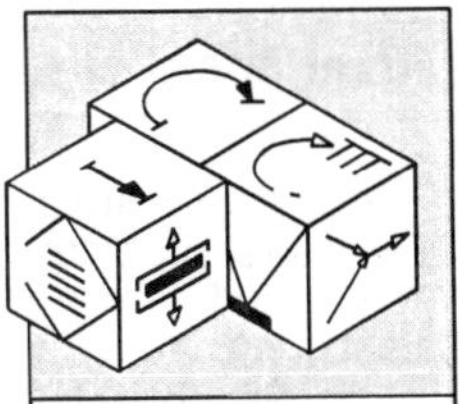

31

Handling von Blechteilen

Ihre Schwüre glaube ich nicht,
sagte das Roboterfräulein zum Computer.
Das ist alles nur Berechnung.
Klaus Möckel

Die Verkettung von Arbeitsmitteln ist ein bewährtes Prinzip, Durchgängigkeit im Produktionsfluß zu erreichen. Bereits 1923/1924 entstand bei der englischen Firma MORRIS MOTORS eine erste Taktstraße zur mechanischen Bearbeitung von Zylinderblöcken. Sie wurde rein mechanisch gesteuert und hatte eine Taktzeit von 4 min. In der Blechbearbeitung wurde die "Eiserne Hand" entwickelt, eine Handhabungseinrichtung, die bei Massenfertigung an die Presse angebaut wurde. Heute verfügt man auch über Verkettungstechnik, die für die Serienfertigung tauglich ist.

Verkettung mit dem Industrieroboter

Eine Pressenstraße ist ein kompliziertes technisches Gebilde. Dazu sind produzierende Einheiten, Hilfseinrichtungen und Werkstücktransfer miteinander zu verschmelzen. Kennzeichen einer Arbeitslinie sind die Verkettung der Steuerungen (Informationsfluß), die automatische Werkstückhandhabung (Stofffluß) und die selbsttätige Ausführung von Hilfsfunktionen (Befettung, Abfallbeseitigung, Doppelblechkontrolle, Preßkraftüberwachung usw.). Auf Fragen des Werkzeugwechsels soll hier nicht eingegangen werden.

Einzelpressen können mit verschiedenen technischen Mitteln zur automatischen Pressenlinie aufgerüstet werden. Für die Werkstückhandhabung sind folgende Varianten möglich:

- Einschienen-Hubbalken-Transfer über alle Pressen,
- Zweischienen-Transfergreifereinrichtung,
- Feeder, jeweils getrennt für Ein- und Ausgeben,
- Industrieroboter in Überkopfanordnung angebaut und
- Industrieroboter in Fluranordnung.

In einer realisierten Lösung (Bild 31.1) wurden bodengebundene Industrieroboter gewählt. Dafür waren folgende Gesichtspunkte ausschlaggebend: Der Werkzeugraum und der Raum vor der Presse wird weitgehend freigehalten. Es besteht ein günstiges Preis-Leistungs-Verhältnis gegenüber anderen Lösungen. Die Bewegungszyklen lassen sich relativ einfach programmieren und sortimentsbezogen abspeichern. Eine teilweise Stillsetzung der Handhabetechnik und der Betrieb als 2-Maschinen-Linie ist problemlos möglich. Die Bedienerschulung kann außerhalb der Pressenstraße am simulierten Arbeitsplatz vorteilhaft vorgenommen werden.

Der Arbeitsraum und die Kinematik des Scara-Roboters erweisen sich als günstig, wenn der Pressenabstand nicht größer als etwa 5 m ist. Da die Pressen ihren Standort bereits hatten, wurde deshalb auch ein Senkrecht-Gelenkarmroboter installiert. Er bringt es mit der kinematischen Armverlängerung (die sich durch den ausladenden Saugergreifer ergibt) auf eine Reichweite von etwa 6,5 m. Im Bedarfsfall, z.B. bei manueller Beschickung, kann dieser rasch beiseite geschoben werden. Löst man die Bodenschrauben, steht er sofort auf Rollenleisten und kann von Hand in die beiden Endlagen (Ruhe-, Arbeitsposition) bewegt werden. Die Lösung hat eine außerordentlich niedrige Bauhöhe, trägt etwa 2,5 t und ist praktisch wartungsfrei.

Sauger greift zuverlässig

Bei ebenen oder leicht gewölbten Flächen sind Saugergreifer problemlos einsetzbar. Wichtig sind eine kugelbewegliche Befestigung und eine Schnellkupplung, um die gesamte "Greiferspinne" beim Umrüsten auf ein anderes Produkt rasch tauschen zu können. Bei stark gewölbten und reichlich befetteten Blechen kann es allerdings vorkommen, daß bei hoher Beschleunigung beim Bewegen eine Verlagerung des Teils am Greifer eintritt.

Der in Bild 31.2 dargestellte Saugermodul bietet einige Vorteile. So kann

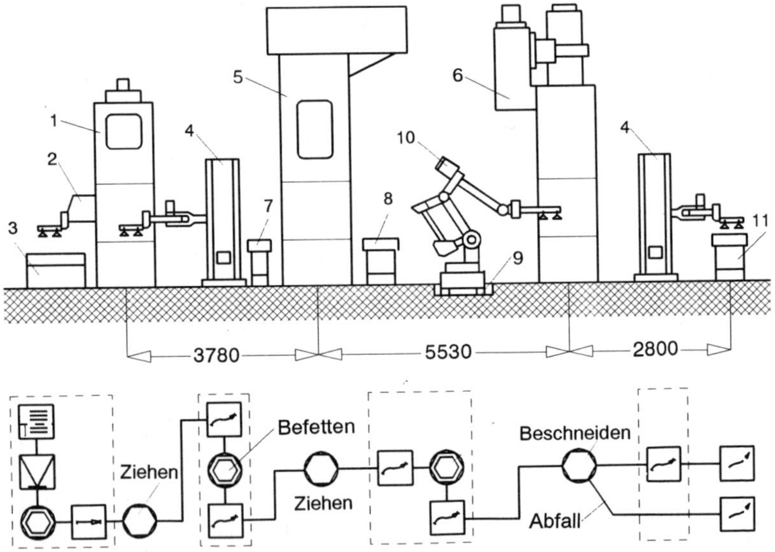

Bild 31.1: Flexible automatisierte Pressenstraße für das Ziehen von Behältern; 1 Ziehpresse 1.Zug, 2 Feeder, 3 Zuführen des Zuschnitts, 4 SCARA-Roboter, 5 Ziehpresse 2.Zug, 6 Beschneidepresse, 7 partielle Sprühbefettung, 8 Schmierfilz, 9 Querverschiebe-Plattform, 10 Senkrecht-Gelenkarmroboter, 11 Abtransportband

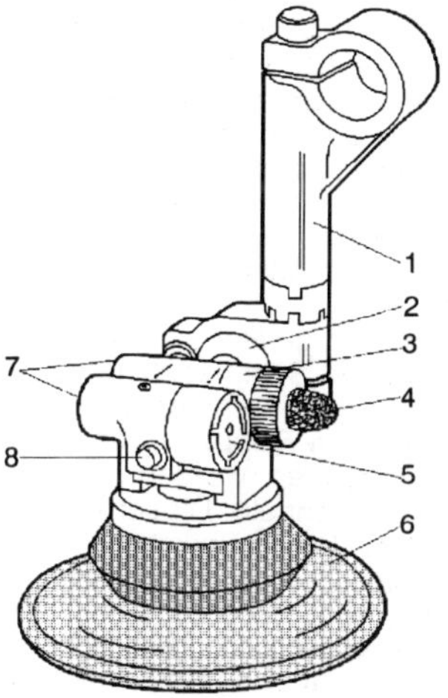

Bild 31.2: Saugergreifer Modul (Isi Automation)
1 Montagearm, 2 Kugelkopf, 3 Venturi-Element (Düse), 4 Schalldämpfer, 5 Einrichtung zum Abblasen, 6 Gummisauger, 7 Druckluftanschluß, 8 Knopf für den Schnellwechsel des Saugers

der Gummisauger auf Knopfdruck abgenommen und gewechselt werden. Anstelle der Venturidüse kann auch mit einer zentralen Vakuumpumpe gearbeitet werden. Das Vakuum liegt in etwa 0,5 s an. Beim Ablegen eines Blechteils wird zusätzlich geblasen.

In Bild 31.3 wird die Kombination von Saugern zu einer Saugerspinne gezeigt. Der Greifer besitzt außerdem Klemmgreifmodule, die zum Einsatz gebracht werden können, wenn sich das Roboterhandgelenk und damit der gesamte Greifer um 180° dreht, z.B. zum Anfassen von Ziehteil-Zuschnitten oder von Abfallstücken. Man hat für große Saugerspinnen (Ausdehnung 2 x 3,5 m) auch schon CFK-verstärkte Rohre (Metall-Hybrid Bauteil, ein Faserverbund-Kunststoff) eingesetzt. Solche Lösungen sind steif, schwingungsstabil und leichter als Metallrahmen. Deshalb konnte man die Hubzahl der zu beschikkenden Presse z.B. um ein Viertel erhöhen. Damit zeigt sich, daß die Auswahl des richtigen Greifers große Bedeutung für die Gesamtleistung einer Anlage hat.

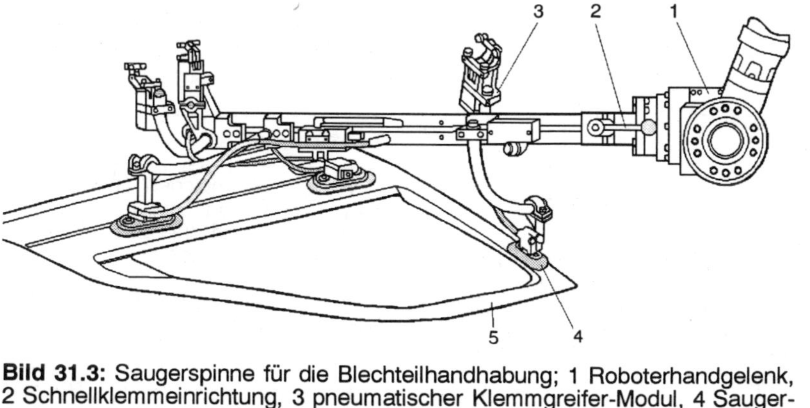

Bild 31.3: Saugerspinne für die Blechteilhandhabung; 1 Roboterhandgelenk, 2 Schnellklemmeinrichtung, 3 pneumatischer Klemmgreifer-Modul, 4 Saugergreifer-Modul, 5 Werkstück, Ziehstück

Sonderbauformen sind paßfähig

Es gibt auch Bauformen für Industrieroboter, die für die Umformtechnik spezialisiert sind, d.h. die Reichweite und die Form des Arbeitsraumes sind auf die Erfordernisse abgestimmt. Das Bild 31.4 zeigt zwei Ausführungen. Der Drehgelenkroboter besitzt 2 vertikale Drehachsen. Zusammen mit dem Greifer werden Pressenabstände bis etwa 8 m verkraftet. Bei einem Blechteil von 8 kg Masse und durchschnittlich komplizierten Umformwerkzeugen werden Zykluszeiten von rund 4,5 s erreicht. Hierbei hat man Handhabungsgeschwindigkeiten von 13 m/s erzielt. Die hohe Geschwindigkeit wird durch Verwendung bürstenloser Drehstromantriebe erzielt. Durch die Bewegungsüberlagerung der beiden vertikalen Grunddrehachsen, die sich gegenläufig drehen, kommt es zu einer nahezu geradlinigen Werkstückübergabe von Presse zu Presse, auch wenn hierbei das Blechteil noch zusätzlich gewendet wird.

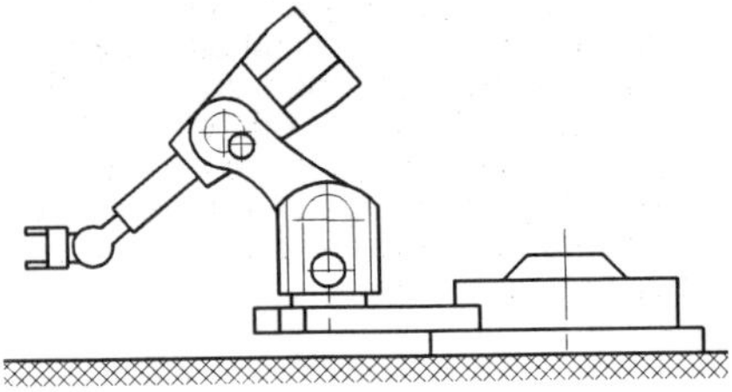

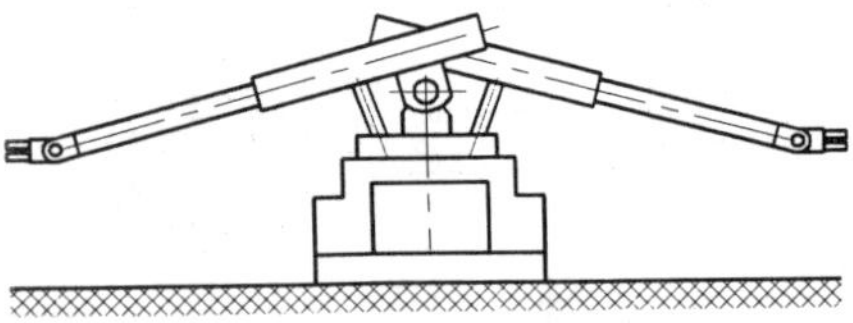

Bild 31.4: Beispiele für Industrieroboter in der Umformtechnik
oben: Drehgelenkroboter (7 Bewegungsachsen) mit zusätzlicher vertikaler Achse (KUKA, COMAU); unten: Doppelarmroboter (9 Bewegungsachsen) zur Pressenverkettung und auch -beschickung (Bilsing)

Der doppelarmige Roboter ist gut geeignet, um z.B. Schmiedeteile von einer Gravur zur nächsten zu befördern. Durch die Doppelarmbauweise kann Zeit gespart werden, weil der Rückkehrhub entfällt. Dieser Roboter besteht aus den Hauptkomponenten Grundgestell mit eingebautem Hydraulikaggregat, Drehturm mit den zwei Auslegerarmen, dem Greiferhandachsengetriebe und den Schaltschrank mit Steuerung und Bedienpult.

Für die Blechteilhandhabung können etwa folgende Bereiche für die Pressenhubzahl angegeben werden:

- Feeder 8 bis 12 min^{-1}
- Greiferschienentransfer 14 bis 18 min^{-1}
- Industrieroboter 5 bis 10 min^{-1}.

Entscheidend für die Auswahl ist der Umrüstaufwand je Produktwechsel und damit auch die Seriengröße [72, 73].

Testfragen

1 Welche technischen Grundlösungen (Arten von Handhabungseinrichtungen) sind für eine Pressenverkettung geeignet?

2 Welche Vorzüge und Nachteile haben Saugergreifer?

3 Welche Pressenabstände lassen sich überbrückben, wenn Roboter zur Verkettung eingesetzt werden?

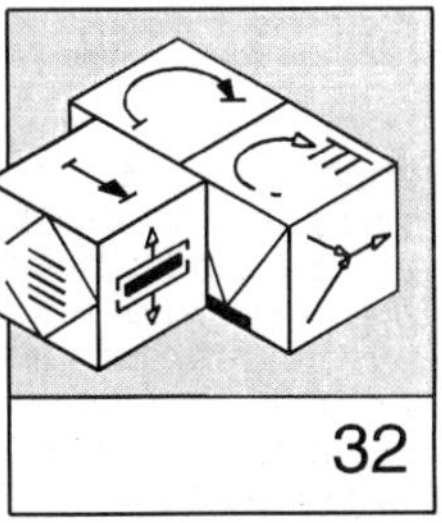

Problemzone Peripherie

Wisse, daß wir Dich aus dem Staub der Erde geschaffen haben. Du wirst die Arbeit eines Dieners verrichten. Du hast auf meine Befehle zu hören und alles zu tun, was ich von Dir fordere.
Rabbi Löw zum Golem

Das Gelingen technischer Pläne hat schon Männer um ihren Verstand gebracht. Galezzo de Rubeis (16. Jahrhundert) verlor vor Freude den Verstand, als seine wendlige Wasserhebemaschine tatsächlich funktionierte. Ihm war nicht bekannt, daß die archimedische Schraube längst erfunden war. Heute sind wir an technische Kabinettstückchen gewöhnt und es wird wohl eher unangenehm, wenn etwas nicht funktioniert. Auf wichtige Erfahrungsträger kann keiner mehr verzichten. Beim Einsatz von Handhabungseinrichtungen ist die Peripherie ein solch interdisziplinäres Entscheidungsfeld, bei dem es auf technische Perfektion ebenso ankommt, wie auf die wirtschaftliche Verhältnismäßigkeit. Immerhin kann in der Montage der finanzielle Aufwand für die Peripherie 50% und mehr der gesamten Automatisierungslösung erreichen.

Peripherie ist angepaßtes Umfeld

Handhabungseinrichtungen sind keine Alleskönner, da muß noch so manches mundgerecht präsentiert werden. Ein "nackter" Roboter wäre wie eine Ameise ohne Ameisenhügel. Er braucht also ein wohlabgestimmtes Umfeld. Als Roboterperipherie zählen alle Einrichtungen, mit denen ein Roboter direkt zusammenwirkt und die er für die Erfüllung einer vorgegebenen Aufgabe unmittelbar benötigt. Das gilt sinngemäß auch für problemangepaßte Handlinggeräte (Einleger), die meistens wesentlich billiger sind. Das Interesse an unbezahlbaren Alleskönnern ist entsprechend gering.

Die Auslegung einzelner peripherer Komponenten z.B. für eine Robotermontagezelle oder -linie setzt eine intensive Auseinandersetzung mit der Montageaufgabe voraus (Bild 32.1). Die Komponenten müssen für

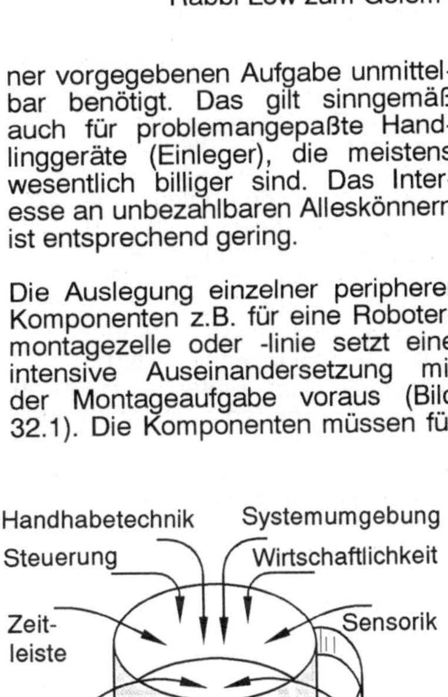

Bild 32.1: Besonders in der Montage müssen viele Aspekte beachtet werden, wenn man die Peripherie spezifiziert.

sich eine günstige Lösung darstellen, aber auch ein harmonisches Ensemble ergeben. Dabei ist es nicht immer einfach, im Einzelfall zu erkennen, was im Variantenvergleich als wirklicher Fortschritt zählt. So zeigt das Bild 32.2, daß der Freiheitsgrad einer Bereitstell-Lösung zwischen Handhabungseinrichtung und Peripherie variabel ist, sofern die insgesamt notwendige Beweglichkeit des Systems erhalten bleibt. Man wird einen Freiheitsgrad immer dorthin verlagern, wo er billiger realisiert werden kann. Allerdings können Randbedingungen die Entscheidung wesentlich beeinflussen. Das sind u.a. ein bereits vorhandener Park an Industrierobotern, Zykluszeiten, Umrüsthäufigkeit und Programmierbarkeit peripherer Komponenten. Lösungen mit aktiver Peripherie sind oft für die Großserienfertigung günstig, eine passive Peripherie ist z.B. für Montagezellen typisch [1]. Allgemein gilt: Einfache Handlingkinematik erfordert aufwendige funktionsreiche Peripherie und große Roboterbeweglichkeit, freie Programmierbarkeit und sensorische Funktionen im Roboter implizieren eine einfache Peripherie [65].

Der einfache Fall

Bei einer Handhabung zwischen wenigen Fixpunkten kommt man oft mit Einlegegeräten aus. Sie sind schnell, zuverlässig und preiswert. Aber auch bei einfachen Bewegungszyklen gibt es durchaus Spielräume, die sich natürlich auf das Umfeld auswirken. Das soll Bild 32.3 am Beispiel einer doppelarmigen Handhabungseinrichtung zeigen. Es werden zwei Betriebsweisen vorgestellt. Bei der Verkettungsvariante liegt eine Reihenschaltung zweier Pressen vor. Die Zuschnitte werden aus dem Magazin M1 entnommen und in das Werkzeug der Presse 1 eingelegt. Parallel zu diesem Vorgang nimmt die rechte Greiferhand das halbfertige Teil auf und bringt es zur Presse 2. Dort wird es nach der Bearbeitung automatisch ausgegeben, z.B. mit einer Blasluftdüse. Ein einziges Bereitstellmagazin M1 genügt. Bei der Variante "Doppelbeschickung" werden hingegen zwei verschiedene Werkstücke in jeweils einem Arbeitsgang gefertigt. Es gibt demnach keinen technologischen Fluß zwischen den beiden

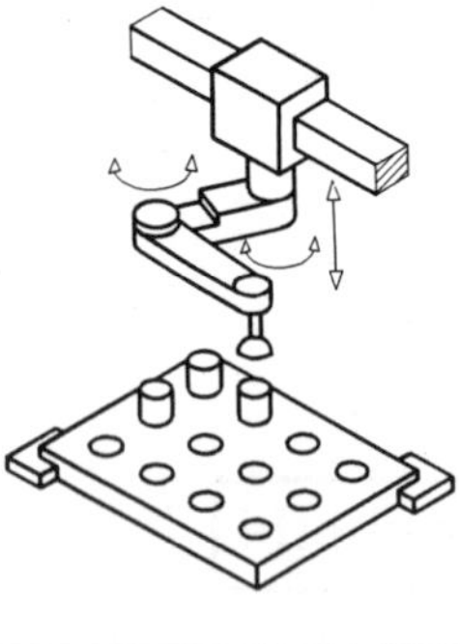

Roboter	Peripherie
F = 3	F = 0

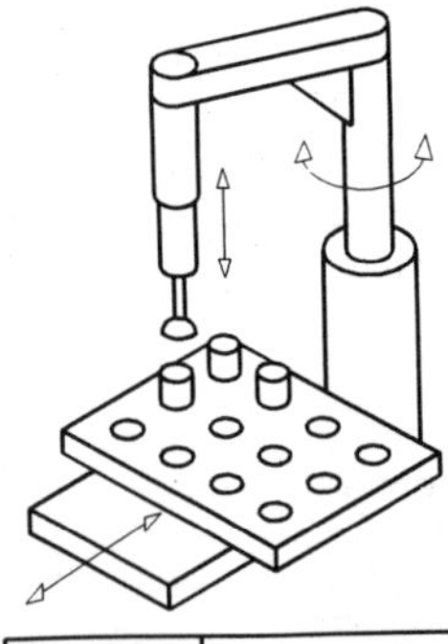

Roboter	Peripherie
F = 2	F = 1

Bild 32.2: Die Freiheitsgrade lassen sich von der Handhabungseinrichtung zur Peripherie verlagern und auch umgekehrt.

Pressen. Die Zuschnitte werden aus den Magazinen M1 und M2 entnommen. Es folgt das Einlegen in das jeweilige Werkzeug. Die Greifer ziehen sich in eine Warteposition zurück. Nach der Operation werden die Blechstücke wieder gegriffen und gleichzeitig in getrennten Ablagemagazinen A1 und A2 abgelegt. Hier besteht die Peripherie aus 4 Magazinplätzen, die sich automatisch auf die Stapelhöhe einstellen können. Aus betriebspraktischen Gründen wird man die Peripherie so gestalten, daß beide Betriebsweisen ohne große Umrüstung möglich sind. Zumindest sollten Vorkehrungen getroffen werden, die eine problemlose Nachrüstung gestatten.

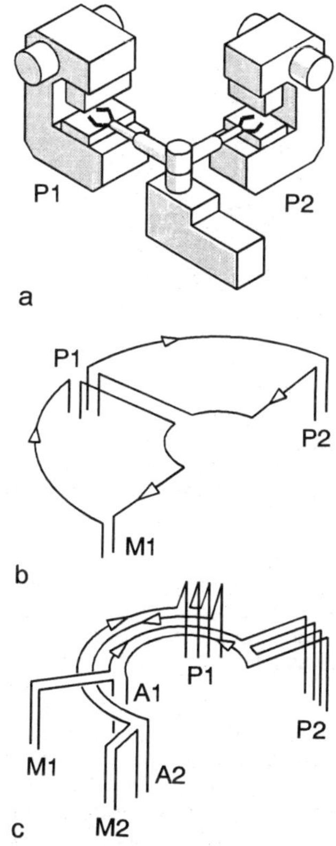

Bild 32.3: Bewegungsvarianten bei einer zweiarmigen Handhabungseinrichtung
a) technologisches Schema, b) Verkettungsvariante, c) Variante einer Doppelbeschickung, A Ablagemagazin, M Bereitstellungsmagazin für Zuschnitte, P Maschine, Presse

Peripherie denkt mit

Damit es ein Roboter etwas leichter hat, werden Peripheriekomponenten mit Sensoren ausgestattet, die die Steuerung mit aktuellen Informationen versorgen. Dieser Trend nimmt zu. Eine von vielen Möglichkeiten wird in Bild 32.4 gezeigt. Es geht um die Erkennung von Position und Kontur des Werkstücks auf einem Array sensibler Elemente. Schon 1962 wurden erstmals am "Ernst-Arm" (ein Versuchsroboter) Sensoren in solcher Anordnung eingesetzt. Bei einem Array begrenzen die Abstände dx und dy das Auflösungsvermögen bei der Konturerkennung. Es ist bei taktilen Sensoren aus baulichen Gründen gering und bei optoelektronischen Sensoren bedeutend besser. Mehr Informationen sind z.B. mit einem Ultraschall-Array erfaßbar. Das ist eine rasterförmige Anordnung mehrerer Ultraschallsender und -empfänger. Es werden nicht nur die Ortskoordinaten des Objekts festgestellt, sondern auch Auskünfte über die Form bzw. Auflagesituation geliefert. Dazu wird die Signallaufzeit in der z-Koordinate an der jeweiligen Position x, y ausgewertet. Die innere Höhe H des dargestellten durchsichtigen Bechers erhält man nun aus $H=(t/2)v$, wobei t die Laufzeit des Impulses und v die Ausbreitungsgeschwindigkeit des Ultraschalls im jeweiligen Medium ist. Das Informationssystem samt Auswertung muß ausreichend schnell sein, damit eine Roboterhand, die sich z.B. mit einer Geschwindigkeit von 1 m/s bewegt, zügig in die Zielposition gesteuert werden kann. Hat man es mit stets gleichen Werkstücken zu tun, dann lassen sich diese natürlich mit viel einfacheren Mitteln positionieren [16]. Meistens wird dann allerdings die mechanische Hardware aufwendiger. Trotzdem: Man wird erst dann nach den Sternen (Sensoren) greifen, wenn sich alle bewährten einfachen Mittel als unzureichend erweisen.

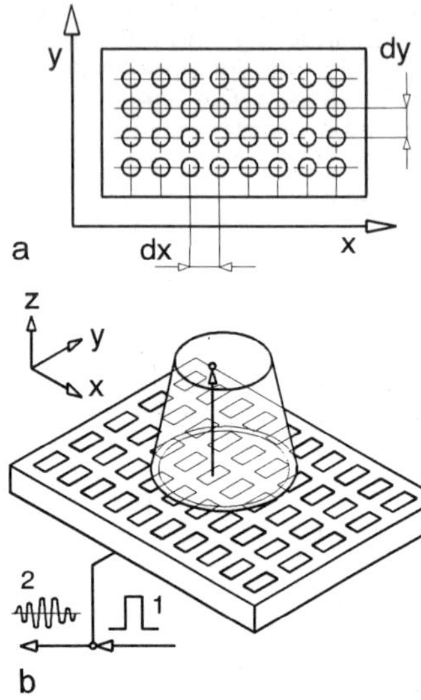

Bild 32.4: Sensorarray
a) Auflagefeld mit taktilen Elementen, b) Auflagefeld mit Ultraschallsensoren, 1 Sendeimpuls, 2 Echoimpuls

Strategien der Werkstückbereitstellung

In der automatischen Montage stellt die Werkstückbereitstellung einen beträchtlichen Teil des technischen und finanziellen Aufwands dar. Die Bereitstellung der Montageteile wird spezialisiert ausgeführt, auf der Basis von Sonderkonstruktionen oder unter Verwendung von Baukasteneinheiten. Bei der flexiblen Automatisierung kann man folgende Strategien unterscheiden:

- Ausbildung von Montagezellen mit integrierter Bereitstelltechnik und
- Ausbildung von Montagelinien mit funktional getrennter Bereitstelltechnik.

Bei integrierter Werkstückbereitstellung spielt sich alles im Arbeitsraum des Roboters ab. Eine Produktumstellung schließt auch den Austausch der Peripheriekomponenten mit ein. Mitunter gelingt es, diese Aufgabe dem Montageroboter zu übertragen. Dadurch entsteht eine selbstrüstende Montagezelle für verschiedene Produkte. Da nicht nur montiert, sondern auch kontrolliert werden muß, ergibt das eine erhebliche Konzentration von Funktionen auf engem Raum. Das ist mitunter ein Nachteil.

Die Teilebereitstellung muß aber auch im Zusammenhang mit dem Montagevorgang gesehen werden. Das Ziel besteht darin, die Montage mit möglichst wenigen Roboterleerfahrten zustandezubringen. Dieser Fakt wird in Bild 32.5 dargestellt. Eine sequentielle Bereitstellung nacheinander benötigter Montageteile, wie es in der Elektronikmontage oft anzutreffen ist, kann Vorteile bringen. Auch ein Multigreifer in Revolverbauart kommt als Lösung in Frage und beeinflußt natürlich die Werkstückpräsentation.

Sind Montageprozeß und Bereitstelltechnik funktional getrennt, ergibt sich ein weitgehend produktneutraler Arbeitsplatz. Von Vorteil ist, daß man dann die "Werkstückflußkanäle" einheitlich ausbilden kann. Dafür paßt man die Werkstückträger dem Produkt an. Die Werkstückträger werden in einer vorgelagerten Zuführ- und Kommissionierzelle beladen und automatisch zum Bereitstellplatz gefördert. Das stellt hohe Anforderungen an die Hersteller von Werkstückträger-Magazinen. Mit modernen Blechbearbeitungszentren sind aber heute gute Möglichkeiten gegeben, auch Magazinpaletten mit recht komplizierten Werkstückaufnahmen rationell herzustellen.

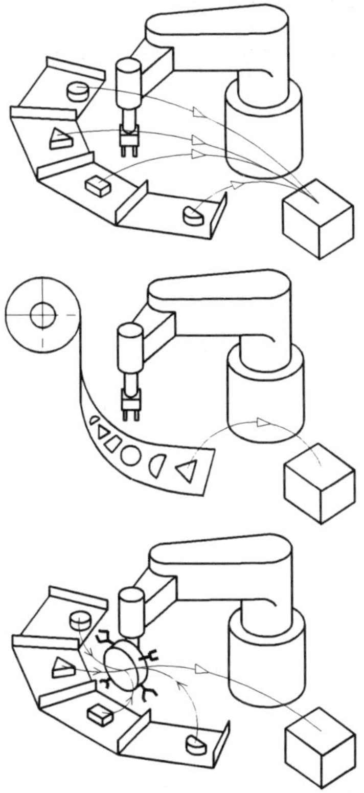

Bild 32.5: Möglichkeiten der Teilebereitstellung
a) parallele Zuführungskanäle, b) serielle Bereitstellung, c) Bereitstellung mit Revolvergreifer

Regeln zur Peripheriegestaltung

1 Einfache Handlingkinematik erfordert funktionsreiche Peripherie und umgekehrt.

2 Strebe kurze Zuführwege an. Beachte aber die technisch bedingten Mindestabstände von Einrichtungen.

3 Die Peripherie soll dem Arbeitsschutz genügen, aber trotzdem für den Nachschub von Teilen und zur Störungsbeseitigung gut zugänglich sein.

4 Antriebe peripherer Komponenten sind nach unten zu legen, damit sich der Robotergreifarm frei bewegen kann.

5 Die Übergabestellen zum versorgenden Transportsystem sollen stets in die Automatisierung einbezogen werden. Manuelles Übergeben kann nur vorübergehend akzeptiert werden.

6 Der Betriebszustand peripherer Komponenten soll deutlich signalisiert werden und gut sichtbar sein.

7 Optimiere die Anordnung von Bedienstellen, um mit kurzen Zuführwegen und -zeiten auszukommen.

8 Der je Aufgabenerfüllung brachliegende Funktionsanteil soll ein Minimum werden. Das betrifft vor allem gesteuerte Bewegungen.

9 Rechnergestützte Planungssysteme mit Vorab-Simulation der Peripherie sind wirksame Hilfen bei der Struktur- und Detailoptimierung.

10 Plane stets mit Reserveflächen, um nachträglich noch notwendig werdende Vorrichtungen, z.B. zusätzliche Prüfmittel, unterzubringen.

Testfragen

1 Was zählt landläufig zur Peripherie eines Industrieroboters?

2 Gibt es einen Zusammenhang zwischen dem Bewegungsvermögen einer Handhabungseinrichtung und den gesteuerten Bewegungen der Peripherie?

3 Welche Vorteile ergeben sich beim Einsatz von zweiarmigen Handhabungseinrichtungen?

4 Welche Varianten sind vorteilhaft, wenn in einer Montagestation Werkstücksequenzen mit dem Roboter bereitzustellen sind?

5 Was beeinflußt die Gestaltung des Roboterumfeldes?

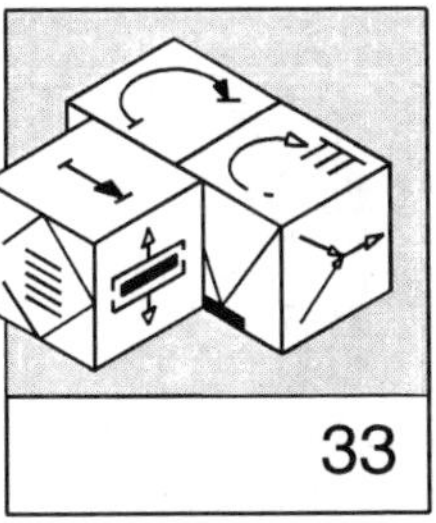

Handling mit Power und Präzision

Ich bin doch kein Mensch,
entrüstete sich der Roboter,
als man ihm zu seinem gewohnten Programm
noch zwei weitere eingeben wollte.
Klaus Möckel

Gefragt ist alles, was durch technische Verbesserungen die Flexibilität der Herstellung sowie die Qualität der Produkte erhöht und trotzdem Kosten senkt. Zwar ist die Einstellung der Industrie zum Roboter nüchterner geworden, doch eine Erschöpfung der Anwendungsfälle ist nicht in Sicht. Vielmehr steigt die Zahl von Einsätzen mit spezielleren und strengeren Spezifikationen. Auch sind es nicht immer die absoluten Neuheiten in der Roboterentwicklung, sondern die vielen kleinen Verbesserungen, Überarbeitungen und Ergänzungen an Kompaktgeräten und Modulen, die oft weiterhelfen.

Stark und genau

Das Prinzip des horizontalen Gelenkarms wurde unter der Bezeichnung SCARA (selective compliance assembly robot arm) bereits Anfang der 70er Jahre in Japan für die Kleinteilmontage ausgearbeitet. Heute ist diese Bauform (Bild 33.1) bereits umfassend eingeführt. Solche Roboter sind feinfühlig und schnell im Finden der exakten Montageposition. Das liegt vor allem daran, daß die statischen Biegebelastungen der Armelemente durch die Eigenmasse in allen Armstellungen des Roboters konstant sind. Inzwischen gibt es auch den zweiarmigen SCARA. Es werden Maximalgeschwindigkeiten von mehr als 10 m/s erreicht. Dabei werden Positionierfehler von ±0,01 mm erreicht. Der SCARA hat die Montagewelt nachhaltig gewandelt.

Das Prinzip eines Roboters mit paralleler kinematischer Struktur ist vom spinnenartigen Leichtgewicht Aria Delta (Demaurex) bekannt, der wegen seines massearmen Führungsgetriebes besonders für das schnelle Verpacken geeignet ist. Nun gibt es den Parallelroboter "Tricept HP1" (Comau) mit dem Freiheitsgrad 6, der wegen seiner enormen Preßkraft Handhabungseinheit und Montagepresse in einem darstellt (Bild 33.2). Nach der Senkrechtdrehmaschine mit Selbstbeschickung gibt es damit die Presse mit Eigenhandling. Die Hauptachsen werden über drei parallel ausfahrende Kugelrollspindeln angetrieben. Die Tragkraft liegt bei 150 kg. In der zentralen Stellung werden Druckkräfte bis 15 kN erzeugt. Trotzdem bewegt er sich präzise wie eine Werkzeugmaschine mit einer Wiederholgenauigkeit von ±0,02 mm. Der Roboter ist als Ständervariante verwendbar, kann aber auch in vorhandene Anlagen integriert werden.

"Ich kann Roboter nicht definieren, aber ich erkenne einen, wenn ich ihn sehe."

Joseph Engelberger, Gründer der Roboterfirma UNIMATION

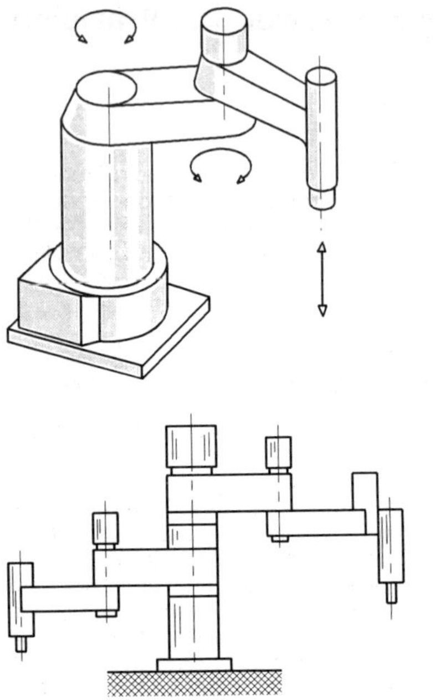

Bild 33.1: Das SCARA-Prinzip hat sich besonders in der Montage gut bewährt.

Bei einigen Robotern ist überhaupt festzustellen, daß die mechanischen Koppelstellen so ausgeprägt werden, daß eine Verschmelzung mit Produktionseinrichtungen erleichtert wird. So gibt es z.B. Linearroboter, bei denen man anstelle der Bodenstützen jede andere Auf- und Anbauart wählen kann. Hohe Dynamik und Positioniergenauigkeit sowie moderne Steuerungstechnologie mit absolutem, fehlertolerantem Wegmeßsystem machen solche Roboter für viele Anwendungen tauglich: Montage, Maschinenverkettung, Blechteilhandling, Entladen von Druckgießmaschinen, Schweißen, Palettieren und Depalettieren.

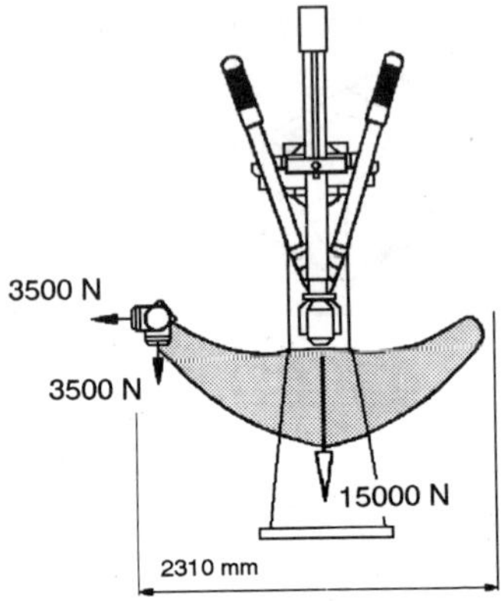

Bild 33.2: Arbeitsraum und Druckkräfte beim Parallelroboter "Tricept HP 1" (COMAU)

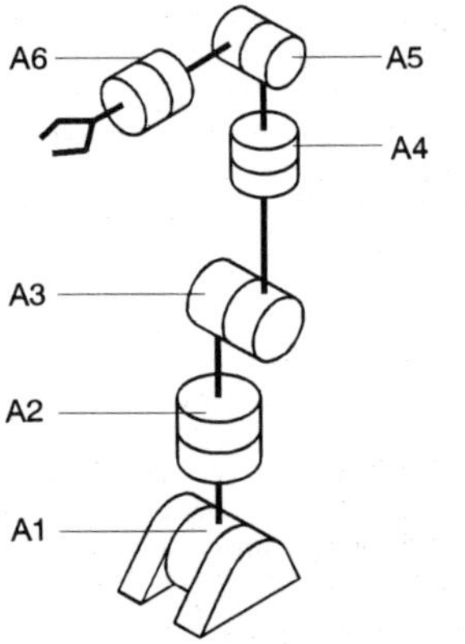

Bild 33.3: Roboter mit unkonventioneller erster Achse (KUKA); Traglast 120 kg + 80 kg Zusatzlast, z.B. ein Schweißtrafo

Hochgeschwindigkeits-Platinenlader zur Pressenbeschickung beschleunigen heute mit Drehstrom-Servomotor in der x-Achse mit 18 m/s^2 und erreichen eine Geschwindigkeit von 6,5 m/s. Die Ablegegenauigkeit liegt dabei um ±0,05 mm. Zur Pressenverkettung läßt sich ein solcher Lader mit einem Doppelgreifer ausstatten. Eine Querverstelleinrichtung erlaubt das Freifahren der Presse beim Werkzeugwechsel [74 bis 78].

Achsen sind geführte, unabhängig voneinander angetriebene Glieder. Es gibt rotatorische Achsen (Drehachsen) und translatorische Achsen (Schubachsen). Mit den Achsen und ihren Antrieben werden definierte Bewegungen erzeugt.

Eine ungewöhnliche Kinematik weist der in Bild 33.3 dargestellte Roboter auf. Ein 5-achsiger Drehgelenkarm sitzt auf einer Horizontalachse. Er kann sich gewissermaßen zur Seite neigen. Nebeneinander aufgestellte Roboter dieser Art ermöglichen übergreifendes und simultanes Arbeiten. Der Abstand zwischen den Robotermitten beträgt nur 960 mm. Bei der Einordnung in Arbeitslinien z.B. für das Schweißen, ergeben sich bedeutsame Platzvorteile, weil sich die Arbeitsdichte erhöht (Bild 33.4).

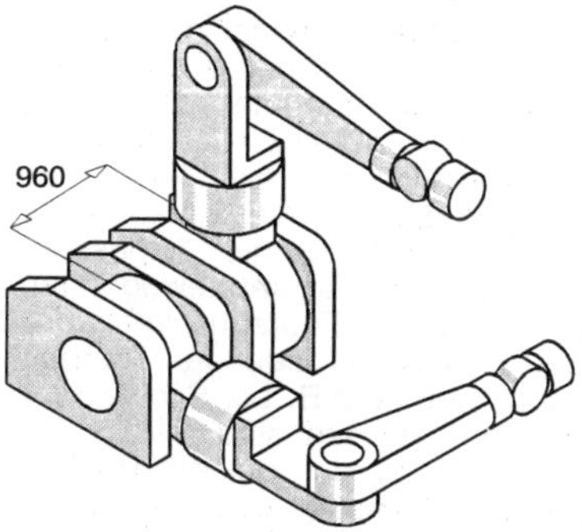

Bild 33.4: Parallele Anordnung des Sechsachsen-Roboters IR 761/-120.-3' (KUKA)

Perfekte Handlingkomponenten

Bewegungseinheiten für die Grundoperationen Drehen und Schieben, Schwenken und Greifen werden mittlerweile in einer kaum noch übersehbaren Vielfalt angeboten. Der Anwender wünscht schnelle, geräuscharme und wartungsfreie Module, wie sie z.B. mit lebensdauergeschmierten Rollenführungen, aber auch bei Verwendung von Synchronriemen möglich sind. Module mit stationärem Elektromotor (Kraftleitung über Zahnriemen, Steilgewindespindel, Nutspindel) kommen dagegen mit wenig bewegter Masse aus und brauchen keinen Kabelschlepp. Für große Hübe, wie z.B. zur Werkstückentnahme an Druckgießmaschinen, werden Einheiten mit Teleskopeffekt empfohlen. Immer häufiger trifft man auf Einsatzfälle außerhalb traditioneller Anwendungen, z.B. zum Trennen von Gardinen mit dem Laserstrahl, wobei der Schneidkopf mit einer Lineareinheit verfahren wird. Interessant ist hierbei der Formschlußantrieb mit dilatant geführtem Synchronriemen (Bild 33.5). Die Kombination von Zahnstange und treibendem Synchronriemen hat den Vorteil, daß sich die Antriebslast auf viele Zähne verteilt und dadurch ein geräuscharmer wartungsfreier Lauf erreicht wird. Zahnritzel, Synchronriemen, Umlenkrolle und Zahnstange bilden einen spielfreien Umschlingungstrieb mit hohem Wirkungsgrad. Die Dehnung des Riemens ist bei dieser Bauart vernachlässigbar klein und von der Fahrweglänge unabhängig.

Moderne kompakte Pick-and-Place-Geräte sind in ihrer Leistung nach wie vor unerreicht. Bewährte Mechanik wird elektrisch angetrieben und elektronisch gesteuert. Handlinggeräte im "Pick-Up-Prinzip" mit einer

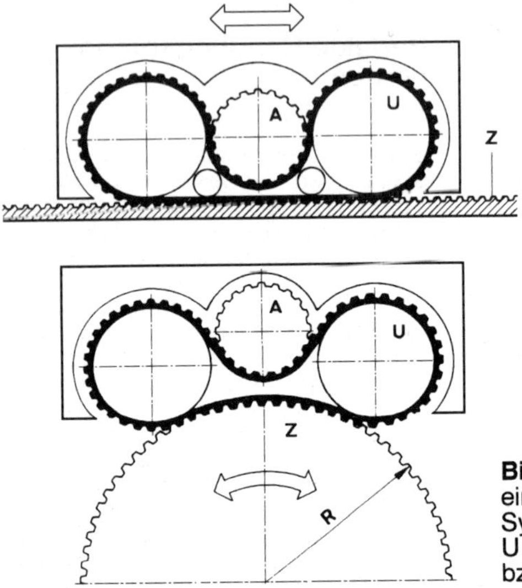

Bild 33.5: Prinzip einer Lineareinheit mit dilatant geführtem Synchronriemen; A Antriebsrad, U Umlenkrad, Z Zahnstange bzw. -rad

Nutzlast von 1,5 kg bringen es auf 60 Bewegungszyklen je Minute. Die schnellen und wiederholgenauen Bewegungen verlaufen trotzdem weich. Die sinusförmigen Bewegungsabläufe sind in Kurven eingearbeitet, frei von Drifterscheinungen, und machen Dämpfer unnötig. Man kann die Einheit sowohl als autarken Modul betreiben, aber auch in komplexe Anlagen einordnen und von einem übergeordneten Computer ansteuern. Nicht zuletzt sind sie sehr preiswert und helfen beim investitionsarmen Rationalisieren.

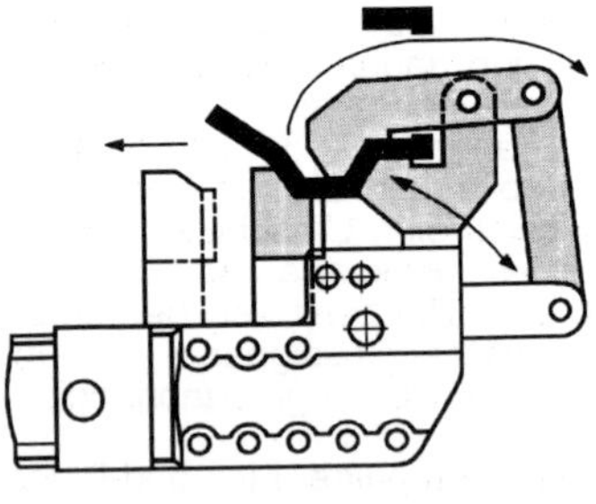

Bild 33.6: Grundklemmeinheit mit Ergänzungsteilen zur Anpassung an die jeweilige Aufgabe (Isi Automation)

Ein robuster Greif- und Spannmodul ist in Bild 33.6 dargestellt. Er ist vielseitig nutzbar, z.B. als Palettenstopper, Schweißteilspanner oder Blechprofilgreifer. Ein Arbeitszylinder (hydraulisch oder pneumatisch) bewegt den Dreh- und/oder Schiebefinger der Grundklemm-Einheit. Durch Ergänzungsteile für die kinematische und werkstückbedingte Anpassung kommt man zu Schließbewegungen, die nur wenig Freiraum beanspruchen. Das ist bei beengten Verhältnissen, wie sie z.B. bei Schweißvorrichtungen typisch sind, ein großer Vorteil. Da es sich um ein Baukastensystem handelt, kann man durch passende Komponenten auch viele andere Anwenderforderungen abdecken.

10 Regeln zum Robotereinsatz

1 Analysiere und vereinfache Bewegungsabläufe, ehe sie einer Automatisierung zugeführt werden. Werkstücke werden durch häufiges Manipulieren nicht wertvoller.

2 Die Umgebung eines Roboters, seine Peripherie, kann genauso teuer werden oder sogar noch mehr kosten als der Roboter selbst. Strebe Ganzheitsbetrachtungen an.

3 Versuche zunächst durch Ordnung in der Peripherie ohne Sensorik auszukommen. Das spart Kosten. Andererseits hilft Sensorik beim Erschliessen komplizierter Anwendungen.

4 Roboter sind für zu einfache und für zu komplizierte Aufgaben unzweckmäßig. Einfache Bewegungsabläufe erledigen die Pick-and-Place Geräte viel billiger.

5 Roboter sind kein Allheilmittel. Der sinnvolle Anwendungsbereich liegt zwischen Handarbeit und Einzweckautomat. Entscheidendes Kriterium ist das Verhältnis zwischen Produktions- und Umrüstzeit.

6 Die Roboter sind meistens nicht schneller als der Mensch. Das Handling von Teilen mit sehr kleiner und recht großer Masse kann der Roboter besser als der Mensch.

Die Maschine [der Computer] entwickelt sich schneller als zu irgendeiner Zeit der Geschichte - doch die Menschen entwickeln sich überhaupt nicht.

Myron Krueger

7 Einzelroboter sind wie Einzelkinder. Sie machen mehr Aufwand als ein Roboter innerhalb einer Anlage mit vielen Robotern. Bevorzuge den Gruppeneinsatz.

8 Roboter sind keine Prestigeobjekte, sondern werden nur dann eingesetzt, wenn sie wirtschaftliche Vorteile bringen. Da spielt auch die perspektivische Nutzung eine Rolle.

9 Die Robotisierung von Arbeitsplätzen läuft reibungsloser ab, wenn man von Beginn an die davon betroffenen Arbeitskräfte in das Projekt einbezieht. Gemeinsames Lösen von Schwierigkeiten macht einen Erfolg groß!

10 Roboter sind komplizierte Maschinen. Bedienung, Wartung und Programmierung erfordern geschultes Personal. Schaffe also frühzeitig Bildungsvorlauf.

Industrieroboter

sind universell einsetzbare Bewegungsautomaten mit mehreren Achsen, deren Bewegungen hinsichtlich Bewegungsfolge und Wegen bzw. Winkeln frei (d.h. ohne mechanischen Eingriff) programmierbar und gegebenenfalls sensorgeführt sind. Sie sind mit Greifern, Werkzeugen oder anderen Fertigungsmitteln ausrüstbar und können Handhabungs- und bzw. oder Fertigungsaufgaben ausführen.

Nach VDI-Richtlinie 2860

Testfragen

1 Was unterscheidet Industrieroboter von einem Pick-and-Place Gerät?

2 Die kinematische Struktur marktgängiger Roboter ist sehr unterschiedlich. Warum diese Vielfalt?

3 Welche Technik verbirgt sich hinter dem Kunstwort SCARA?

4 Was versteht man unter dem Begriff "Feeder"?

5 Für welche Anwendungen wäre ein doppelarmiger Industrieroboter besonders zu empfehlen?

6 Welche Eigenschaften qualifizieren eine Handhabungseinrichtung zum Industrieroboter gemäß Definition?

7 Entwickle einige Antriebsvarianten für Lineareinheiten unter Verwendung von Synchronriemen!

8 Wie ist ein Industrieroboter beschaffen, der eine parallele Topologie aufweist?

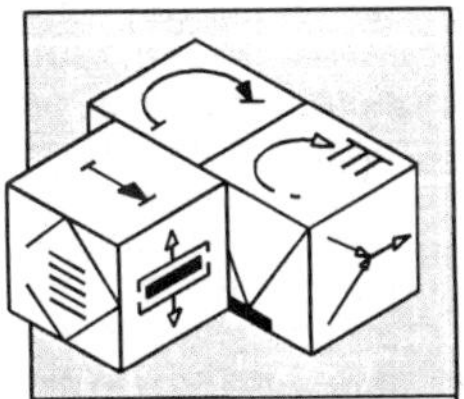

34

Roboter werden mobil

Wirkliche Eleganz setzt immer unbehinderte Bewegungsfreiheit voraus.
Coco Chanel

"Erzähle mir die Vergangenheit, und ich werde die Zukunft erkennen!" meinte einst der Chinese Kong-Zi, besser bekannt als Konfuzius. Tatsächlich gibt es in der Beschreibung von Homer bereits rollende Kunstwesen. In jüngerer Vergangenheit erregte der doppelarmige, sensorisierte und mit Stereosichtsystem ausgestattete anthropomorphe Manipulator "Syntelmann" von Hans Kleinwächter Aufsehen. Ein Fahrwerk machte in mobil und er wurde bereits 1970 der Öffentlichkeit als Funktionsmuster vorgestellt.

Systeme mit erweitertem Aktionsradius haben stets das Interesse der Automatisierungsplaner gefunden. Schließt man also auf die Zukunft, dann ist die "Mobilmachung" der Roboter eine logische Folge der Entwicklung, wenn da nicht einige Probleme wären.

Einsatzbereiche

Stationäre Industrieroboter sind an einen Arbeitsplatz gebunden und können dort oft nur unzureichend ausgelastet werden. Manchmal gelingt es, eine Mehrmaschinenbedienung einzurichten, indem der Roboter auf Schienen verfährt. Das bringt meistens ansehliche wirtschaftliche Vorteile im Vergleich zur Einzelplatzautomatisierung. Eine andere Entwicklungslinie ist die der fahrerlosen Flurförderzeuge. Der erste induktiv geführte Schlepper wurde 1953 von der amerikanischen Barrett Vehicle Systems entwickelt und gebaut. Inzwischen strebt man nach Freiverfahrbarkeit ohne Leitdraht und es gibt auch erste Lösungen, die bewegliche Plattform und Roboterarm vereinen. Damit lassen sich u.a. die folgenden Anwendungsbereiche erschließen:

- Versorgungs-, Verkettungs- und Entsorgungsaufgaben in der Fertigungstechnik,
- Transportaufgaben in der innerbetrieblichen Logistik und im Dienstleistungsbereich (Serviceroboter),
- Kontroll- und Überwachungsaufgaben in sensiblen bzw. gefährlichen Bereichen,
- spezielle Aufgaben in den Bereichen Kommissionierung. Verpakkung und Palettierung.

Experten erwarten gerade im Dienstleistungsbereich ein trächtiges Gebiet für die Ausweitung der Robotik. Ein Beispiel aus dem Kleinlastbereich ist die Belieferung von Zielstellen in unstrukturierter Umgebung.

In Bild 34.1 wird ein Versuchsroboter gezeigt, der "vor Ort" eine Drehmaschine beschickt. Bevor Handlingoperationen ablaufen, muß die genaue Roboterposition bestimmt werden, damit die Bewegungsprogram-

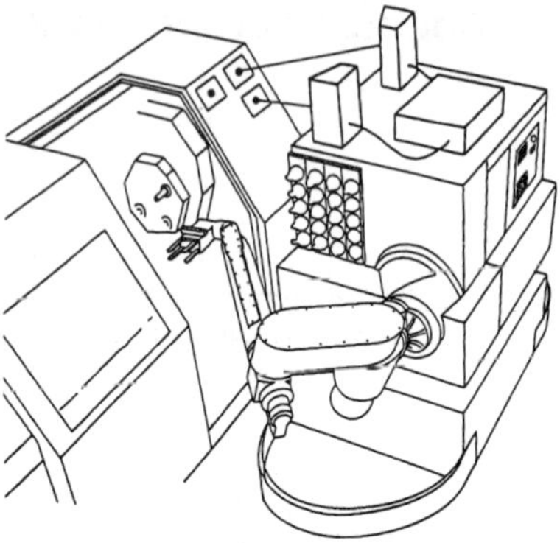

Bild 34.1: Mobiler Roboter für die Werkzeugmaschinenbeschickung, ein Versuchsroboter der TU München (iwb)

me auf die real eingenommene Position abgeglichen werden können. Im Beispiel werden Referenzmarken durch einen Laserstrahl erfaßt. Hier wird bereits sichtbar, daß zur Funktionserfüllung autonome mobile Roboter in enger Interaktion mit ihrer Umwelt stehen müssen. Die Beschaffenheit des Umfeldes erhält eine viel höhere Wertigkeit als bei den stationären Industrierobotern (Bild 34.2).

Systemkomponenten

Basis eines mobilen Roboters bildet eine in der Fläche verfahrbare Plattform mit geeigneter Antriebs- und Lenkmechanik. Zur Ausführung komplizierter Handlingaufgaben sind sie mit einem mehrachsigen Roboterarm auszustatten [79]. Der prinzipielle Aufbau geht aus Bild 34.3 hervor. Zur Fortbewegung kommen für geschlossene Räume Radsysteme zur Anwendung, die für Spezialanwendungen, z.B. Kanalinspektion sowie -reinigung, auch zweckentsprechend abgewandelt sein können. Ein nicht unerheblicher Kostenfaktor und eine technische Schwachstelle ist die Versorgung mit Energie. Für Anwendungen in der Fertigungstechnik ist eine "Nabelschnur" für die Energiezufuhr nicht akzeptabel, wenn man von Schienen- und Portalfahrwerken absieht. Bei Versorgung aus aufladbaren Batterien darf man nicht nur an die Batterie selbst denken, sondern es müssen auch die Wartungs- und Pflegekosten einbezogen werden. In [80] wird mit mehr als 2 DM/kWh für den Batteriestrom gerechnet. Vor Ort kann der Roboter automatisch über die Bodenkontakte Energie beziehen, auch zum Nachladen der Batterie. Im Mehrschichtbetrieb kann auf diese Weise auch der Batteriewechsel entfallen.

Zur Selbstnavigation und Kollisionsvermeidung sind Sensoren erforderlich. So muß die Umgebung erkannt (Hindernisse, Leitmarken usw.) und die momentane Position bestimmt werden. Je nach Bewegungsgeschwindigkeit können hierbei beträchtliche Informationsmengen je Zeiteinheit anfallen, die in Echtzeit

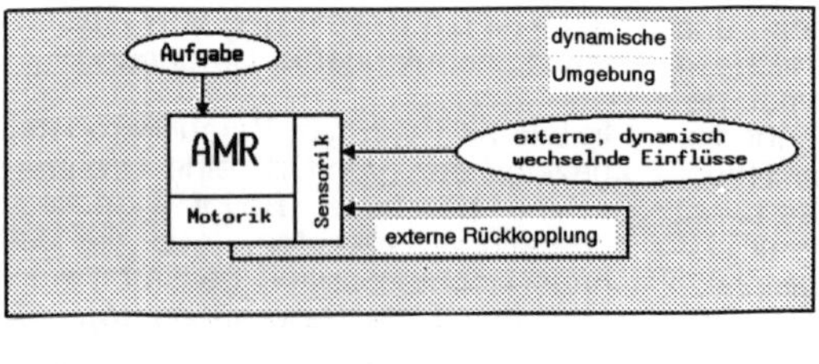

Bild 34.2: Wechselwirkung eines Autonomen Mobilen Roboters (AMR) mit seiner Umwelt

ausgewertet werden müssen. Für höhere Ansprüche können deshalb Parallelrechner notwendig werden.

Um einen mobilen Roboter an einer Arbeitsstelle in Aktion zu bringen, müssen zwei Aufgaben erfüllt werden:

- Führung der Plattform bis zum Zielort und
- Feinpositionierung bzw. genaue Positionsbestimmung am Ziel.

Die Führung zum Ziel kann mit folgenden technischen Mitteln erreicht werden [81]:

- **Leitspur:** Festverlegte Leitdrähte oder Marken gewährleisten durch sensorisches Abfühlen eines elektromagnetischen Wechselfeldes die Führung. Die Spur liegt unveränderbar fest. Mit Mehrfrequenzsystemen kann aber auch die Steuerung innerhalb eines verzweigten Streckennetzes sichergestellt werden. Leitdrahtsysteme haben sich auch unter harten Einsatzbedingungen bewährt. Allerdings muß man an die Ebenheit des Fußbodens bestimmte Forderungen stellen. Auch die Vorbereitung des Fußbodens und die Verlegung der Leitdrähte ist recht kostenintensiv.
- **Leitspur und Freifahrtabschnitte:** Der Roboter fährt entlang der Leitspur, kann aber eine begrenzte Strecke außerhalb des Leitdrahtbereiches operieren. In dieser Zeit wertet der Bordcomputer z.B. Raddrehwinkel aus, um die aktuelle Position fortschreiben zu können.
- **Frei programmierbare Fahrt:** Der mobile Roboter verfügt über ein bordeigenes Navigationssystem. Man unterscheidet vor allem drei Verfahren. Das sind die Koppelnavigation, Meldestellen- und Bakenverfahren sowie die Funkortung. Das Bild 34.4 zeigt eine Variante der Koppelnavigation nach dem Prinzip der vektoriellen Addition von Wegstrecken. Das Fahrzeug wird dazu mit Drehwinkelgebern an den Rädern ausgerüstet. Aus den Unterschieden der Drehwinkel je Rad kann man die Richtung und die zurückgelegte Weglänge berechnen. Jeder Zuwachs wird zur letzten Position hinzugerechnet. Positionierfehler von 2 bis 10 mm werden für akzeptabel gehalten. Beim Koppelnavigationssystem des Versuchsroboters MACROBE (TU München) hat man folgende Genauigkeiten ermittelt: Maximaler Längenfehler je Meter Fahrstrecke 0,4 mm, maximaler Winkelfehler je Meter Geradeausfahrt 0,03° und maximaler Winkelfehler bei 360° Kreisfahrt 0,35°.

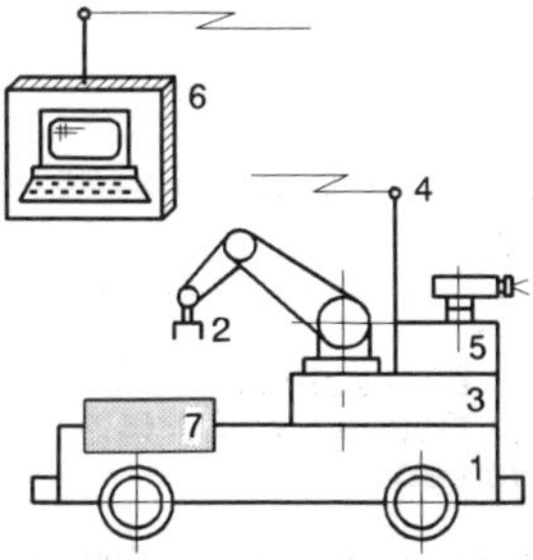

Bild 34.3: Die Komponenten eines mobilen Robotersystems
1 Fortbewegungsmechanismus, 2 Handhabungsmechanismus, 3 Planung und Steuerung, 4 Kommunikation, 5 Sensorausstattung, 6 zentrale Station zur Auftragsvergabe, 7 Energieversorgung

Bei der Laserführung von mobilen Robotern verzichtet man auf Bodeninstallationen zur Präparierung der Fahrwege. Ein umlaufender Laserstrahl tastet die Umgebung ab und sucht nach Reflektoren, die man in Mannshöhe an Wänden und Maschinen befestigt hat. Durch Messen der Winkel zwischen einer bekannten

Zahl von Reflexpunkten wird dann die Position des Sensors mit einem schnellen Rechner bestimmt. Dabei können durchaus einzelne Reflektoren einmal verdeckt sein. Sie lassen sich überdies leicht verändern. Der Ursprung dieses Systems beruht auf einem "Sternennavigator", den man zur Steuerung von Raketen nach dem Sternenbild entwickelt hat [82].

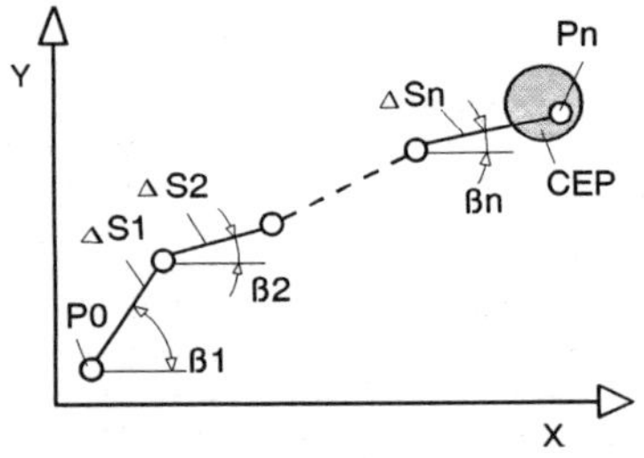

Bild 34.4: Navigation mit Wegstrekkenzähler
CEP (circular error probability) Fehlerkreis, Po Startposition, Pn Zielposition, Si Wegstrecke, ßi Fahrtrichtungswinkel

Für die Erteilung von Aufträgen an mobile Roboter und die Verfolgung ihrer Ausführung ist ein Kommunikationssystem erforderlich. Im Prinzip gibt es zwei Varianten:

- Ankopplung an einen zentralen Leitrechner und
- Auftragserteilung direkt an einer Bedienungsschnittstelle des Roboters.

Für die Fertigungstechnik scheint das erstgenannte Verfahren günstig zu sein. Das erforderliche Maß an Autonomie ist immer auch aufgabenabhängig. Probleme bestehen noch, die ständige Erreichbarkeit flächendeckend zu sichern [83].

Und der Nutzen ?

Bei jeder neuen Entwicklung gibt es anfänglich Probleme, alle Einsparungsquellen richtig zu erfassen. Das war früher einfacher. Als sich der Stummfilm zum Tonfilm wandelte, war klar, daß alle Kinomusiker überflüssig wurden. Im Transportbereich wird der mobile Roboter in gleicher Weise einen Teil der dort tätigen Werker ersetzen. Der Nutzen wird aber dort am größten sein, wo Tätigkeiten auszuführen sind, für die es bisher keine andere Lösung gibt. Dazu zählen z.B. Handlungen in lebensfeindlichen Räumen (Beispiel: Prüfen von Schweißnähten in radioaktiven Zonen), inspizieren und evtl. sogar sanieren von Schadstellen in Rohrleitungssystemen (Als Beispiel: Städtische Brauch- und Abwassersysteme).

Zusammenfassung: Trotz noch bestehender Probleme werden die Mobilen kommen. "Es kann passieren was will: Es gibt immer einen, der es kommen sah" (Fernandel).

Testfragen

1 Welche Einsatzfelder können durch mobile Roboter in Zukunft erschlossen werden?

2 Über welche zusätzlichen Komponenten muß ein Autonomer Mobiler Roboter im Vergleich zu stationären Robotern verfügen?

3 Wie funktioniert ein optisches Navigationssystem unter Nutzung von Reflexmarken?

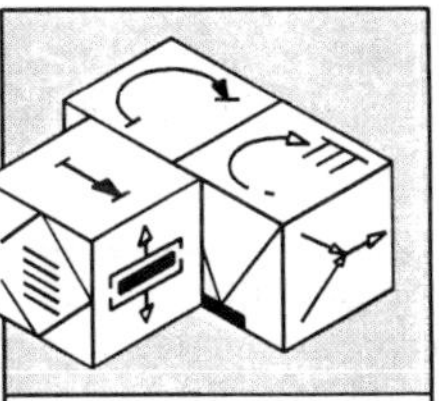

35

Serviceroboter - (k)ein Thema

> Schwer fällt es selbst den nützlichsten Erfindungen, sich gegen alte dumme Vorurteile durchzusetzen.
> Louis Sebastian Mercier

Gegenüber den Industrierobotern müssen die Serviceroboter einen gesteigerten Grad an Autonomie, eine ausgefeilte Sicherheitstechnik und besonders einfache Kommunikationsschnittstellen aufweisen. Deshalb befindet sich so manche Idee noch im Prototypenstadium. Doch der Markt ist vorhanden. Im Jahre 2000 werden etwa 60% aller Beschäftigten im tertiären Bereich tätig sein. Das sind Dienstleistungssphäre, Handel, Verkehr, Staat, Kunst, Medien und auch Haushalte.

Dienstleistungssektor im Visier

Der Einsatz von Industrierobotern wurde ganz wesentlich durch die Großserienfertigung im Automobilbau geprägt. Doch allmählich zeigen sich Sättigungserscheinungen und wenn die Roboterbranche weiter wachsen will, braucht man neue Märkte. Das Zauberwort heißt Serviceroboter und international ist inzwischen einiges in Gang gekommen. Die Belebung dieser keineswegs neuen Idee basiert auf einigen technischen Fortschritten. Das sind vor allem:

- Es gibt funktionsfähige autonome Fahrzeuge (Plattformen).
- Die schnelle Umwelterkennung mit visuellen Systemen ist möglich.
- Die Miniaturisierung der Rechentechnik und die hohen Auswertegeschwindigkeiten durch Parallelrechner erlauben eine Echtzeitverarbeitung von Daten.
- Neuen Softwaretechnologien auf der Basis neuronaler Netze und Fuzzy Logic sind entstanden.

Roboter stellt man sich für Reinigungsarbeiten vor, für die Überwachung abgegrenzter Zonen, Botengänge und Transporte in strukturierten und unstrukturierten Bereichen (Krankenhaus, Verwaltungsbauten), Erkundung und Inspektion, Medizinhilfe, Katastrophenschutz und Rettungswesen, Kommunaltechnik (Roboter für die Kanalsanierung), Behinderten-, Freizeit- und Privatbereich.

Die letztgenannten Anwendungsbereiche werden wohl kurz- und mittelfristig nicht zum Tragen kommen, weil das Einsatzprofil zu kompliziert und die Technik noch zu teuer ist. Es gibt aber prinzipiell keinen Grund, warum es Haushaltroboter mit scharfen Augen, sensiblen Händen und intelligentem Verhalten im nächsten Jahrhundert nicht geben sollte. Immerhin gibt es bereits erste Anwendungen von Robotern z.B. für neurochirurgische Eingriffe am Menschen. Das ist auch ein ethisch brisantes Thema.

Natürlich darf hier keine Euphorie ausbrechen. Technische Probleme und wirtschaftliche Tragfähigkeit stellen eine harte, noch zu knackende Nuß dar. Auch darf nicht der Eindruck entstehen, alle übrigen Einsatzgebiete seien schon abgegrast. Das ist nicht der Fall. Allerdings werden viele Anwendungen spezifischer und im Detail komplizierter.

Der Dienstleistungssektor ist im Verlaufe der Zeit zu einer volkswirtschaftlich bedeutsamen Größe gereift (Bild 35.1). Freigesetzte Arbeitskräfte aus der Land- und Forstwirtschaft wechselten in den Sekundär- und Tertiärbereich. Die Entstehung intelligenter und mobiler Maschinen wird diesen Prozeß weiterhin beeinflussen. In einer Studie haben W. Leontief und F. Duchin für den Anfang des 21. Jahrhunderts eine steigende Nachfrage nach Akademikern, Ingenieuren, Computerspezialisten und Lehrern vorausgesagt, die mit den intelligenten Maschinen der Zukunft umgehen können, diese entwickeln, bauen, programmmieren

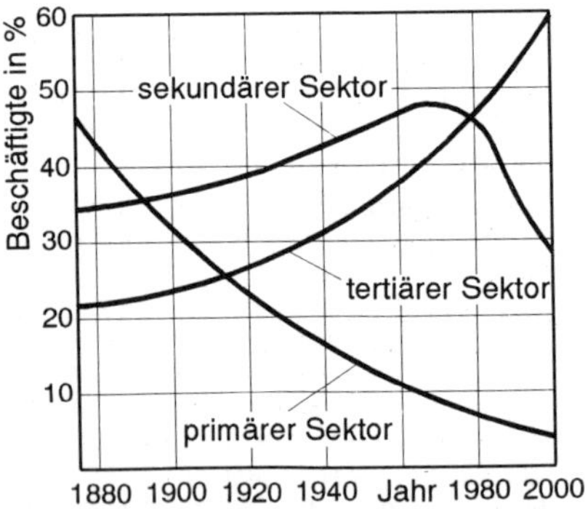

Bild 35.1: Anteile der Beschäftigten im primären (Land-, Forstwirtschaft, Fischerei), sekundären (alle Arten von Industrie, Baugewerbe, Bergbau, Energie- und Wasserversorgung) und tertiären Sektor (Handel, Verkehr, Dienstleistung, Staat, Kultur, Kunst, Medien, Haushalte).

und steuern. In diesem Szenarium dürften auch die Serviceroboter und Teleoperatoren ihren Platz finden [84].

Botengänger mit Pfiff

Das Einsammeln und Verteilen von Gegenständen ist in Bürogebäuden sowie Krankenhäusern typisch. Je Pflegetag sind im Krankenhaus etwa 18 kg Güter pro Patient umzuschlagen. Der Roboter "HelpMate" (Bild 35.2) kann das erledigen und bewegt sich mit 0,7 m/s über Flure und Etagen. Aufzüge werden selbsttätig mit genutzt. Er spricht Warntexte und meldet sich nach getaner Arbeit per Sprachausgabe. Er erkennt Treppen, Wände und Absätze. In amerikanischen Krankenhäusern sind mehr als 20 Anlagen mit je bis zu 3 Fahrzeugen bereits im Einsatz. Auch Leasing dieser Roboter ist möglich. Zur Navigation benutzt HelpMate eine Landkarte seiner Einsatzumgebung. Für die Orientierung werden optische (Lichtschnitt) und akustische (Ultraschall) Sensoren verwendet. Das Fahrzeug weicht Hindernissen aus. Der Weg zum Zielpunkt wird mit Hilfe der Landkarte eigenständig optimiert.

Eine andere Art der Wegführung wird beim QUAD-Fahrzeug realisiert. Dieses orientiert sich mit Hilfe eines rundum laufenden Laserstrahls.

Die Spezialisten

So wie aus einem Universalauto inzwischen viele Sonderausführungen abgezweigt wurden, wird es auch bei den Robotern werden. Vieles wird dabei nur als roboterhaft zu bezeichnen sein, weil Handhabe- und Produktionseinheit miteinander ver-

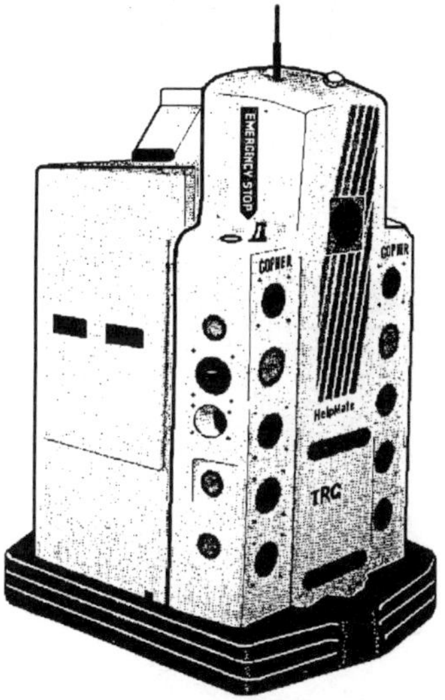

Bild 35.2: Automatisches Warentransportsystem "HelpMate" (Transitions Research Corporation, Danbury, USA)

schmelzen können. Gegenwärtig gibt es wenigsten 100 verschiedene Prototypen von Servicerobotern. Dazu zählen solche für die Spargelernte, Roboter für das Pflücken von Obst und Blumen, solche, die Stecklinge setzen oder als Helfer in der Medizin ("ROBODOC") Verwendung finden. Letztere wurden bereits bei Hüftgelenkoperationen und für neurochirurgische Eingriffe erfolgreich eingesetzt. Es gibt Musterlösungen von senkrecht kletternden Robotern, die sich an Glasfassaden und Schiffsrümpfen halten können. Sie sind für die Reinigung, Konservierung und Farbgebung großer Flächen tauglich. Für den Unterwasserbereich sind fernsteuerbare Inspektionsroboter in Gebrauch, mit denen man Unterwasserbauten, Talsperrenmauern, submarine Kabel und Rohrleitungen untersuchen kann. Ein solcher Unterwasser-Roboter ist z.B. mit farbtüchtiger TV-Kamera für Tiefen bis 100 m ausgerüstet. Mit einem Joystick kann er bei einer Geschwindigkeit von 2,5 Knoten an Unterwasserbauwerke herangeführt werden. Einige besitzen Manipulatorarme und können andocken und Tätigkeiten verrichten. Ähnliche Entwicklungen werden auch für den Weltraum betrieben. Zum Arsenal gehören inzwischen auch erste Prototypen von fliegenden Robotern.

Sicherheit zuerst

Das gilt doppelt: Einmal für den Entwicklungsstand der "Polizeiroboter" und zum anderen für den Umgang mit Servicerobotern. Die Sicherheitsproblematik erfordert neue Strategien. Bisher wurde Mensch und Roboter streng durch Abschirmungen voneinander getrennt. Das geht bei frei navigierenden Servicerobotern nicht mehr. Diese müssen ständig die Umwelt beobachten und jedweden Zusammenstoß absolut vermeiden. Dabei können die Einsatzumgebungen sehr unterschiedlich strukturiert sein [85]:

- in Gebäuden:

Mikrostruktur, z.B. Kleinlabor, Büro
Makrostruktur, z.B. Werkhalle, Bahnhof

- im Freien:

mit Fahrweg, z.B. Landstraße, Autobahn
ohne Fahrweg, z.B. Betriebshöfe, Offroad.

Für Wachaufgaben wurde schon 1984 der autonome mobile Roboter ROBART II, ein Prototyp für die Forschung, vorgestellt (Bild 35.3). Er hat ein hydrantenähnliches Aussehen. Im Bild sind die Verkleidungen geöffnet. ROBART horcht, mißt und beobachtet mit bordeigener Sensorik rund um seinen Standort, den er auch selbständig wechseln kann [86]. Für Wachaufgaben sind auch infrarote und chemische Sensoren (ammoniakempfindliche) interessant, die Menschen lokalisieren, welche sich unerlaubt im Sicherheitsbereich bewegen. Andere Roboter für solche Aufgaben sind "Spimaster" (Cybermotion) und "Scout About" (Samsung).

Was sonst noch passierte:

Nicht schlecht staunte ein Spezialkommando der Stockholmer Polizei, das man in den Ekenbergs-Bootsclub gerufen hatte, weil dort eine Bombe entdeckt worden war. Als ein ferngesteuerter Roboter den Sprengkörper unschädlich machen wollte, bewegte sich dieser plötzlich. Die lebende Bombe, eine griechische Landschildkröte, wohnt jetzt im Stockholmer Zoo.

Pressemeldung (1983)

Seit einigen Jahren sind in vielen Polizeiverwaltungen fernsteuerbare Roboter auf Rad- oder Kettenfahrzeugen zur Beobachtung, Manipulation desolater Munition und Erkundung gefährlicher Räume eingesetzt. Anstelle des Greifers können auch Röntgengeräte, Waffen, Kameras oder Spezialwerkzeuge angebracht werden. Der Greifraum reicht z.B. von - 320 mm bis + 2400 mm (Fußboden = 0 mm). Das Sichtfeld der Kamera kann mit Scheinwerfern ausgeleuchtet werden. Es gibt auch ähnlich aufgebaute Miniatur-Roboter. Die Polizeiroboter sind bereits gut ausgereift und haben sich schnell durchgesetzt. Sie mindern die Risikobelastung einschlägig tätiger Polizeibeamter erheblich. Das Bild 35.4 zeigt einen Roboter zum Aufspüren und Beseitigen von Bomben.

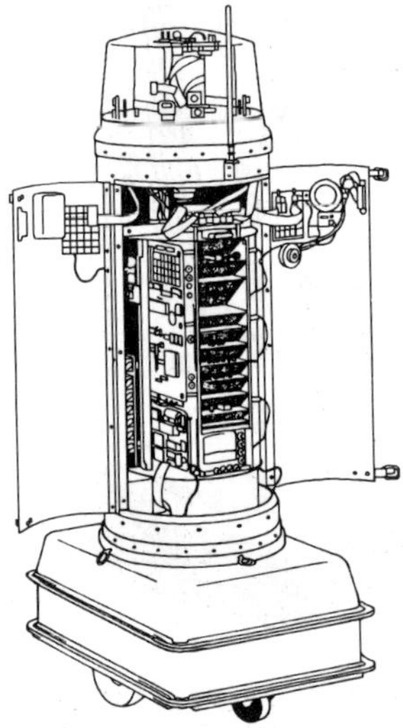

Bild 35.3: Mobiler Roboter für Wachaufgaben (Naval Ocean Systems Center, San Diego)

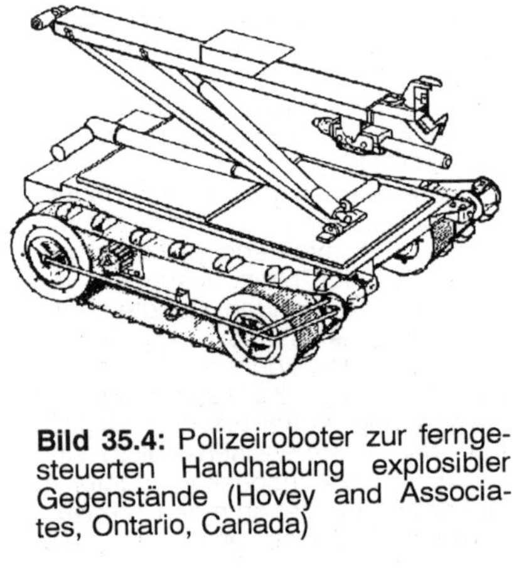

Bild 35.4: Polizeiroboter zur ferngesteuerten Handhabung explosibler Gegenstände (Hovey and Associates, Ontario, Canada)

Reinigung aktuell

Reinigungsroboter haben den Bereich phantastischer Konstrukte verlassen. Einige putzen bereits in Kliniken von Chicago und in der Pariser Metro. Das ist für einen Roboter eine schwierige Aufgabe. Doch der Bedarf ist groß. Allein in Großbritannien beschäftigen die Reinigungsfirmen 700000 Arbeitskräfte. Der Serviceroboter ROBOMATIC 80 (Hako-Werke und Anschütz GmbH) hat Testeinsätze in Bahnhöfen, Museen und Flughäfen erfolgreich absolviert. Er kann vorerst Hartböden kehren, schrubben und trockensaugen. Man kann ihn von Hand führen und bei großen Flächen auf Automatik schalten. Dann reinigt er selbständig, indem er eine Fläche in mäanderförmigen Schleifen abfährt. Bis zur vollautomatischen Reinigung sind allerdings noch sensorische Aufrüstungen und mehr Eigenintelligenz erforderlich. Daran wird mit Nachdruck gearbeitet.

Der "Skywash" ist ein Roboter, der an seinem bis auf 26 m hydraulisch ausfahrbaren Arm eine Waschwalze führt. Dieser Großroboter wurde von einem deutschen Firmenkonsortium im Auftrag der Lufthansa entwickelt. Der fünffache Faltarm erreicht eine Bahngenauigkeit von etwa 10 mm. Beim Putzen wird der Anpreßdruck automatisch geregelt. Deformationen des Armes, Durchbiegungen und Stützbeinverlagerungen am Basisfahrzeug (LKW) werden automatisch bei der Bahnsteuerung verrechnet. Der Roboter kann bis zu 90 % der Außenhaut eines Zivilflugzeuges automatisch säubern. Für die Steuerung wird eine industrielle Robotersteuerung verwendet. Mit seiner Flexibilität empfiehlt er sich auch für Tätigkeiten an anderen Großobjekten.

Noch in der Forschung befindet sich die teilautomatisierte Reinigung von Straßengullis vom Fahrzeug aus. Das Fahrzeug soll die Gulliposition anfahren, dann folgt eine Sequenz automatisierter Aktionen: Deckelerkennung, Deckel abheben, Reinigen mit Heißdampfstrahl und Deckel aufsetzen.

Künftige Vorgehensweisen

Viele Komponenten für Serviceroboter leiten sich aus der Industrierobotertechnik ab. In wesentlichen Punkten sind aber Ergänzungen hinsichtlich funktioneller Anforderungen und Leistungsparameter notwendig. Das sind u.a. die geregelte Annäherung an Ziele, die vorausschauende Erkennung von Kollisionsobjekten, sensorunterstützte Bewegungsführung, verhaltensorientierte Bahnplanung, neue Sicherheitsstrategien und intuitive Benutzersschnittstellen (situative Bedienerführung). Die Entwicklungsziele hängen natürlich beträchtlich vom Einsatzfall ab. Deshalb sind Forschung und Erschliessung des Marktpotentials in 4 Ebenen zu sehen (nach IPA):

- Applikationsorientierte Untersuchungen, um neue Produktideen mit Signalwirkung hervorzubringen. Sie sollen auch die Hemmschwelle beim Anwender überwinden.
- Die dienstleistungsorientierte Forschung, um die Methoden und Instrumentarien der Gestaltung technisierter Dienstleistungen und Einführung von Servicerobotern zu erkunden.
- Technologieorientierte Forschung mit dem Ziel, Querschnittstechnologien zu schaffen. Das schließt insbesondere geeignete Systemarchitekturen und standardisierte Schnittstellen ein.

- Umsetzungsorientierte Forschung. Sie übernimmt Funktionen der Forschungskoordination, Informationslogistik und Förderung strategischer Kooperationen.

In Deutschland wird ein Marktpotential für Serviceroboter geschätzt, das langfristig (Jahr 2010) zwischen 17 und 45 Milliarden DM liegen soll.

Testfragen

1 Sehen Sie im Dienstleistungsroboter einen chancenreichen Markt? Begründen Sie Ihre Aussage!

2 Wie könnten Sicherheitsstrategien (Schutz von Personen, Schutz vor Objekten, Schutz vor Kollisionen mit anderen Robotern) für frei navigierende Serviceroboter aussehen?

3 Wie orientiert sich ein Serviceroboter in einer bekannten Umgebung?

4 In welchen wichtigen Eigenschaften unterscheiden sich die Serviceroboter vom herkömmlichen Industrieroboter?

5 Wofür lassen sich im Sicherheitsbereich Roboter verwenden?

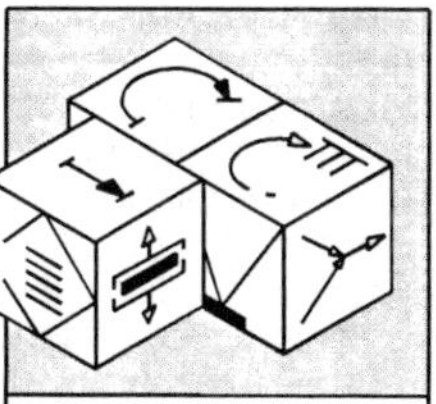

36

Kommt der intelligente Roboter

> Wenn intelligente Maschinen gebaut werden, sollte es uns nicht überraschen, wenn sie so verworren und hartnäckig wären wie die Menschen, was ihre Überzeugungen hinsichtlich Geist und Materie, Bewußtsein, Willensfreiheit und ähnlichem betrifft.
>
> Marvin Minsky

Menschenähnliche Maschinen zu bauen, wird seit der Antike immer wieder versucht und programmgesteuerte Androiden aus dem 18. Jahrhundert versetzen uns noch heute in Erstaunen. Da zählen die Automaten der Jaquet-Droz im Museè d\` Art et d\`Histoire in Neuchâtel (Schweiz) wohl zum Feinsten aus der Zeit des Rokoko. Trotzdem sind diese Menschnachbildungen keine Vorläufer heutiger Roboter, weil ihr Zweck in der Schaustellung bestand. Robotik zielt auf Nützlicheres ab und da ist Flexibilität gefragt. Immer wieder wird da auch die Frage gestellt, wie menschlich kann der Roboter werden? Vor allem denkt man da an die intelligenten Leistungen, zu denen Maschinen dereinst fähig sein könnten [87]. Da spielt auch die Neugier mit. Nach der Dampfmaschine kam die Elektrizität. Was kommt nach dem Roboter?

Intelligenz und Maschine

Mit dem Begriff Intelligenz verbinden wir die Fähigkeit eines Organismus, auf seine Umwelt spontan, sinnvoll und kreativ zu reagieren. Das geht über alle starren Schemata hinaus. Können Maschinen diese Ebene erreichen?

Für Robotergenerationen ab 21. Jahrhundert wird man sicherlich nach neuen Einteilungen suchen. Folgende Kriterien könnten dabei eine Rolle spielen:

- Metabolismus (Stoffwechsel zur Energieaufnahme),
- Mobilität (Fähigkeit zur Fortbewegung),
- Reproduktion (Erneuerung),
- Intelligenz (Erkennungsvermögen) und
- Struktur (innere Gliederung).

Die Annahme, daß wir Maschinen schließlich mit Intelligenz ausstatten können, wird als "starkes KI-Postulat" bezeichnet. Dazu sind wir derzeit offenkundig nicht in der Lage. Das Wissen um KI, der technische Fortschritt und die Zeit waren dafür noch nicht ausreichend. Kritiker der KI sind oft zu ungeduldig und tolerieren nicht, daß es kurzzeitig auch Irrwege geben kann. Hochentwickelte Künstliche Intelligenz widerspricht jedoch keiner heute bekannten Gesetzmäßigkeit der Natur, der Gesellschaft und des Denkens. Bei entsprechenden Fortschritten in der Gehirnforschung und Computertechnik ist KI deshalb erreichbar. Beim derzeitigen

> "Ich will nicht mit irgendeinem Angestellten sprechen. Stellen Sie mich gefälligst gleich zum Computer durch!"
>
> Ein Telefonspaß

Tempo werden die Computer in der Verarbeitung und Aneignung von Informationen wahrscheinlich binnen eines Jahrhunderts menschlichen Standard erreichen, ganz sicher aber innerhalb der nächsten tausend Jahre. Der Physiker F.J. Tipler [88] geht sogar noch einen Schritt weiter. Wenn der Mensch eines fernen Tages in das Universum vordringt, sollen sich selbst reproduzierende intelligente Roboter die Vorarbeiten zur Kolonisierung übernehmen. Dieses mag manchen mit Schauder erfüllen. Die Ursache ist darin zu sehen, daß wir dabei zu sehr an randalierende Metallmonster denken und der Begriff Maschine offenbar nicht mehr hoch genug trägt. Er ist durch das Mechanische vorbelastet. In Japan wird der intelligente Roboter viel weniger als Bedrohung empfunden. Im Gegensatz zum abendländischen Kulturkreis sieht man ihn gutmütig als nützlichen Helfer. Man stellt sich schon jetzt auf Roboter mit einer Intelligenz ein, die mit der menschlichen vergleichbar ist oder sie übertrifft. Künstliche Intelligenz tritt zur natürlichen hinzu, ergänzt oder erweitert diese, ohne mit ihr konkurrieren zu wollen. Vielleicht müssen wir auch von einer "übergeordneten Art" intelligenter Fähigkeit ausgehen, die wir nachträglich in natürliche und künstliche einteilen. Bisher war es eine alltägliche Erfahrung für den Menschen, daß ihm seine technische Umwelt physisch überlegen ist; noch nie war er aber praktisch in die Lage versetzt, sich einer ihm unter Umständen überlegenen Intelligenz gegenüberzusehen. Diese Zeit wird kommen und die Technik dazu wird wohl in den wenigsten Fällen dem Outfit des Menschen entsprechen. Die Natur hält aber viele Patente bereit und nicht alles muß sich gleich am Menschen messen.

> Künstliche Intelligenz liegt vor, wenn ein Computer Dinge tut, die normalerweise nur ein gesunder Mensch leisten kann. Dazu gehören:
>
> - Logisches Denken
> - Schlußfolgern
> - Abstrahieren
> - Analogien erkennen
> - Relativieren
> - Lernen
> - Sprache verstehen.
>
> Die KI ist ein Teilgebiet der Informatik, mit dem Schwerpunkt, schlußfolgerndes Denken und Problemlösen zu erforschen und zu automatisieren.

Biotische Systeme als Vorbild

Eine alte Frage ist, ob wir das, was die Natur in einem langwierigem Evolutionsprozeß hervorgebracht hat, überhaupt künstlich erzeugen können. Die Geschichte zeigt, daß das bei ausreichender Kenntnis und geeigneter Technik möglich ist. Schon längst hat man z.B. den natürlichen Farbstoff der Krappwurzel durch den künstlichen Alizarinfarbstoff ersetzt. Im Prinzip ahmen wir die Natur schon vielfältig nach. Nehmen wir eine "Enzymmaschine" als Beispiel. Ein Enzym (Ferment) ist eine chemische Verbindung, die wir als "Mikromaschine" auffassen können, weil sie auf ein Startsignal aus einem Stoff S ein Produkt P erzeugt. Dabei laufen Informations-, Stoff- und Energieumsetzungen gleichzeitig ab. Die Herstellung eines Werkstücks an einer Werkzeugmaschine vollzieht sich grundsätzlich nicht anders. Nicht zufällig wurde der Begriff "Fertigungs-Zelle" dem biologischen Bereich entlehnt. Eine Analyse der zur Molekülbearbeitung durch ein

Enzym nötigen Teilprozesse ergibt eine charakteristische Folge (Bild 36.1). Sie besteht aus dem Heranführen des Stoffs, seiner Identifikation, dem Positionieren und Festhalten, der Bearbeitung und dem Ausgeben von Produkt und Abfall. Ist genügend Stoff produziert, wird zum ersten Enzym rückgekoppelt und die Produktion beendet. Ganz ähnlich läßt sich die Bearbeitung eines Werkstücks beschreiben (Zubringen des Stoffs, Barcode lesen, Positionieren, Spannen, Bearbeiten, Ausgeben). Selbst die Tatsache, daß die biochemischen Mikromaschinen zu ganzen Ketten räumlich zusammengeschaltet sind, findet sich bei verketteten Produktionsanlagen wieder. Tritt irgendwo ein Fehler bei der Werkstückvervielfältigung auf, dann entsteht Ausschuß. Aber auch die biologische Zelle arbeitet nicht fehlerlos, sondern hunzt gelegentlich bei der Replikation der DNS. In beiden Fällen beginnen dann Reparaturmechanismen mit mehr oder weniger großem Erfolg zu wirken. Vielleicht können wir eines Tages auch aus der Wirkungsweise des Immunsystems Nutzen für die Gestaltung technischer Systeme ziehen, wenn wir erst die Funktion im Biotischen voll durchschaut haben.

KI ist machbar

Der Mensch wird eines Tages in der Lage sein, wirklich intelligente Maschinen zu fabrizieren. Deshalb werden aber einfache Roboter nicht verschwinden, weil es auch für diese Anwendungsfelder gibt. Bis dahin müssen Hard- und Software beträchtlich weiterentwickelt werden, insbesondere was Sehsysteme betrifft und was man vielleicht als die "Algorithmen des Denkens" bezeichnen könnte. Allerdings wird sich auch die Produktionsmaschinerie

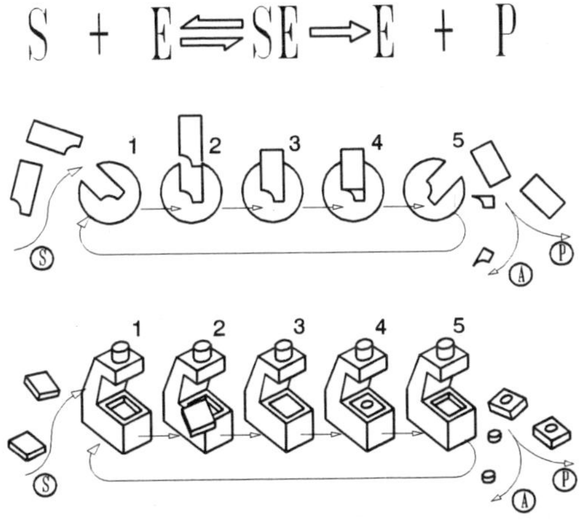

Bild 36.1: Automatisches Erzeugen von Produkten P aus dem Stoff S in der Biologie und in der Fertigung (A = Abfall, E = Enzym). Der Vorgang läßt sich in einer Gleichung als Michaelis-Menten-Mechanismus der Enzymkinetik darstellen (1 bis 5 Aufeinanderfolge von Vorgängen).

verändern. Roboter nachträglich aufzustellen, wird sich immer mehr überholen. Vielmehr wird man die Funktionsträger für Handhabungsoperationen zum integralen Bestandteil machen. Andererseits wird es aber auch autonome mobile Roboter geben, die sich in einer unstrukturierten Umgebung zurechtfinden und die Aufgaben der Ver- und Entsorgung, der Betreuung und der Wartung übernehmen können [89 bis 91]. Ob die KI aber wirklich der nächste große Evolutionsschritt wird, wie einige KI-Forscher meinen, kann zur Zeit niemand sagen. Eines ist jedoch sicher: Der Mensch wird alle Möglichkeiten ausschöpfen, sein Dasein zu verbessern und dazu gehört auch, daß er hochintelligente Denkmaschinen anstrebt.

Testfragen

1 Welche Aufgaben aus dem Bereich des Fabrikbetriebes würden Sie zur Ausführung an intelligente Roboter übergeben?

2 Was verstehen Sie unter dem Terminus Künstliche Intelligenz?

3 Kennen Sie Beispiele, bei denen der Mensch die Natur bereits erfolgreich nachahmt?

Literaturhinweise und Quellen

[1] Lem, S.: Summa technologiae. Frankfurt: Insel Verlag 1976

[2] Strohmayr, R.: Rechnergestützte Auswahl und Konfiguration von Zubringeeinrichtungen. Berlin, Heidelberg u.a.: Springer Verlag 1993

[3] VDI Richtlinie 2860: Montage- und Handhabungstechnik. Handhabungsfunktionen, Handhabungseinrichtungen; Begriffe, Definitionen, Symbole. Berlin: Beuth Verlag 1990

[4] Frank, H.-E.: Handhabungseinrichtungen. Mainz: Krausskopf-Verlag 1975

[5] Hesse, S.: Montageatlas - Montage- und automatisierungsgerecht konstruieren. Darmstadt und Wiesbaden: Hoppenstedt-Verlag und Vieweg Verlag 1994

[6] Aleksander, I.; Burnett, P.: Die Roboter kommen. Basel, Boston, Stuttgart: Birkhäuser Verlag 1984

[7] Warnecke, H.-J.: Die Fraktale Fabrik. Berlin, Heidelberg u.a.: Springer Verlag 1992

[8] Hesse, S.; Zapf, H.: Verkettungseinrichtungen. Berlin und München: Verlag Technik und Hanser Verlag 1971

[9] Hesse, S.: Montagemaschinen. Würzburg: Vogel Buchverlag 1993

[10] Hesse, S., Mittag, G.: Handhabetechnik. Berlin: Verlag Technik und Heidelberg: Hüthig-Verlag 1989

[11] Andreasen, M.M.; Kähler, S.; Lund, T.: Montagegerechtes Konstruieren. Berlin, Heidelberg u.a.: Springer Verlag 1985

[12] Bäßler, R.: Montagegerechte Produktgestaltung für eine wirtschaftliche Montageautomatisierung. Ehningen: expert-verlag 1988

[13] Hesse, S.: Lexikon Handhabungseinrichtungen und Industrierobotik. Renningen-Malmsheim: expert Verlag 1995

[14] Volmer, J. (Hrsg.): Industrieroboter - Funktion und Gestaltung. Berlin, München: Verlag Technik 1992

[15] Hesse, S.: Hand in Hand - Manipulatoren erleichtern die Arbeit, Industriemeister, Würzburg 23(1993)10, S. 26, 27

[16] Hesse, S.: Atlas der modernen Handhabungstechnik. Darmstadt/Wiesbaden: Hoppenstedt- und Vieweg Verlag 1992

[17] Lotter, B.: Wirtschaftliche Montage, 2. Aufl. Düsseldorf: VDI-Verlag 1992

[18] Spur, G.; Stöferle, T. (Hrsg.): Handbuch der Fertigungstechnik, Band 5: Fügen, Handhaben, Montieren. München, Wien: Hanser Verlag 1986

[19] Suzaki, K.: Modernes Management im Produktionsbetrieb. München, Wien: Hanser Verlag 1989

[20] Elektronische Lageerkennung MSE 241. Firmenschrift der Microtec System Electronic GmbH in Peißenberg

[21] Masing, W.: Einführung in die Qualitätslehre. Deutsche Gesellschaft für Qualität e.V. 7. Aufl., Berlin: Beuth Verlag 1989

[22] Beitz, W.: Qualitätsorientierte Produktgestaltung, Konstruktion, Berlin 43(1991) S. 177-184

[23] Steinsiek, E.: Zuführungssysteme zur Fertigungsautomatisierung. Eschborn und Köln: RKW-Verlag und Verlag TÜV Rheinland 1989

[24] DIN 25424 Fehlerbaumanalyse

[25] VDI-Richtlinie 4009, Bl.10: Analytische Methoden der Fehlererkennung zur Zuverlässigkeitssicherung. Berlin: Beuth Verlag 1986

[26] Engel, G.: Konzipierung und Auslegung modular aufgebauter Handhabungssysteme. Düsseldorf: VDI-Verlag 1980
[27] Brodbeck, B.: Handhabungssysteme. Düsseldorf: VDI-Verlag 1981
[28] Konold, P.; Weller, B.: Flexible Montagesysteme - Konzeption und Feinplanung durch Kombination von Elementen. Berlin, Heidelberg u.a.: Springer Verlag 1985
[29] Hesse, S.: Magnetelemente in der Handhabetechnik, Fertigungstechnik und Betrieb, Berlin 36(1986)9, S. 558-561
[30] Habenicht, D.: Hilfen zur Optimierung von Vibrationswendelbunkern; Berechnungsgrundlagen, VDI Zeitschrift 123(1981) 3, S. 82-86; Parametereinfluß, 123(1981)6, S. 215-218; Förderarten, 123(1981)8, S. 297-301
[31] Stoevesandt, G.: Auslegung von Vibrationswendelförderern. VDI-Berichte 323, S. 49-54, Düsseldorf: VDI-Verlag 1978
[32] Hesse, S.: Greifer-Praxis. Würzburg: Vogel Buchverlag 1991
[33] Seegräber, L.: Greifsysteme für Montage, Handhabung und Industrieroboter. Ehningen: expert Verlag 1993
[34] Cardaun, U.: Systematische Auswahl von Greiferkonzepten für die Werkstückhandhabung. TU Hannover, Dissertation 1981
[35] Isobretanija (eine Referatezeitschrift für Patente), Moskau, 1986/Nr. 2, Nr. 9 und Nr. 12; 1988/Nr. 2
[36] Rademacher, L.: Lösungsmöglichkeiten für das automatische Präzisionsfügen, Zeitschrift wirt. Fertigung, München 85(1990)1, S. 39-42
[37] Hammerschmidt, C., Schwanitz, V., Herfter, D., Butschke, R.: Fügemechanismen für die Montageautomatisierung mit Robotern. Chemnitz: Wissen. Schriftenreihe der Techn. Universität Chemnitz, Nr. 1/1988
[38] Redford, A.; Chal, J.: Design for Assembly. London: McGraw-Hill Book Company 1994
[39] Lotter, B.; Schilling, W.: Manuelle Montage. Düsseldorf: VDI-Verlag 1994
[40] Helbing, K.: Zur Bewegungsreduzierung von flexiblen Fertigungssystemen, Teil 1, Hebezeuge und Fördermittel, Berlin 31(1991)2, S. 62-64; Teil 2, 31 (1991)3, S. 113-115
[41] Arbeitssysteme mit integrierten Handhabungsgeräten - Planung des Einsatzes, Lösungskatalog für das Ordnen und Zuführen. Düsseldorf: VDI-Verlag 1984
[42] Weiss, K.: Entwicklung flexibler Ordnungssysteme für die Automatisierung der Werkstückhandhabung in der Klein- und Mittelserienfertigung. Berlin, Heidelberg u.a.: Springer Verlag 1983
[43] Groh, W.: Das Ordnen von Massenteilen und ihre selbständige Zuführung in die Werkzeugmaschine, Werkstattstechnik und Maschinenbau, Berlin 47(1957)8, S. 402-410
[44] Hesse, S.: Betrachtungen zum automatischen Ordnen von Werkstücken, Maschinenbautechnik, Berlin 24(1975)8, S. 374 bis 378
[45] Ebeling, W.; Feistel, R.: Physik der Selbstorganisation und Evolution. Berlin: Akademie-Verlag 1986
[46] Haken, H.: Erfolgsgeheimnisse der Natur. Stuttgart: Dt. Verlagsanstalt 1981

[47] Rechenberg, I.: Evolutionsstrategie - Optimierung technischer Systeme nach Prinzipien der biologischen Evolution. Stuttgart: Fromman-Verlag 1973

[48] Hesse, S.: Systematisches Entwerfen von Einrichtungen zum automatischen Ordnen von Werkstücken, Feingerätetechnik, Berlin 32(1983)7, S. 292 bis 295

[49] Schmidt, I.: Ordnen von Werkstücken mit programmierbaren Handhabungsgeräten und Werkstückerkennungssensoren Berlin, Heidelberg u.a.: Springer Verlag 1985

[50] Davidenko, E.P.; Ioffe, B.A.; Kalinin, R.K.; Sermons, G.J.: Elektromagnetische Verfahren und Vorrichtungen zur Orientierung, Fixierung und Erkennung von Geräte- und Maschinenteilen, Maschinenbautechnik, Berlin 26(1977)10, S. 470-473

[51] Borowski, K.-H.: Das Baukastensystem in der Technik. Berlin, Heidelberg u.a.: Springer Verlag 1961

[52] Hank, F.: Maßanzug - Beschikken von Werkzeugmaschinen mit Robotern aus Achsmodulen, Maschinenmarkt, Würzburg 97(1991)34, S. 38 bis 40

[53] Graf, B.: Flexibilität und Kapazität von Werkstückspeichern. Berlin, Heidelberg u.a.: Springer Verlag 1984

[54] Hesse, S.: Einsatz und Auswahl von Magazineinrichtungen, Fertigungstechnik und Betrieb, Berlin 25(1975)9, S. 545-548

[55] Milberg, J.; Götz, R.: Sicher greifen mit niedrigem Druck, Schweiz Maschinenmarkt, Goldach 92(1992) Nr.7, S. 22 bis 27

[56] Frankenhauser, B.: Montage von Schläuchen mit Industrierobotern. Berlin, Heidelberg u.a.: Springer Verlag 1988

[57] Mertens, M. S.; Jauch, T.; Wack, G.: Roboter montiert O-Ringe, Roboter, Landsberg 7 (1989)2, S. 28, 29

[58] Warnecke, G.; Jauch, T.; Wack, G.: Stützringe automatisiert montieren, Zeitschr. wirt. Fertigung, München 87(1992)9, S.497 bis 500

[59] Hoßmann, J.: Methodik zur Planung der automatischen Montage von nicht formstabilen Bauteilen. Berlin, Heidelberg u.a.: Springer Verlag 1992

[60] Warnecke, G.; Jauch, T.; Wack, G.: Industrieroboter montiert kleine O-Ringe automatisch, VDI-Zeitschrift, Düsseldorf 133 (1991)8, S. 35 bis 38

[61] Müller-Lobeck, E.: Systematische Zusammenstellung technischer Lösungen von Elementen der Werkstückhandhabung. 1. Teil: Zuteilelemente, Werkstattstechnik, Berlin 58(1968)3, S. 115 bis 121

[62] Hesse, S.: Klassifizierung von Zuteileinrichtungen, Fertigungstechnik und Betrieb, Berlin 29 (1979)12, S. 754-756

[63] Adler, H.: Lösungssystematik für verarbeitungstechnische Aufgaben mit Darstellung am Beispiel der Vereinzelung von Zuschnitten, Maschinenbautechnik, Berlin 19(1970)4, S. 173-176

[64] Dilling, U.: Automatisierung der Werkstückversorgung an Werkzeugmaschinen, Werkstattstechnik, Berlin 81(1991) S. 36-40

[65] Hesse, S. (Hrsg.): Industrieroboterperipherie. Berlin und Heidelberg: Verlag Technik und Hüthig-Verlag 1990.

[66] Severin, H. G.: Eimerförmige Gebinde vollautomatisch palettieren, Fördern und heben, 41 (1991)12, S. 1002 bis 1008

[67] Feldmann, K. (Hrsg.): Montageplanung in CIM. Berlin: Springer Verlag und Köln: Verlag TÜV Rheinland 1992

[68] Backe, W.: Einsatz von servopneumatischen Antrieben für flexible Handhabungssysteme, Robotersysteme, Berlin 1(1985) 1

[69] Goedecke, W.-D.: Vergleich servopneumatischer und elektrisch angetriebener NC-Linearachsen für den Einsatz in der Handhabungstechnik. In: Peeken, H., Troeder, C. (Hrsg.): Antriebs-technisches Kolloquium 89, S. 334 bis 350 Köln: Verlag TÜV Rheinland 1989

[70] Götz, R.; Milberg, J.: Flexible Montage flächiger Bauteile kommt voran, Roboter, Landsberg 10(1992)2, S. 22-24

[71] Braun, D.: Industrieroboter - Auslegung von pneumatischen Flächengreifern. Köln: Verlag TÜV Rheinland 1989

[72] Pfennig, U.: Pressen mit Industrieroboter entsorgen, Zeitschrift wirt. Fertigung, München 86(1991)4, S. 189-191

[73] Hesse, S.: Umformmaschinen. Würzburg: Vogel Buchverlag 1995

[74] Kreuzer, E.J.; Lugtenburg, J.-B.; Meißner, H.-G.; Truckenbrodt, A.: Industrieroboter. Berlin, Heidelberg u.a.: Springer Verlag 1994

[75] Georgi, W.: Einführung in Industrieroboter. München: Lexika-Verlag 1991.

[76] Pritschow, G.; Spur, G.; Weck, M. (Hrsg.): Roboteranwendung für die flexible Fertigung. München: Hanser Verlag 1994

[77] Warnecke, H.-J., Schraft, R.D. (Hrsg.): Industrieroboter-Handbuch für Industrie und Wissenschaft. Berlin, Heidelberg u.a.: Springer Verlag 1990

[78] Redford, A.; Lo, E.: Montageroboter. Weinheim: VCH Verlagsgesellschaft 1992

[79] Drews, P.; Strunz, U.: Systemkomponenten mobiler Roboter, VDI-Zeitschrift 135(1993)7, S. 74-78

[80] Schwinning, S.: Mobile Roboter auf der Basis automatischer Flurförderzeuge. Köln: Verlag TÜV Rheinland, 1990.

[81] Hesse, S.: Industrieroboter - Mobile Roboter. Werkstattblatt 1138. Darmstadt: Technik Tabellen Verlag 1993

[82] NDC News, Information von Netzler & Dahlgren Co AB Nr. 3 und Nr. 4, Särö, Schweden

[83] Hoppen, P.: Autonome mobile Roboter. Mannheim, Leipzig u.a.: BI-Wissenschaftsverlag 1992

[84] Kämpfer, S.: Roboter - Die elektronische Hand des Menschen. Düsseldorf: VDI-Verlag 1984

[85] Freund, E.; Dierks, F.; Roßmann, J.: Untersuchungen zum Arbeitsschutz bei Mobilen Robotern und Mehrrobotersystemen. Bremerhaven: Verlag für neue Wissenschaft GmbH 1993

[86] Dorf, R.C. (Hrsg.): International Encyclopedia of Robotics, Vol. 2, New York u.a.: John Wiley & Sons 1988

[87] McCorduck, P.: Denkmaschinen. Die Geschichte der künstlichen Intelligenz. Haar: Verlag Markt & Technik 1987.

[88] Tipler, F.J.: Die Physik der Unsterblichkeit. Gütersloh: Bertelsmann Club GmbH 1994

[89] Löschner, J.; Menzel, U.: Künstliche Intelligenz - Ein Handwörterbuch für Ingenieure. Düsseldorf: VDI-Verlag 1993

[90] Crevier, D.: Eine schöne neue Welt? Düsseldorf, Wien u.a.: Econ Verlag 1994

[91] Bruns, W.: Künstliche Intelligenz in der Technik. München: Hanser Verlag 1990

[92] Hirano, H.: Poka-yoke. Landsberg: Verlag Moderne Industrie 1992

[93] Linde, H.-J.; Hill, B.: Erfolgreich erfinden. Darmstadt: Hoppenstedt Verlag 1993

Sachregister